"十二五"国家重点图书出版规划项目

现代电磁无损检测学术丛书

# 电磁无损检测集成技术及云检测/监测

林俊明　沈建中　著

任吉林　审

机械工业出版社

本书作者之一林俊明于 2008 年在国际上首先提出无损检测集成与云检测技术概念，获得了同行专家和学者的普遍关注。近年来，随着科学技术的飞速发展，上述概念已逐渐变成了现实。从检测到监测是无损检测发展的必然趋势。无损云检测/监测是 2019 年度中国科协十大前沿科技论坛课题之一。无损云检测/监测必将成为人类物质文明安全的保证和智慧城市的前提。

　　本书相对全面、扼要地介绍了电磁无损检测集成技术和云检测/监测的定义、类型、特点及发展现状，以及电磁无损检测集成技术和云检测/监测的物理基础、硬件实现和软件平台系统的基本架构和应用。作者以自身丰富的实践经验与成功案例为写作基础，循序渐进，力求浅显易懂地介绍电磁无损检测学科国内外最新动态，同时预测了未来无损检测行业的跨界发展方向。

　　本书可作为无损检测专业人员的参考资料，也可作为拟进入该领域工作的大中专毕业生的"渡海之舟筏"。

## 图书在版编目（CIP）数据

电磁无损检测集成技术及云检测/监测/林俊明，沈建中著. —北京：机械工业出版社，2021.3

（现代电磁无损检测学术丛书）

"十二五"国家重点图书出版规划项目

ISBN 978-7-111-67719-2

Ⅰ.①电… Ⅱ.①林… ②沈… Ⅲ.①电磁检验-无损检验 Ⅳ.①TG115.28

中国版本图书馆 CIP 数据核字（2021）第 041701 号

机械工业出版社（北京市百万庄大街 22 号　邮政编码 100037）
策划编辑：薛　礼　责任编辑：薛　礼　李超群　刘良超　章承林
责任校对：肖　琳　封面设计：鞠　杨
责任印制：李　昂
北京捷迅佳彩印刷有限公司印刷
2021 年 7 月第 1 版第 1 次印刷
184mm×260mm·15.5 印张·2 插页·378 千字
0001—1500 册
标准书号：ISBN 978-7-111-67719-2
定价：178.00 元

电话服务　　　　　　　　　网络服务
客服电话：010-88361066　　机 工 官 网：www.cmpbook.com
　　　　　010-88379833　　机 工 官 博：weibo.com/cmp1952
　　　　　010-68326294　　金 书 网：www.golden-book.com
封底无防伪标均为盗版　　　机工教育服务网：www.cmpedu.com

# 现代电磁无损检测学术丛书编委会

# 序 1

　　利用大自然的赋予，人类从未停止发明创造的脚步。尤其是近代，科技发展突飞猛进，仅电磁领域，就涌现出法拉第、麦克斯韦等一批伟大的科学家，他们为人类社会的文明与进步立下了不可磨灭的功绩。

　　电磁波是宇宙物质的一种存在形式，是组成世间万物的能量之一。人类应用电磁原理，已经实现了许多梦想。电磁无损检测作为电磁原理的重要应用之一，在工业、航空航天、核能、医疗、食品安全等领域得到了广泛应用，在人类实现探月、火星探测、无痛诊疗等梦想的过程中发挥了重要作用。它还可以帮助人类实现更多的梦想。

　　我很高兴地看到，我国的无损检测领域有一个勇于探索研究的群体。他们在前人科技成果的基础上，对行业的发展进行了有益的思考和大胆预测，开展了深入的理论和应用研究，形成了这套"现代电磁无损检测学术丛书"。无论他们的这些思想能否成为原创技术的基础，他们的科学精神难能可贵，值得鼓励。我相信，只要有更多为科学无私奉献的科研人员不懈创新、拼搏，我们的国家就有希望在不久的将来屹立于世界科技文明之巅。

　　科学发现永无止境，无损检测技术发展前景光明！

中国科学院院士

程开甲

2015 年秋日

# 序　2

　　重大工程设施及装备结构健康安全监测，是国家现代化建设的安全保证。无论桥梁、隧道、大坝、高楼，还是核能、航空航天、高铁、电力、石化等，这些代表人类社会科技进步与物质文明的工程设施、装备，都需要有一个安全的前提。

　　本书作者之一俊明教授是我十多年的老朋友，他在所从事的无损检测专业领域，学养颇丰，多有建树。尤其在世纪之交的 2000 年前后，他为我国航空领域提出的"飞行器动态无损监测"之前瞻性设想，立意新颖，可操作性强，同时也是未来无损检测行业"从检测走向监测"的发展必经之路。

　　2019 年，中国科学技术协会推出的"十项重大科学问题和工程技术难题前沿科技论坛"，本书作者提出的"云检测与云监测"项目赫然在列。在此，我为他们感到高兴并表示祝贺！希望本书的出版，能为我国在智慧城市建设安全与高科技无损检测/监测领域的发展，为我们中华民族的伟大复兴贡献一份力量。

　　愿云检测技术再上一层楼！

国家最高科学技术奖获得者、中国工程院院士

钱七虎

2019.12.24

# 序　　3

　　无损检测是一门在不破坏材料或构件的前提下对被检对象内部或表面损伤以及材料性质进行探测的学科，随着现代科学技术的进步，综合应用多学科及技术领域发展成果的现代无损检测发挥着越来越重要的作用，已成为衡量一个国家科技发展水平的重要标志之一。

　　现代电磁无损检测是近十几年来发展最快、应用最广、研究最热门的无损检测方法之一。物理学中有关电场、磁场的基本特性一旦运用到电磁无损检测实践中，由于作用边界的复杂性，从"无序"的电磁场信息中提取"有用"的检测信号，便可成为电磁无损检测技术理论和应用工作的目标。为此，本套现代电磁无损检测学术丛书的字里行间无不浸透着作者们努力的汗水，闪烁着作者们智慧的光芒，汇聚着学术性、技术性和实用性。

　　丛书缘起。2013 年 9 月 20—23 日，全国无损检测学会第 10 届学术年会在南昌召开。期间，在电磁检测专业委员会的工作会议上，与会专家学者通过热烈讨论，一致认为：当下科技进步日趋强劲，编织了新的知识经纬，改变了人们的时空观念，特别是互联网构建、大数据登场，既给现代科技，亦给电磁检测技术注入了全新的活力。是时，华中科技大学康宜华教授率先提出：敞开思路、总结过往、预测未来，编写一套反映现代电磁无损检测技术进步的丛书是电磁检测工作者义不容辞的崇高使命。此建议一经提出，立即得到与会专家的热烈响应和大力支持。

　　随后，由福建省爱德森院士专家工作站出面，邀请了两弹一星功勋科学家程开甲院士担任丛书总顾问，钱七虎院士、徐滨士院士、陈达院士、杨叔子院士、张履谦院士等为顾问委员会成员，为丛书定位、把脉，力争将国际上电磁无损检测技术、理论的研究现状和前沿写入丛书中。2013 年 12 月 7 日，丛书编委会第一次工作会议在北京未来科技城国电研究院举行，制订出 18 本丛书的撰写名录，构建了相应的写作班子。随后开展了系列活动：2014 年 8 月 8 日，编委会第二次工作会议在华中科技大学召开；2015 年 8 月 8 日，编委会第三次工作会议在国电研究院召开；2015 年 12 月 19 日，编委会第四次工作会议在西安交通大学召开；2016 年 5 月 15 日，编委会第五次工作会议在成都电子科技大学召开；2016 年 6 月 4 日，编委会第六次工作会议在爱德森驻京办召开。

好事多磨，本丛书的出版计划一推再推。主要因为丛书作者繁忙，常"心有余而力不逮"；再者丛书提出了"会当凌绝顶，一览众山小"的高度，故其更难矣。然诸君一诺千金，知难而进，经编委会数度研究、讨论、精简，如今终于成集，圆了我国电磁无损检测学术界的一个梦！

最终决定出版的丛书，在知识板块上，力求横不缺项，纵不断残，理论立新，实证鲜活，预测严谨。丛书共包括九个分册，分别是：《钢丝绳电磁无损检测》《电磁无损检测数值模拟方法》《钢管漏磁自动无损检测》《电磁无损检测传感与成像》《现代漏磁无损检测》《电磁无损检测集成技术及云检测/监测》《长输油气管道漏磁内检测技术》《金属磁记忆无损检测理论与技术》《电磁无损检测的工业应用》，代表了我国在电磁无损检测领域的最新研究和应用水平。

丛书在手，即如丰畴拾穗，金瓯一拢，灿灿然皆因心仪。从丛书作者的身上可以感受到电磁检测界人才辈出、薪火相传、生生不息的独特风景。

概言之，本丛书每位辛勤耕耘、不倦探索的执笔者，都是电磁检测新天地的开拓者、观念创新的实践者，余由衷地向他们致敬！

经编委会讨论，推举笔者为本丛书总召集人。余自知才学浅薄，诚惶诚恐，心之所系，实属难能。老子曰："夫代大匠斫者，希有不伤其手者矣"。好在前有程开甲院士屈为总顾问领航，后有业界专家学者扶掖护驾，多了几分底气，也就无从推诿，勉强受命。值此成书在即，始觉"千淘万漉虽辛苦，吹尽狂沙始到金"，限于篇幅，经芟选，终稿。

洋洋数百万字，仅是学海撷英。由于本丛书学术性强、信息量大、知识面宽，而笔者的水平局限，疵漏之处在所难免，望读者见谅，不吝赐教。

丛书的编写得到了中国无损检测学会、机械工业出版社的大力支持和帮助，在此一并致谢！

丛书付梓费经年，几度惶然夜不眠。

笔润三秋修正果，欣欣青绿满良田。

是为序。

现代电磁无损检测学术丛书编委会总召集人
中国无损检测学会副理事长 林俊明

丙申秋

# 前　　言

电磁检测是以电磁基本原理为理论基础的无损检测技术。利用材料在电磁场作用下呈现出来的电学和磁学性质的变化或电磁引起其他声、光、热等物理量的变化，来间接判断材料组织、性能和几何形状变化的检测技术称为电磁检测技术。

从原理上讲，所有与电磁有关的材料或工件，都可以作为电磁检测方法的检测对象。电磁检测具有非接触、快速、信号处理简便等优点。发展至今，电磁检测在国防、航空航天、核能、军工、电力、石油、机械、建筑、冶金、船舶、汽车、铁路等行业中被普遍采用，成为确保产品制造质量和设备安全运行不可或缺的手段。

常用的电磁无损检测技术有涡流检测、漏磁检测、磁记忆检测、电位测量等许多不同的检测方法技术。从工程上看，电磁无损检测方法还可以进一步细分，比如涡流检测方法就有常规涡流检测、脉冲涡流检测、远场涡流检测、多频/扫频涡流检测、阵列涡流检测、低频电磁场检测等方法。长久以来，这些方法被用于针对不同的检测任务，检测不同材料在不同工况条件下的特性，业界也因此发展出了种类繁多的检测仪器设备。但仔细分析观察，这些方法所依托的硬件/软件技术的共同点比较多。随着电子电路技术、计算机技术、信号处理、互联网/物联网的长足发展，我们已经能够将这些不同的电磁无损检测方法进行集成化设计、制造、应用，实现各种电磁无损检测技术和方法之间的优缺点互补和功能互补。由此，相比其他一些无损检测技术，电磁无损检测集成技术是具有先导性的无损检测集成技术。

21世纪是全球信息数字化、网络化、智能化的时代，各种信息的网络化处理成了这个时代的重要特征，网络深刻地改变了我们的生活和工作。无损检测设备与互联网的结合，吸收了计算机技术与电子技术发展的优秀成果，是顺应历史发展的必然。随着科学技术的发展，基于云计算、大数据、物联网和无损检测集成技术的无损云检测概念应运而生。可以断言，无损云检测和无损云监测将成为继无损检测集成技术之后行业未来的重要发展方向。

电磁无损检测集成技术及云检测/监测是一种新概念。目前，对于什么是无损检测集成技术，在各类文献中尚没有统一、明确的定义，对于云检测/监测这个新概念，则更是在不断地拓展中。本书从这些技术所期望达到的目的的角度，对其进行了初步的探讨。

笔者认真参考了众多国内外文献，经过多方调研，以自身三十多年的试验研究和应用实践的成果为基础撰写了本书。书中介绍了几个典型技术案例，其中特别值得一提的是核工业领域的电磁无损检测技术发展案例。笔者一直认为，核工业的无损检测技术是行业金字塔的塔尖，可谓"借一斑略知全豹，以一目尽传精神"。本书内容力图能够循序渐进，通俗易懂，突出需求推动研发的学科发展特色，目的是让非专业读者，尤其是有意向选择电磁无损检测专业方向的年轻读者，能够快速了解电磁无损检测专业的社会价值和近年来的发展轨迹，以及在未来智慧社会中将发挥的重要作用。书中对电磁无损检测集成技术及云检测/监测技术给出了相对全面、综合的介绍。

　　本书共有6章。第1章绪论，主要介绍了电磁无损检测集成技术的类型、特点、定义及发展情况，以及云检测/监测的概念等内容；第2章介绍了电磁检测集成技术常用的几种检测方法的原理、应用特点和局限性及国内外发展现状；第3章介绍了电磁无损检测集成技术的物理基础、硬件实现和软件系统的基本架构；第4章简要介绍了目前几种不同类型电磁无损检测集成技术的应用情况；第5章是电磁无损云检测和云监测技术的实现方式及初步应用情况简介；第6章给出了若干促进电磁检测技术进步与形成集成技术的成功案例，以及关于云检测/监测技术未来的展望和对人类智慧城市安全的作用。本书第1章和第6章由林俊明和沈建中共同编写；第2章和第5章由林俊明编写；第3章和第4章以林俊明为主，由林俊明和沈建中共同编写。

　　回顾本书的成书历程，前5章虽早已写作完成，但第6章关于预测云检测等高新技术发展的内容，却一再拖延。究其原因是笔者的主要工作应接不暇，且近些年科技发展突飞猛进，云检测/监测的社会、历史、科学、技术、工程之定位不好落地。在关于云检测定义，即狭义与广义的内涵，在多次组织行业专家研讨后，一直未能达成共识，因此本书关于此内容主要表述了笔者的观点。

　　2008年，笔者之一林俊明在《无损检测》杂志上发表了《NDT集成新技术时代的到来》一文，提出云检测的概念，而后2011年11月11日，笔者林俊明又在全球华人无损检测高峰论坛上较全面地阐述了云检测的个人观点和概念。

　　2009年，神舟七号载人航天飞船总指挥及国家遥感科学重点实验室主任(在国外研究并提出过数字化城市的构想)，在与笔者之一林俊明商谈时，谈及在厦门进行数字化城市试点和推进问题。之后，厦门市政府组成科技兴市智囊团，亦提到重大工程结构健康安全云检测工程立项。然而虽经多方努力，却一直未能如愿。此乃时也，运也。天时、地利、人和，缺一不可。2015年，笔者林俊明申报了云检测国家标准总则立项，2017年获得批准。有二十多位来自中国科学院、清华大学、空军研究院等全国各行业的无损检测专家参与起草、公布。2019年，无损云检测和云监测的工程应用前沿科技论坛，获得了中国科学技术协会对该领域的重视，列为2019年度十大前沿工程疑难研究课题之一。

2020 年 6 月，由国家标准化管理委员会正式颁布了 GB/T 38881—2020《无损检测　云检测　总则》和 GB/T 38896—2020《无损检测　集成无损检测　总则》。

作为"十二五"国家重点图书出版规划项目"现代电磁无损检测学术丛书"之一，本书为最后一本，融汇了诸多同仁的思想及前瞻性观点。本书成书过程中，我们经历了如 3D 打印、智能制造、智慧城市、数字社会、中国无损检测学会 2025 发展路线图（首届会议在古田召开）、绿色循环经济再制造、特种设备、某装备部 2025 发展路线图等新生事物和历史事件。厦门大学原校长田昭武院士曾提出"以交叉学科优势，加强无损检测创新"，笔者（林俊明）在近年也涉及了桥梁、隧道等在线监测方面的"跨界"工作，于是才有了国家标准 GB/T 38894—2020《无损检测　电化学检测　总则》的编制，以及单片智能传感器的尝试设计制作，城市地震应急预案的策划等。近些年来，人们对数字化、智能化人类社会的模型设立有诸多思考，科技进步倒逼了这一进程。当下的科技发展如此迅猛，令人应接不暇。本书之后，必将会有更多介绍融合多学科、多维度的创新科技成就的书籍出现。

关于《中国电磁无损检测技术 2025 发展路线图》，该内容经过了中国无损检测学会电磁专业技术委员会二十多位专家组成的编写小组六七次的认真讨论修改，但最终由全国学会汇总编辑时仅采纳了其中 1/3 内容。故此，本书原拟将其收入，但考虑到其篇幅过大等原因，只好忍痛割爱，仅摘录了一部分内容放在第 2 章中，作为引入集成技术与云检测技术主题的铺垫。在此向诸位同仁表示感谢！

国家最高科学技术奖获得者钱七虎院士在多年前就为在智慧城市建设中推广应用云检测、云监测技术做了许多工作，张履谦院士也一直为该技术的发展给予关心、支持和亲切指导。在此表示衷心的感谢！

在本书的撰写过程中，得到了耿荣生教授、任吉林教授、黎连修研究员等多位专家的大力支持，也得到了中国科学技术协会前沿科技论坛的资助。本书稿在形成之初，得到了爱德森（厦门）电子有限公司李寒林博士及戴永红高级工程师等多位同仁的帮助。在此一并表示感谢！

希望本书的出版对从事无损检测特别是电磁无损检测专业工作的人员、高校师生和工程应用技术人员有所助益。由于作者水平有限，书中错误和不足在所难免，敬请各位同仁、读者和专家不吝赐教指正！

时空不灭磁光电，能量虚实缘瞬变。妙有唯心孰可言，大千诸相无穷面。

著　者

# 目　　录

# 第1章 绪　　论

## 1.1　引言

### 1.1.1　现有无损检测集成概况

近年来，随着经济和科技的发展，人们对无损检测集成技术的需求有了明显的提高，对无损检测集成技术的发展也越来越重视。特别是最近 10 年，随着我国的工业化程度不断提高，冶金、电子、计算机等众多领域科技的进一步发展，对无损检测集成技术产生了巨大的推动力。现在，对管材、棒材、板材、焊缝、复合材料结构等种类繁多的材料都应用有无损检测集成技术。无损检测集成技术在现代社会的各个领域发挥着重要的作用，尤其是在迅猛发展的航空航天领域，其中的各种重要结构或者零部件，无论是生产环节还是在役期间，都离不开无损检测集成技术。

无损检测集成技术的发展几乎是与无损检测技术的发展同步的。人们对于无损检测集成技术的认识和理解也随着技术进步而不断加深。

将现代的"集成"概念引入现代社会的事件是 1958 年出现的"集成电路"。"集成"改变了人们处理事物的方式。到了 20 世纪七八十年代，人们进一步认识到，"集成"可以"创新"。先驱者们将"集成创新"作为创造发明的强大工具。从"傻瓜相机"到智能手机，都向普通百姓显现了集成创新的成就。到 20 世纪末和 21 世纪初，各种智能设备，特别是多功能智能手机的普及，让"集成创新"的理念逐渐为大众所熟悉。现在，"集成创新"已经渗透到现代社会的每一个角落。

在无损检测领域中，"集成创新"的成果就是多种多样的无损检测集成技术。同样，人们对无损检测集成技术的理解也有一个逐步演变的过程。一开始，业界认为，只有至少具有两种无损检测方法的一体化仪器才称为无损检测集成仪器。这就是狭义的无损检测集成技术概念。因此，人们致力于开发融多种无损检测功能于一体的无损检测集成仪器。但是，这个狭义概念，把一些机电一体化的自动或半自动无损检测系统、机电一体化的智能无损检测系统、机器人无损检测系统等排除在无损检测集成技术概念之外。而这些系统和相关技术，正在迅猛地发展并开拓出越来越广阔的应用领域。事实上，这些系统本身就是一个多技术集成系统，是无损检测方法或技术与机械、微电子、自动化、计算机、人工智能等其他技术结合成的集成系统，它们也应当属于无损检测集成技术的一部分。这就是广义的无损检测集成技术概念的由来。

广义的无损检测集成技术概念有更大的包容性，它为无损检测集成技术的发展开辟了更广阔的道路，也使无损检测集成技术的开拓历史可追溯到更早的时期。

事实上，最早的无损检测集成技术就是一些早期的自动化无损检测技术。初期的无损检测集成系统以某项无损检测方法与机械扫描装置、机械爬行器和相应的记录设备等结合而成的机电一体化系统为主。只是当时现代集成技术的概念还没有诞生，因此也就没有把它们看成集成技术。许多无损检测技术的传感器是局部点检测性质的，例如涡流检测传感器和超声检测传感器等，它们都需要一点一点地实施检测。为了全局或局部检测样品或工件，必须实施扫描检测。显然，手工扫描最容易施行，但很难做好。在大多数情况下手工扫描的检测结果精确性都比不上自动扫描的检测结果。实现了自动扫描检测，也往往同时实现了自动化检测。为此，人们开始把机械技术、自动化技术等多种技术与某种无损检测方法结合起来，组成机电一体化的无损检测系统。在无损检测工艺中，扫描检测方式往往是最主要的检测工艺。无论是使用单一功能的无损检测仪器还是使用集成了多种功能的一体化无损检测仪器，为实现有效和可靠的扫描检测，都需要与多种其他技术结合起来组成集成系统。例如，各种不同形式的机械 C 扫描无损检测系统，就成为最早期的集成的无损检测系统。

初期用于无损检测集成的其他技术装置以机械扫描装置、机械爬行器和相应的记录设备为主，以机电一体化为标志。例如，单探头反射板超声 C 扫描扫查配合 X、Y 记录仪器的板材超声 C 扫描装置，带有自动上下料机构的旋转涡流管材全自动检测设备等。现在，计算机技术的发展使电子控制、数据记录和处理、三维显示、网络连接以及云检测等都能够与无损检测集成技术联系起来。

另一种早期的无损检测集成技术是一些组合式无损检测系统的技术。例如，钢管生产企业为了有效地控制钢管质量，倾向于采用超声无损检测方法与其他无损检测方法结合的组合式检测系统，这成为当时钢管行业无损检测的一个流行趋势。超声无损检测和漏磁无损检测这两种技术有很强的互补性。美国彪维公司（Bowing International Company）研制了一款超声+漏磁组合式无损检测系统，该系统体积庞大，主要应用于钢管质量检测。国内的北京有色金属研究总院（现为有研科技集团有限公司）及中国科学院金属研究所，在 20 世纪 90 年代中后期研制了超声+涡流组合式无损检测集成系统，主要应用于小口径金属管材的在线检测，该类组合式无损检测集成系统所使用的超声检测仪和涡流检测仪是各自单列的，可使用不同厂家生产的仪器。

还有一种早期的无损检测集成技术是使用插件和插卡的无损检测系统的技术。它将多种无损检测方法的公共电路设置在一个基础部件中，并将实现这些无损检测方法的特色电路和功能模块安置在各自的一个标准插件中，多插件的组合就能实现多功能的无损检测集成。例如，奥林巴斯公司（Olympus Corporation）早期研制的集成涡流和超声检测方法的 Work station 2000 和 Power station 系统，只需更换仪器前端插件即可方便地实现超声检测与涡流检测之间的切换和不同工作频段的切换。Power station 系统还允许同时使用涡流检测和超声检测两种技术。后来，奥林巴斯公司还研制了集成涡流、漏磁、远场涡流和超声检测等多种检测方法于一体的 MultiScan MS5800 检测系统，主要应用于管材检测。

以上三种早期的无损检测集成技术不断地向着各自的纵深发展，逐步发展出以下五类不同形式的现代无损检测集成技术。现在，无损检测集成技术已经应用到了几乎所有的工业部门，其用途正日趋扩大。

第一类现代无损检测集成技术，即声光机电一体化的各种单项自动化无损检测技术，它主要由第一种早期无损检测集成技术发展而来，是目前已经得到广泛应用的无损检测集成技术。随着精密机械、微电子器件、控制技术和其他相关技术的进步，早期的自动化无损检测技术向着声光机电一体化的方向发展。近年来，则向着服务于无损检测技术的智能机器人方向发展。无损检测集成系统的开发涉及计算机技术基础与运行环境，包括计算机硬件技术、计算机软件技术、计算机网络技术和数据库技术。这些领域的发展都将促进无损检测集成系统的发展。进入 21 世纪以来，计算机科学与技术呈现出强劲的发展势头，以计算机为重要组成单元的半智能化或智能化的机电一体化无损检测集成技术以及应用智能机器人的无损检测集成技术也迅猛发展。

例如，国内外对于无缝钢管的检测，目前主要采用机电一体化的超声无损检测集成技术。在工业生产上，超声探头沿管周分布，根据钢管进给和探头运动的不同方式可分以下形式：①探头不动，钢管旋转，并同时沿轴线进给，即钢管做螺旋线运动进给；②探头旋转，钢管沿轴线进给；③探头沿轴线进给，钢管旋转。旋转和沿轴线进给的速度取某个适当的数值。通过这样的螺线式扫描，实现对钢管的全局无损检测。

需要指出的是，这里对第一类现代无损检测集成技术的定义，也就是广义的无损检测集成技术概念，还没有得到普遍的认可。一些人将自己对无损检测集成技术的认识，局限在狭义的概念上，即融合两种或两种以上的独立无损检测方法或技术，具备一体化的检测仪器硬件结构以及一体化的软件结构的集成无损检测技术。然而，这种认识早已被无损检测集成技术的发展所突破。

综合三种早期的无损检测集成技术的精髓和思想，发展出了第二类现代无损检测集成技术和第三类现代无损检测集成技术。第二类现代无损检测集成技术是集成了多项无损检测技术和声光机电一体化的自动化的无损检测集成技术。第三类现代无损检测集成技术是集成了多项无损检测技术的便携式一体机形式的无损检测集成技术。

仍然以无缝钢管的检测为例，在实际检测中单纯地靠超声检测往往无法满足无缝钢管的质量要求，势必同时还要进行涡流检测以弥补其检测能力上的不足。以往，在具体实施中，基本上都是将两个设备系统分开检测，比如先进行超声检测，再进行涡流检测。使同一套设备既能实施超声检测又能进行涡流检测，将超声检测和涡流检测融为一体，开发探头组合及数据融合技术，即超声、涡流检测一体的机电一体化第二类现代无损检测集成系统，就可以大大提高无缝钢管的检测速率和生产率。

第三类现代无损检测集成技术是将两种或两种以上的无损检测技术集成到一台仪器中。由此技术形成的仪器是综合多种无损检测方法的一体化无损检测集成仪器，它们大都是便携式仪器。应用多种无损检测方法的便携式一体机相比组合式设备有了很大的进步。多种无损检测方法一体机可为用户提供很大的方便，而且便于用户对检测数据迅速进行综合比较分析，或实施数据融合分析，提高了检测的可靠性。使用这类无损检测集成技术的仪器多数是通用性的在役检测仪器，而前两类的无损检测集成技术则主要应用在专用在线检测设备中。这类无损检测集成技术是狭义概念所确认的无损检测集成技术，得到了国内外许多研究者的重视。

国外在这方面的研究开展相对较早，发展也较快。Renken C. J. 和 Selner I. H. 于 1996 年最先提出将超声检测和涡流检测技术结合起来应用；瑞典 Attaar M. 和 Davis J. B. 两人用超声和涡流综合技术，用来检测核反应堆底部排水管的喷嘴焊缝的缺陷；加拿大 Hom D. 和 Mayo W. R. 在 2000 年结合了数据融合技术，对超声、涡流检测采集到的数据进行融合研究；英国 Edwards R. S. 和 Sophian. A. 在 2006 年把涡流探头与电磁超声传感器双层探头结合在一起，利用数据融合技术获得缺陷；德国 Rainer Poll 等人在 2003 年组合使用超声检测和涡流检测于火车检测系统中，用超声检测火车车轮，用涡流检测火车的导轨，从而达到对火车系统的全面质量监控。

1996 年，爱德森（厦门）电子有限公司推出 EEC-96 型多功能电磁检测成像仪，集成了多频涡流、远场涡流、频谱分析和涡流成像等功能。后来研制成功的 EEC-2008 型多功能电磁/声学一体化检测仪包含了常规涡流检测、远场涡流检测、磁记忆检测、漏磁检测、低频电磁场检测、超声检测和机械阻抗检测等多种检测方法。

SMART-6000 型复合材料综合检测仪为爱德森（厦门）电子有限公司和某部合作开发的新一代多功能复合材料与胶接质量综合检测设备。该检测仪集成了常规涡流、超声、超声 A/B/C 扫描、机械阻抗、声谐振、声脉冲、声扫频等多种检测方法，通过多种检测方法得到的检测结果可以让检测人员方便地进行数据融合、综合分析和相互验证，从而得出更完整的评估结论。

第四类现代无损检测集成技术是跨行业、跨界的无损检测集成技术。随着应用需求的拓展，无损检测集成技术向跨行业和跨界发展是自然而然和水到渠成的变化。例如，电化学检测金属腐蚀的技术，已经与电磁检测、超声检测等无损检测技术集成，用于监测化工管道网的健康状态。

第五类现代无损检测集成技术是网络化的无损检测集成技术。在微型计算机迅猛发展和普及的基础上，从第三种早期的无损检测集成技术，即从使用插件和插卡技术的原型出发，发展出基于各种微机总线的无损检测功能模块插卡。随着微型计算机的迅速发展，人们试着将涡流检测、超声检测等功能模块设计制造成计算机规定制式的插卡。将多个涡流检测、超声检测插卡插入计算机的总线，该计算机终端就成为一个可以连接网络的多通道的涡流、超声无损检测设备，这就是网络化无损检测集成技术的雏形。多种常规和非常规的无损检测功能都可以制造成适用于微型计算机总线的无损检测功能模块插卡。

另外，计算机技术的普及和微电子技术的发展，以及数字信号处理技术的推广和成熟，促使无损检测仪器的形式从模拟形态向数字形态转变和进化。在各种数字化的无损检测仪器上，安装和匹配网络接口和实现数据传输功能，是很自然和简单的事情。

因此，从原则上讲，上面第一类到第四类现代无损检测集成技术，通过应用数字技术和计算机技术，都可以成为网络化的无损检测集成技术。换言之，第五类现代无损检测集成技术也可以说是前四类现代无损检测集成技术实行网络化的结果。

网络化的无损检测集成技术，加上云计算的诞生和推广，无损云检测就顺理成章地被推上了历史的舞台。无损云检测和无损云监测已成为无损检测集成技术的重要发展方向。

目前，国内外研发的汇集多种无损检测方法于一体的无损检测集成技术产品还局限于电磁学和声学两种检测方法（电化学方法虽已进入无损检测集成技术领域，但尚处于初期组合应用阶段），已经得到应用的多种无损检测方法一体化的无损检测集成仪器，几乎都是集成了电磁无损检测技术和声学无损检测技术。

基于电磁学原理和声学原理的无损检测集成技术，包括各种电磁无损检测技术之间的集成技术，多种声学无损检测技术之间的集成技术，电磁无损检测技术与声学无损检测技术之间的集成技术，都是无损检测集成技术的先驱。这也从一个方面解释了，关注无损检测集成技术，为什么会首先关注电磁无损检测集成技术。

下面以超声检测与涡流检测技术的集成为例说明一体机的集成系统。

这两种检测方法既有各自不同的信号产生、转换、提取及处理单元，又具有一部分相同的功能模块，如信号发生、信号放大、A/D 采集、数据存储管理、记录、报警、打印和可视化显示等。可以通过合理地分配硬件和软件，适当地设计切换开关来选择当前所需要的模块，将超声检测与涡流检测这两种检测方法整合在一台具有综合检测功能的产品中。将信号发生、信号采集与 A/D 转换、信号处理、图像显示、键盘模块、系统软件、通信接口和电源模块汇集到一个共用模块中，将两种或两种以上具有不同检测功能的模块整合到一台仪器中，并设置控制模块来控制系统有序地工作和控制用户选择的功能，就成为一体化的无损检测集成仪器。例如，加拿大 R/D Tech 公司生产的 TC5700 管材轻便型检测仪，集成了常规涡流检测、远场涡流检测、漏磁检测和超声检测等无损检测技术；国内爱德森（厦门）电子有限公司生产的 SMART-2005+便携式无损检测仪，集成了常规涡流检测、远场涡流检测、磁记忆检测、漏磁检测和超声检测等无损检测技术。

在我国，对于无损检测集成技术的相关理论和方法以及应用的基础性研究正在逐步深入，并且已经取得了许多具有国际先进水平的成果。我国在这方面开展的主要研究有：计算机化设备；用户友好界面操作系统软件；无损检测数字信号处理，包括人工智能、神经网络、模式识别、相位补偿等；高频无损检测技术；各种扫描成像技术；多坐标、多通道的自动超声、涡流检测系统；机器人检测系统；复杂构件的自动扫描成像检测（如 5 维以上多维探头调节结构等辅助设备的开发研究）等。这其中的许多成果已经达到国际先进水平，这些研究为我国无损检测技术的持续发展提供了保证。无损检测集成技术经过近些年的发展已经形成一定的规模，特别是一些大型综合在线无损检测系统，许多不同用途的微机控制自动检测系统也已经应用于实际生产。

2008 年，爱德森（厦门）电子有限公司主导的无损检测集成技术术语也已正式写入国家标准。

国内外的无损检测集成技术研究与应用已有所突破。随着集成技术的进一步提高，该类产品将日臻完善，以适应更多的检测对象和要求，并开拓出越来越广阔的应用领域。

### 1.1.2　社会发展对无损检测的需求

#### 1. 对无损检测技术的需求

无损检测技术的地位特殊。无损检测技术产生于工业生产领域，几乎所有的工业生产领域都离不开无损检测技术，但无损检测技术在大多数工业企业中都不处于主导地位。在工业生产中，一方面，无损检测技术在确保产品质量、降低生产成本等方面具有极其重要的作用；另一方面，无损检测工艺并非生产工艺，实施无损检测工艺将会产生附加的人力和资源耗费并进入生产成本。然而，无损检测技术的重要地位在现代工业社会中正逐渐显现出来。

从无损检测的功能来讲，无损检测技术不仅具有检验产品质量、保证产品安全、延长产品寿命的功能，而且能够使产品增值，给企业带来十分明显的经济效益。例如：德国奔驰汽车公司对每台汽车的几千个零件进行无损检测（主要是电磁检测）后，整车运行公里数提高了一倍，大大提高了产品在国际市场的竞争能力；日本小型汽车生产中 30% 的零件采用无损检测后质量迅速超过美国。统计资料显示，经过无损检测后的产品增值情况大致是：机械产品为 5%，国防、航空、原子能产品为 12%~18%，火箭产品为 20%。

因此，不同国家的工业界人士，对待无损检测技术的态度是有所不同的。不过，总的来说，无损检测在现代工业中的地位是很高的。德国科学家认为，无损检测技术是机械工业的四大支柱之一。美国政治家认为，没有先进的无损检测技术，美国就不可能享有在众多领域的领先地位。现代工业是建立在无损检测基础之上的。

在工业生产领域以外的其他许多领域，如在现代社会的安全保障（安保）、交通运输、桥梁建筑、航空航天等领域中，无损检测技术起着不可或缺和无可替代的关键性作用。无损检测的重要作用及其巨大经济效益和社会效益往往是通过灾难事故的发生衬托出来的。在社会生产和生活中，一旦发生大事故，其经济损失、人身和生命损害、社会和政治影响，往往是难以估量的。而无损检测是保障安全最重要的技术防线之一。

现代社会已经离不开无损检测，无损检测对现代社会有着巨大的贡献。无损检测技术发展至今，许多常规的无损检测技术已经相当成熟，无损检测集成技术也开始蓬勃发展。

**2. 对无损检测集成技术的需求**

无损检测集成技术服务于当代社会是大势所趋。许多因素促成了无损检测集成技术的发展：无损检测集成技术是现代社会安全保障的迫切需求，无损检测集成技术是无损检测技术自身的一种升华，无损检测集成技术是高科技时代发展大势的必然结果，相关技术的进步保证和促进了无损检测集成技术的发展。

（1）无损检测集成技术是现代社会安全保障的迫切需求　无损检测技术是在不破坏材料或工件使用性能的前提下，检查和诊断其特征质量和健康状态，确定其是否满足指定的工程技术要求、是否还可以继续服役的一类先进工业技术。无损检测是确保产品质量和产品安全使用的利器。无损检测技术的发展已经历了大约一个世纪，目前存在很多不同种类的无损检测方法及设备。先进的无损检测技术在现代工业中的重要作用已经得到社会公认。然而，现代社会的发展程度是惊人的。现代工业产品中涌现出大量需要在高速、高载荷、高温和高压等极端条件下运行的大型复杂装备（如飞机、火箭、高铁列车、路轨、桥梁等）以及工程应用中的许多关键性设备（如压力容器、管道、蒸汽机的涡轮转子、叶片、壳体等），它们自身的安全及其运行的安全是人民和社会所迫切需要的。现代无损检测技术是保障它们安全的技术基础。

由此，工作高效的、结构复杂的、结论可靠的、适应被检测对象特征的、各种全自动或半自动的无损检测系统成为各个行业的迫切需求。这就促成了无损检测集成技术的诞生。例如，铁轨检测车应运而生，其运行速度及其服役的数量一直在不断地增加。

由于每种无损检测方法都有各自的基础原理和检测特点，各有长处和不足，使用单一的无损检测方法不能满足人们对检测结果准确性和可靠性的要求。为了能对被检测对象的关键部件进行全面准确地判定缺陷程度并做出寿命评估，常常必须利用各种无损检测方法之间的互补性，同时采用多种无损检测手段。然而，同时实施多种无损检测手段，一方面检测工艺烦琐，另一方面技术难度大，其对检测人员的技术素质有很高的要求，并且检测结果常常不尽如人意。因此，在一台无损检测设备中融合多种检测方法，并可进行数据综合评估分析，给出相对明确的综合诊断结论，这样的集成性设备是人们热诚盼望的。这就促成了无损检测集成技术的诞生。

同时，市场对于安全保障的需求也一直在不断地提升，促使了无损检测集成技术的规格和功能不断地进步。无损检测集成技术是人类安全的一道重要技术屏障。

（2）无损检测集成技术是无损检测技术自身的一种升华　无损检测作为一门独立发展

的学科技术，需要与时俱进。不仅各种独立检测方法需要单独发展，更重要的是综合性检测方法的合理应用。无损检测集成技术是无损检测技术自身发展的体现，尽管无损检测技术本身并非一种生产技术，但其技术水平却能反映该部门、该行业、该地区甚至该国的工业技术水平。可以说，无损检测技术在国民经济体系中具有重要的战略地位。无损检测集成技术对于简化检测工艺、提高检测能力和检测结果的置信度、提高检测的效率和降低检测的成本等，都有着举足轻重的作用。无损检测技术需要吸收最新的技术，不断完善自身。集成了多种检测方法的自适应自动检测系统，不仅能够显著减轻检测人员的劳动强度和减少人为因素对检测结果的影响，而且它们的运行和检测过程常常令人惊奇和给人享受。无损检测集成技术是无损检测技术自身的一种升华。

（3）无损检测集成技术是高科技时代发展大势的必然结果　我们正面临着一个崭新的科技时代，它的特征是信息爆炸和技术的高度集成。自从 1958 年基于半导体的集成电路诞生以来，集成的概念获得了巨大的发展，并且带动了社会生活中各个层面的进步。发展至今，集成电路已经成为现代信息社会的基石。在无损检测领域，各种检测方法所基于的工作原理，几乎涉及物理学的所有分支领域，而实现这些无损检测方法所需要的技术，几乎囊括了所有的现代先进科学技术。因此，随着科技的发展，现代无损检测技术具有内在的、本质的集成技术的特性。另外，虽然不同检测方法的检测原理不同，信号提取与处理的方法也不同，但作为电子仪器来说，各种检测仪器又都具有一些共性，如信号发生、数据采集、信号放大、信号显示以及数据存储和记录等硬件电路以及部分处理软件是相似甚至相同的。因此，可以把这些共同部分组成开放式的数字信息处理平台，再加上各自独立的信号产生、接收与处理的部分，即可实现无损检测技术的集成。高科技的发展必然导致无损检测技术的集成。

随着科技的发展和在线检测的需求激增，市场的需求推动了无损检测智能机器人的研发，使其成为当代高科技时代发展大势的必然产物。无损检测智能机器人是无损检测集成技术最有显示度的一种形式。

（4）相关技术的进步保证和促进了无损检测集成技术的发展　无损检测集成技术的相关技术涵盖了许多方面，主要有微电子技术、计算机技术、互联网和物联网技术，以及机械工程、智能控制和系统管理等其他技术。这些技术的进步保证了和促进了无损检测集成技术的发展；这些技术的飞跃促进了无损检测技术的飞跃。他山之石，可以攻玉。例如，随着数字电子技术的发展，FPGA（现场可编程门阵列）、ARM（精简指令集微处理器）和 DSP（数字信号处理器）等集成电子器件大量应用，使得研制和开发全新的无损检测集成技术产品成为可能。

综上所述，检测需求的不断拓展和技术发展的拉动，将为无损检测集成技术创新的成功提供必要的供给和需求支撑。对于需要在技术上追赶国外的我国而言，无损检测集成技术的创新是至关重要的。从中国制造到中国创造，"集成创新"的概念已引起业界的高度关注，如自动化集成加工、智能手机的功能高度集成等，我国需要系统性、集成性的创新，而现代无损检测集成技术是其中的一个重要成员。在当前发展中的智能制造中，现代无损检测集成技术是不可或缺的。

## 1.1.3　无损检测技术的应用目标

如何实现无损检测技术的集成？在生产实践中，无损检测技术的集成有两个目标：其一是为了能够更加简便地实施检测而集成；其二是为了实现新的更高层次的检测功能而集成。

针对不同的目标，实现方式略有差别。

实现第一个目标的无损检测技术集成的代表是各种自动化的声光机电一体化无损检测系统。这些系统可以是包含了多种无损检测技术的，也可以是只具有一种无损检测技术的。人们常用的"傻瓜相机"是这类声光机电一体化集成的例子，只是它的主体功能是照相而不是无损检测。发明如同"傻瓜相机"一样的无损检测技术集成仪器是人们期望的目标之一。自动化的声光机电一体化无损检测系统是在无损检测仪器的基础上，集成机械、电子、声技术、光技术、自动控制技术、计算机技术等来实现无损检测专门化、自动化的装置。被集成的每个单项技术往往只是采用了该类技术在当前某个发展阶段的成果，但是在整体上通过多个单项技术的协同配合，无损检测的能力得到了极大的增强。近年来，随着计算机技术、微电子技术、网络技术等的快速发展，机器人技术也得到了快速发展，机器人作为机电一体化的升级产品，在完成检测操作和检测过程的控制方面有着特殊的能力。现代智能机器人将在自动化的声光机电一体化无损检测系统中发挥越来越重要的作用。

当前，制造业的一个热门话题是信息制造、智能制造，即制造的机械设备系统能够进行智能活动，诸如分析、推理、判断、构思和决策等。利用目前已经开发出来的传感器技术，并与微电子学和高性能计算机结合，已经能生产集成化的（综合）、具有信息系统功能的智能检测设备。随着检测要求的提高和制造业的发展，集成无损检测系统应运而生。同时，集成无损检测系统常常被要求赋予智能化和信息化功能。智能化无损检测和信息化无损检测的一个直接结果是使无损检测工作"变得更加简单"。

实现第二个目标的无损检测技术集成的代表是一些综合型的多功能无损检测系统。现在，人们几乎离不开的智能手机是这类集成的例子，即采用多技术融合，高效率且高质量地满足用户的多种使用需求。只是一般智能手机的主体功能不是无损检测，而是其他一些功能。不过，现在有些智能手机已经被笔者之一开发出一种新功能，即作为无损云检测的用户终端，完成检测信号的传输、存储、显示等。智能手机也可以具有无损检测功能，如直接作为目视检测的用途。换言之，智能手机也可以成为无损检测技术集成系统的一个部分。

多功能无损检测仪器是在一台仪器上集成了多种方法的无损检测功能。无损检测方法有很多，现代无损检测技术主要有超声、射线、磁粉、涡流、渗透、目视等常规方法和漏磁、声发射、内窥镜、红外照相等其他方法。在我国无损检测界习惯上只讲超声、射线、磁粉、涡流和渗透五大常规无损检测方法，而将目视无损检测方法排除在外。但作者认为，无论是从应用的历史，还是从应用领域的广度和应用的频度等各个方面来看，目视无损检测都是一种重要的常规无损检测方法。因此，实际上应当有六大常规无损检测方法。因此，在本书中我们提议这样一种认识，即常规无损检测方法有六种，包括超声、射线、磁粉、涡流、渗透和目视无损检测。每种检测方法都有自己的优点和缺点。但是，一般来说，各种检测方法的优缺点之间往往存在互补性，其保障技术和应用操作技术之间也存在共同性。利用各种检测方法的共同性将它们集合到一台设备，利用各检测方法的互补关系使该设备的功能更加完善和强大，这就是无损检测技术集成的一种思路和一条成功之路。应该指出的是，综合型的、多功能的无损检测集成系统不能牺牲某个单项检测功能的性能指标，否则就失去了集成技术的实用价值。在只进行单项检测时，无损检测集成系统应能与目前普遍应用的单功能检测仪器进行互换检测。需要特别指出的是，多功能的无损检测技术集成的仪器和系统，常常又进一步与无损检测相关的其他技术进行集成，这样的无损检测技术集成，是更高层次的无损检测技术集成。

然而，在实现无损检测集成技术的道路上，还面临着一些问题：①在网络快速发展的时代，远程诊断将成为重要的无损检测手段；②在新兴的无损检测集成、无损云检测等技术中，无损检测的管理与监督起着决定性的作用；③集成系统的复杂性将给集成与管理带来巨大的困难；④集成系统的可靠性和安全性问题也随着系统复杂性的增加而增加，带来了新的信任困扰；⑤分布式系统的无处不在，将带来资源、成本和效率的严重失衡。以上这些问题，都需要妥善地解决。

显然，无损检测技术集成有着它自己的适用范围。有人认为，冗余的技术会带来额外的支出而造成浪费，这会使人们产生困惑和责难。但是，这不应当成为阻碍无损检测技术集成发展的理由，而应当是促进建设多层次无损检测技术集成的动力，以适应变化多端的无损检测应用需求。

### 1.1.4　无损检测技术发展展望

无论哪个行业的无损检测，准、快、省都是永恒的主题。有很多检测仪器局限于单一的检测功能，只提供单一的检测方法，这给用户带来了局限和不便。很多检测要求单靠一台具有单一功能的检测仪器是无法完成的，常常需要多种检测方法和设备。这不仅增加了用户的成本，而且费时费力。无损检测集成技术照亮了无损检测技术前进的道路。

无损检测集成技术的时代已经来到，它在提高检测效率、增强所获得的信息的可靠性和完整性、保准评价的准确性等方面都是值得期待和有望实现的。

无损检测集成技术是在无损检测技术充分发展的基础上发展起来的。无损检测技术作为一种综合性应用技术，其内涵在不断地发展开拓着。从无损探伤（Non-destructive Inspection，NDI），到无损检测（Non-destructive Testing，NDT），再到无损评价（Non-destructive Evaluation，NDE），逐步地延展和深入，并且向自动无损评价（Automatic Non-destructive Evaluation，ANDE）和定量无损评价（Quantitative Non-destructive Evaluation，QNDE）发展，期间需要不断地技术创造和创新。定量无损评价与保证结构件安全使用的目标相结合，促进了结构健康监测（Structural Health Monitoring，SHM）的产生和发展。

无损检测集成技术的出现和应用，将更加有利于检测结果从定性到定量的转变，更加有利于提高检测结果的准确性和可靠性，更加有利于使无损检测技术融入设备健康状态评估和再制造技术之中，更加有利于形成设备制造、使用、维护和再制造的绿色循环经济体系。为了更好地完成无损检测工作，基于任何无损检测原理的任何一种无损检测方法，都需要一个或大或小、或简单或复杂的集成系统。无损检测集成技术将成为无损检测技术发展的一个重要里程碑。

当然，无损检测集成技术自身的完善和发展是它的一个重要发展方向，这包括相关的理论和技术的研究与应用。例如，关于各种类型的新型探头和探头组合方式的研究，针对数据融合的理论和实践研究，如何选择参与集成的无损检测技术等热点问题。

应用对象和应用领域的拓展是无损检测集成技术发展的一个重要方向。对于检测条件十分复杂的情形，对于检测质量和检测结果要求很高的情形，无损检测集成技术具有很大的优势。智能制造带来了智能检测问题，中国制造2025战略给无损检测集成技术提供了一个极其广阔的空间。例如，在新兴的再制造领域，因检测条件十分复杂和苛刻而对检测结果的要求很高，无损检测集成技术已经开始发挥其作用。例如，3D 打印高新技术开发出了打印金属材料的承重结构件的新技术，这些复杂几何构造的 3D 打印结构件的无损检测需求，必将给无损检测集成技术提出许多挑战，并推动无损检测集成技术的发展。

数字化和计算机以及网络化是无损检测集成技术发展的另一个重要方向。微型计算机的出现和普及改变了人们对计算机的认识。计算机从单纯的数学计算工具一跃成为几乎涉及人类所有活动范围的计算机科学。人类形成了一种新的思维方式——计算思维，这是一种普适的思维。人们开始用计算机来操控、处理各种问题，从科学研究，到居家生活、户外活动，到工农业生产、交通运输，到安保国防，再到太空探索等，计算机化的设备随处可见。当然，无损检测集成技术、无损检测技术也不例外。越来越多的无损检测集成技术和无损检测设备都由计算机来操控。计算机技术在无损检测集成技术和自动控制技术中应用的普及，必然会导致智能化和网络化技术的提出和发展。

在新的计算机网络、分布式处理、数据库管理、编程语言、人工智能、多媒体、智能物理设备、软件工程等技术的推动下，集成系统将具有泛在性，即无处不在，并朝着普适化、智能化、网络化和可定制化、可租用化方向发展，这就是云计算的核心概念：基础设施服务（Infrastructure as a Service，IaaS）、平台服务（Platform as a Service，PaaS）和软件服务（Software as a Service，SaaS）。当人们构造一个新的集成系统时，也许最重要的是业务流程的描述和确定以何种方式使用何种资源，技巧性的程序设计将变得不再重要。

无损云检测和无损云监测是无损检测集成技术发展的一个更加重要的方向。计算设备、存储设备、网络设备向着速度更快、性能更高、可靠性更强的方向迅猛发展。随着服务模式和机制的转变，资源的提供和共享变得更加方便、便宜和"虚拟"。高性能计算机的运算速度达到每秒千万亿次，而单个海量数据存储系统的容量也已达到 PB 级以上规模，大数据的时代已经到来。在计算机科学的发展中，计算模式也发生了巨大的改变，高性能的计算和存储服务可以借助于高速网络，经由 Web 向专门的服务提供商"租用"，从而出现了云计算。随着大数据和云计算的出现，许多事物发生了改变，也改变了无损检测集成技术。在云计算的基础上，无损检测集成技术发展出了无损云检测，其在可扩展性、低功耗、性能可靠和信息安全等方面需重点研究。现在，无损云检测已受到国际无损检测界的重视，成为当前最令人注目的发展方向。

## 1.2 无损检测集成技术

无损检测集成技术是一种新概念。目前，对于什么是无损检测集成技术，在各类文献中尚没有统一的、明确的定义。根据由笔者之一主导下完成的于 2020 年 6 月正式颁布的国家标准 GB/T 38896—2020《无损检测 集成无损检测 总则》，无损检测集成技术定义为能够实施无损检测功能的集成技术。而集成技术则定义为融合两种或两种以上的独立技术而成的能够实施特定功能的技术。因此，无损检测集成技术是融合两种或两种以上的独立技术而成的能够实施无损检测功能的集成技术。由于无损检测的英文简称是 NDT，故无损检测集成技术简称为 NDT 集成技术。

这里是从该技术所期望达到的目的的角度来进行定义的。一种集成技术，只要是能够实施无损检测功能的，它就属于无损检测集成技术。这是一个较为宽泛的定义。它包含了多种不同的组合情况。例如，一种无损检测技术与机械扫描等其他技术结合的机电一体化技术，这种技术是无损检测集成技术；同一类技术的两种无损检测方法，比如常规涡流检测和磁记忆检测相结合而形成的技术，也是无损检测集成技术；两种无损检测技术，比如常规涡流检测技术和常规超声检测技术相结合而形成的技术，也是无损检测集成技术。而两种或两种以上的无损检测技术，与机械扫描等其他技术结合的机电一体化技术，这种技术仍然是无损检测集成技术。总之，前面所说的五类现代无损检测集成技术，都被这个定义包含了。

以往对无损检测集成技术的定义，是一种比较狭义的概念。狭义的无损检测集成技术概念定义为：两种或两种以上的独立无损检测方法或技术，具备一体化软硬件结构，能对获取的测试数据实行综合处理和实现资源共享的技术。狭义的概念是从参与集成的技术的性质的角度来进行定义的。

广义的无损检测集成技术定义指出，只要该集成技术具有无损检测功能，那么它就是无损检测集成技术。也就是说，它是将多种技术集成起来形成一种无损检测技术。而狭义的无损检测集成技术定义则指定，该集成技术集成了多种无损检测技术。也就是说，狭义概念对用来加以集成的多种技术做了限制，它们之中必须至少包括两种无损检测技术或方法。

能够实施无损检测集成技术的仪器设备称为无损检测集成仪器设备。在一般性的广义概念上，只要能够使用该集成仪器设备实施和完成无损检测工作，哪怕它只应用了一种无损检测方法，它也是一种无损检测集成仪器设备。这样的无损检测集成仪器设备，通常也称为机电一体化无损检测仪器设备。而在狭义概念上，集多种无损检测方法于一体的仪器设备为无损检测集成仪器设备，即至少是集成了两种无损检测方法的仪器设备。

在本书中，除非特别说明，在谈到无损检测集成技术和无损检测集成仪器设备的时候，都采用一般性的广义概念。

需要指出，对于含有多种无损检测技术的集成技术，它应当具备的基本特征是：具有对同一检测对象同时实施两种或两种以上无损检测方法的能力，且这种能力不应低于具有该单一功能同类产品的基本要求；具有一体化的设备支持；具有对多种方法获取的检测数据实行综合处理（包括信息的同屏显示）的能力；具有实现资源共享的功能。无损检测集成技术不只是多种技术的简单汇集，而是能够对所使用的多种方法获取的检测数据融合处理，获得统一的结论的综合技术。

此外，除了仪器设备以外，无损检测集成技术所指向的实体还可以包括无损检测人员等其他元素在内。这样的实体可称为无损检测集成系统。经常，也将比较复杂的无损检测集成仪器设备称为无损检测集成系统。另外，在无损检测集成系统中，智能机器人将是一个重要的组成部分。

使用无损检测集成系统的目的是为了使无损检测工作更加便利和简单，并且更易于获得准确可靠的检测结论。如何根据所获得的检测数据形成检测结论，可以由仪器设备的操作人员实施，也可以由仪器设备自动完成。后一类技术和设备通常带有一定的智能化性质。

## 1.3 一些无损检测术语的意义

### 1.3.1 关于集成和集成技术

集成的概念广泛应用于各行各业。例如，在出版领域，常常会见到某某文集、某某丛书等，某某文集就是某某作家作品的集成，而某某丛书则是围绕某某主题的作品汇集。从中可以看出一个特点，那就是对于集成，存在一个主题。对于无损检测集成技术，也存在一个主题，那就是无损检测功能。这正是前文所讨论的，无损检测集成技术是能够实施无损检测功能的集成技术。

现在，集成技术的应用范围极其广泛。集成技术在计算机系统、先进制造、交通运输、医疗科技、航空航天、网络通信、云计算、智能机器人、智能科学与技术等许多领域发挥着创新和创造的重要作用。

在不同的应用领域中，关于集成技术的形式和内涵可能是有差别的。在本书中，对于集成的讨论仅限制在以无损检测为目的的集成技术方面。

（1）集成 集成既是一个普通的名词，也是一个专门的术语。在英语中与它意义最接近的名词是 integration。但是，中文中集成的意义要比英文 integration 的意义丰富得多。"集"有集中的意思，"成"则表示成就的意思。集成不只是累加和累积的意思，而是有着更加丰富的内容。集成的含义大致有以下三种。

1）集成是一种行为。集成就是把一些原本分散的、孤立的事物或元素通过某种方式汇集在一起，并且使它们相互产生联系，从而构成有机整体的一种行为。对于"集成"行为，重点是关心该行为能够达到的目的和可以获得的成就。因此，集成行为常常围绕着"集成什么""集成的形式"和"集成的目标"这三个方面来展开。"集成什么"是指用于集成的原本分散的、孤立的事物或元素是哪些，它们有哪些内容和共同点，以及人们希望从它们之中获取些什么。"集成的形式"是指集成行为所采用的某种方式的具体形式，是指使孤立事物或元素产生相互联系的具体形式。集成的具体形式就是如何去集成。通过集成，使一个整体的各部分之间能有机地和协调地工作，以发挥整体效益，并且力争达到整体优化。集成的形式往往是实现集成行为的关键。"集成的目标"是指所形成的有机整体能够给人们带来什么样的功能和利益。集成的目标也正是人们采用这样的集成行为的原因。不同的目标是不同的集成行为的主要分界标志。集成行为关心的是集成所得到的结果的整体效益，因此被集成的各个元素没有必要是最优秀的个体。

2）集成是一种事物。集成可以是指集成行为的结果，这种结果是包括物与物、物与人、人与人等的统一系统。对于集成行为的结果，其意义通常比较明显，它往往与集成行为的具体特征有关。前面提到，集成行为通常存在一个主题。作为集成行为的结果，其主题的意义是相同的，也是显而易见的。对于无损检测集成技术，除了以获取优秀的无损检测功能为主题以外，还有其他许多方面与具体采用的集成行为相关的特征。而正是这些特征给出了不同的无损检测集成技术之间的区别。例如，有针对被检测对象的集成和针对检测方法的集成的区别。集成作为一种事物，往往与系统相近。集成通常是指由多个事物所组成的具有特定功能的统一系统，即物与物的系统。与此相应，经常把物质系统的操作者称为用户。然而，按照近代的观点，常常将物质系统的操作者，甚至系统的管理者也纳入系统内部。因为操作者和管理者的行为，可以显著地影响物质系统的工作性能和输出的结果。这样的系统就成为物与物、物与人、人与人等构成的集成。而操作者和管理者，一方面可以作为系统的组成成分，另一方面也可以作为系统的用户。如此，形成一种复杂的关系。

3）集成是一种性质。集成还可以是指与集成行为或集成结果有关联的某一种性质。当集成是指一种性质时，集成常常用作修饰词，来构成包含"集成"两个字的其他许多专有名词。然而，由"集成"所修饰而构成的专有名词，其情形比较复杂。这些含有"集成"

的专有名词虽然都与集成行为或集成结果有关联，但是它们各自的内涵意义经常不是很明显，而且其意义往往与文字的表观有很大的差别，并非能够直接从字面上猜度出来。下面用"集成电路"和"系统集成"等一些常见的名词来说明这种复杂现象。

集成电路（Integrated Circuit，IC）。在现代社会，名气最响亮的由"集成"所构成的专有名词应为"集成电路"。事实上，正是"集成电路"这个术语将"集成"的现代概念带入了现代工业社会。集成电路是一种微型电子器件或部件。该器件是聚集了许多电子元件的微型电子芯片。在一小块或几小块半导体基片上，按照设计好的电路，把电路中所需的许多晶体管和电阻、电容、电感等元件及布线，应用平面工艺全部汇集互连在一起，然后封装在一个管壳内，成为具有所需电路功能的微型结构。集成电路所能集成的电子元件数量称为集成度，集成度是集成电路最重要的指标之一。因此，集成电路是将微小的电子元件集成以形成分布形态的微电路。它不是将电路来集成，也不是电路的集成或集成的电路。集成电路是集成微小元件所构成的电路。集成电路的意义比较接近集成形态的电路或汇集的电路，这个意义与其英文缩写 IC 的意义是一致的。

集成电路中所有元件在结构上已组成一个整体，使电子元件向着微小型化、低功耗、智能化和高可靠性方面迈进了一大步。这里，集成产生了新的功能，集成是创新和创造。

但是，集成电路的内涵本身也在不断发展中。现在，集成电路的含义已经远远超过了其初生时的意义，但其最核心的部分，"集成"仍然没有改变。从 1958 年完成的第一个集成电路雏形起，它包括了一个晶体管、三个电阻和一个电容器，到现在的超大规模集成电路（Grand Large Scale Integration，GLSI）集成了 1 亿个以上的晶体管和相关电路，集成电路的集成度急剧增大。集成电路的发展不仅表现在集成度的不断增加，而且表现为集成对象和结构的不断丰富。集成电路已经是一种制造小型化电路的方式，其集成的对象可以是电子元件，也可以是半导体装置或设备；其形式可以是薄膜集成电路，也可以是厚膜混成集成电路；其功能可以是模拟集成电路（线性电路），也可以是数字集成电路（逻辑电路），或数/模混合集成电路等。现代计算机就是在集成电路的基础上获得飞速发展的。集成电路是现代信息社会的基石，它在各行各业中都发挥着非常重要的作用。

系统集成（System Integration，SI）。按直接的理解，"系统集成"是产生"集成系统"的一种运作，但这并不是人们赋予它的确切含义。"系统集成"是计算机技术中一个特定的专业化术语。按照网络上的一些说法，所谓系统集成，就是通过结构化的综合布线系统和计算机网络技术，将各个分离的设备（如个人计算机）、功能和信息等集成到相互关联的、统一和协调的系统之中，使资源达到充分共享，实现集中、高效、便利的管理。系统集成是近年来在国际信息服务业中作为一种新兴的服务方式发展起来的。系统集成以满足用户需求为出发点，采用功能集成、网络集成、软件界面集成等多种集成技术，进行最优化的综合统筹设计，选择最适合用户的需求和投资规模的产品和技术，集成一个大型的综合计算机网络系统。系统集成包括应用系统集成和设备系统集成。应用系统集成是指以系统的高度为用户提供应用的系统模式，并且为用户提供实现该系统模式的具体技术解决方案和运作方案，以满足用户的需求。设备系统集成，也可称为硬件系统集成，简称系统集成。设备系统集成是指以搭建信息化管理支持平台为目的，将相关设备、软件进行集成设计、安装调试、界面定制开发和应用支持。本书下面的讨论更偏重于平台的搭建，即偏重于硬件系统集成。

要实现系统集成必须解决多个子系统之间的互连和互操作问题。系统集成是一个多厂商、多协议和面向各种应用的体系结构。为此，需要解决各类设备、子系统之间的接口、协议、应用软件、系统平台、组织管理和人员配备等一切相关的面向集成的问题。系统集成是十分复杂的。

由此可见，"系统集成"的词汇构成与"集成电路"的词汇构成很不相同。"系统集成"虽然具有将各个系统来集成的字面上的意义，但它的内涵意义远不止于此。

需要指出的是，"系统集成"与"集成系统"是完全不同的。"集成系统"将在后文介绍。

（2）集成技术　集成技术（Integration Technology）是指将两个或两个以上的单项技术组合而形成的一个特定的总体的技术。相应地，技术集成（Technology Integration）是指用来形成集成技术的方法和技术。这里所讲的"集成技术"，其词汇构成意义的方式与上面讲述的"系统集成"的构成方式有所不同。

集成技术是将多个技术组合而获得的具有统一整体功能的新技术，它往往可以实现单个技术实现不了的功能。在这个意义上，集成技术具有创新的意义。这也就是人们常说的"集成创新"。

在英语中，还有"Grouping Technology"的说法，用来表达与集成技术相似的意思。

（3）无损检测集成技术　前面已经给出了无损检测集成技术的定义。无损检测集成技术是一种集成技术，并且它的总体技术是一种无损检测技术。无损检测集成技术可以是多个不同的单项无损检测技术的集成，也可以是单项或多个无损检测技术与其他技术的集成。因为每个单项无损检测技术的实现都可以成为一个系统，所以无损检测集成技术在某种意义上来讲也属于系统集成，但不具有系统集成的服务方式特性。然而，当无损检测集成技术向无损云检测发展时，一种新兴的服务方式特性就开始回归。因而，无损云检测与系统集成的意义更加靠近。系统集成十分复杂，它需要解决很多面向集成的问题，因此，无损检测集成技术在这方面同样具有相似的复杂性。

下面举例说明无损检测集成技术。例如，一个全自动的钢管涡流无损检测装备所应用的技术是无损检测集成技术，在该项技术中，与涡流无损检测技术相结合的是上下料、定位、检分、标记等其他自动化技术。如果该装备还具有超声检测功能，则它是一个全自动的钢管超声/涡流无损检测装备，其所应用的技术仍然是一种无损检测集成技术。在该项技术中，涡流无损检测技术和超声无损检测技术共同与上下料等其他自动化技术相结合。

## 1.3.2　关于集成系统

上一小节已经指出，"系统集成"是一个具有特定内涵的名词。本小节将进一步介绍"集成系统"，主要介绍"集成系统"与"系统集成"在意义上的差异。

（1）系统　系统是由互相关联、互相制约、互相作用的若干组成部分构成的具有某种功能的有机整体，系统具有结构特性、行为特性、互连特性和功能特性。其中，结构特性由系统的组成部分及其组合关系所决定；行为特性包括系统的输入和输出（如材料、能量或信息）以及处理的特色；互连特性是指构成系统的各部分彼此在功能上和结构上的关系特点；功能特性包括系统本身的作用和能力以及系统各组成部分的作用和能力。系统的这些特性可用来对系统进行描述和分辨界定。这里所定义的系统是有界的。一般地，系统可分为自然系统和人为系统两大类。

（2）集成系统 "集成系统"是用"集成"运作而形成的一种系统。

集成系统是一种系统，只是该系统是通过集成方式而形成的。显然，集成系统属于人为系统。该定义对系统的组成部分没有做任何规定和限制，因此它是一个广义的定义。如果规定被集成的各个分立部分必须是一个个分系统，那么这样定义的"集成系统"就是狭义的。在计算机技术中采用"系统集成"技术得到系统，是一种人为的"集成系统"。

（3）集成系统的基本功能 一个系统往往独立于外部环境而存在。集成系统具备五个基本功能：输入功能、输出功能、存储功能、处理功能和控制功能。集成系统所具备的这些功能使它能够从输入信号、环境条件和先验知识中发现信息、组织信息、分析信息，并且从已知的信息中产生新的信息。这些新的信息往往是集成系统的用户所希望探求的。好的集成系统还具备可帮助用户更方便地进行上述操作，以及更容易地获得新信息的功能。

1）输入功能。输入功能指的是系统从外部环境中获取物质和信息的功能。系统所要达到的目的规定了集成系统所必需的输入功能。集成系统输入功能的能力取决于系统的硬件特性、软件特性和控制功能，还取决于系统所处的信息环境的许可情况。系统的输入能力受外界条件的影响，包括可控制的外界条件和不可控制的外界条件。

2）输出功能。输出功能指的是系统向外界输送物质和信息的功能。系统所要达到的目的规定了集成系统所必需的基本的输出功能。集成系统输出功能一般要借助输出设备实现。输出功能通常包括最终用户需求的各种显示、打印、保存、发布和交换的格式转换及映射功能。集成系统输出功能也包括它与其他系统进行联络和通信的功能。

3）存储功能。存储功能指的是系统存储各种信息资料和数据的能力。系统必须具备存储功能以永久地或暂时地保存物质和信息。按照系统中处理信号的模式，现代系统分为模拟系统和数字系统两大类，这两类系统所需要的存储能力有所不同。集成系统的存储能力主要取决于它采用的存储手段。存储物质常常需要仓库，而存储信息资料和数据常常需要存储介质。当前，数字系统是与信息有关的系统的主流系统。因此，系统的存储能力与存储介质的发展进步关系十分密切。系统的存储介质的存储能力不仅与技术的先进性有关，还与它的价格有关。在实用上，数据资料的存放是要耗费时间的。因此，一个集成系统存储功能的设计，需要权衡存储能力和集成系统的工作速度以及需要支出的成本。

4）处理功能。处理功能指的是系统对各种信号和信息的处理能力。对处理功能的选用与集成系统所要达到的目的密切相关，而且常常以提高信噪比的能力作为衡量的指标。处理功能通常分为常规的处理功能和专门的处理功能两类。常规的处理功能包括一些基本的和通用的信号处理技术及一些例行的信息处理工作。例如，信号整形、信号滤波、计算信号的频谱、图形图像处理等一些基本的信号处理技术，基于常规数学统计方法的统计分析处理、基于特定报文格式数据报表生成等例行的信息处理工作。专门的处理功能是针对集成系统所要达到的目的所选用并开发的特殊功能，是在常规的处理功能不能满足要求时特别开发的，具有很强的个性化特征。

5）控制功能。控制功能指的是对系统所执行的各种操作和实施的各种功能实行控制和管理的功能。集成系统在工作时，操作的时序必须正确和准确，各种功能的实行必须适度，这些目标需要由控制功能来完成。控制功能包括对系统所执行的输入、处理、存储、传输、输出等操作环节的控制和管理，也包括对构成系统的各种设备和部件的控制和管理。控制功能可以通过硬件、软件（通常是通过硬件和软件结合）以及执行机构来实现。因此，控制硬件、控制软件和控制执行机构的品质对控制功能的影响很大。

输入功能和输出功能是集成系统与外界发生联系的基本功能。而存储功能、处理功能和控制功能是在集成系统内部发生和作用的基本功能。

具有特定用途的集成系统功能所必备的具体能力往往要通过反复多次的需求分析来确定。在信息社会，对于与信息技术和自动控制有关的各种系统，基本上计算机或计算机集成系统都是其中一个重要组成部分。从对用户需求的恰当描述到对系统需求的确切描述，将用户需求结合拟采用的计算机软件技术和编程规范，才能确定所需要的各个硬件和软件的组成部分。而且，设计时要遵守冗余设计原则，以确保集成系统功能能满足用户需求。

需要指出的是，当将人员也作为集成系统的组成部分时，上述对集成系统功能的分析将需要修正。例如，有一部分的输出功能将不是与外界发生联系，而是与集成系统内部的人员发生联系。对这些变化，这里不做详细分析。

（4）集成系统的结构　集成系统的结构是指构成集成系统的各部件相互联系的框架。对部件的不同理解构成了不同的结构方式，刻画结构有以下两种方法：

1）层次化的描述方法。该方法由底层向上逐层累加各种部件，在计算机科学中比较常用。对于含计算机的系统，常常以计算机裸机为最底层，在其之上逐层设计一些模块化的部件，它们各自具有规定的一个核心功能。如果从开放系统的互联、互通、互操作的角度出发，计算机集成系统的层次结构可以划分为物理层、操作系统层、工具层、数据层、功能层、业务层和用户层等。

① 物理层。该层由网络硬件及通信设施组成，是网络操作系统的物质基础。

② 操作系统层。该层由各种操作系统组成，如 Windows、Linux、UNIX 等，主要用来支持管理各种软件。

③ 工具层。该层由各种数据库管理系统、计算机辅助软件工程、中间件和其他构件等组成，它支持管理集成系统的数据模型，使数据模型能更好地为应用程序服务。

④ 数据层。该层由集成系统的数据模型组成，是集成系统的核心层。

⑤ 功能层。该层是集成系统功能的集合。

⑥ 业务层。该层是集成系统的业务模型，表现为各种各样的物流、资金流、信息流。

⑦ 用户层。该层是实现用户与集成系统之间交互的部件。

集成系统层次的划分非常重要，要满足功能域界定明确、上下层接口清晰、服务调用简单、每层功能独立开发等要求。

建立集成系统的层次结构模型，目的是便于对集成系统进行描述以及进行设计和开发。上述层次化的描述方法，在计算机科学中已经得到了较好的应用。对于其他领域的集成系统，也可以有适合自身的结构描述方法，可以根据不同的标准来描述结构。

2）环域的描述方法。该方法由中心的核心区向外逐环扩展不断累加各种部件。大致来说，越靠近中心的部件，它在系统中的必要性就越强。另外，环域结构可以是立体的，即多层的，多层环域可以方便地描述控制和反馈，常用的是两层结构。对于集成系统使用环域描述，大致有三种结构方式，即信号流结构方式、中心共用结构方式和中心控制结构方式。

① 信号流结构方式。由前文可知，集成系统有五个基本功能，分别是输入功能、存储功能、处理功能、输出功能和控制功能。从信息的角度看，除了控制功能以外，其他功能所对应的系统部件依次为信号流运动历程所应用。因此，这样的结构方式称为信号流结构方

式。因为控制功能对其他所有功能都有作用，所以设置在另外一个层面。

信号流结构方式基本上按照事件发生时间的先后顺序来安排部件，符合集成系统的功能。从收集信号、处理信号、抽取信息，到分析信息和导出结论，这样一个自然的流程对应一个符合自然的结构。在每个环节都涉及信号和信息，因此，该结构具有天然的优势。

信号流结构方式的形态是线形的，如果套用环域结构描述方式，则可以将其拓扑变形。例如，令收集信号的部件为中心区域，其他部件则各成为环，逐环外扩，从而构成系统。

信号流结构方式与集成系统的概念结构有些接近。从概念上看，集成系统由四大部件组成，即信息源、信息处理器、信息用户和信息管理者。其中，信息源是信息的产生地；信息处理器负责信息的传输、加工、保存等；信息用户是信息的使用者，并利用信息进行决策；信息管理者负责集成系统的设计、实现和实现后的运行、协调。

② 中心共用结构方式。集成系统中的不同技术，在它们单独实现时，往往需要某种相同的部件，这种部件在集成系统中为实现多种技术所共同使用。将这些由多种技术或方法所共用的部件作为系统的核心，放在结构的中心，而其他部件环绕在中心的周围，称为中心共用结构方式。共用的部件可以是硬件，也可以是软件，但往往是硬件和软件两者都有。系统的各个部件常常设计成模块结构，可以是硬件模块结构，也可以是软件模块结构或软件系统结构。外围环域部件的模块通常是硬件模块居多，其结构和功能相互独立。硬件结构所关心的主要问题是硬件的组成、连接方式和实现规定功能的能力。对于网络化的集成系统，还需要关心是使用微机网络还是使用小型机及终端组成的系统等问题。中心共用结构方式对于以硬件为主体的设计和机电一体化的设计比较适宜。

③ 中心控制结构方式。集成系统若要构成一个有机的整体，则控制子系统是一个关系全局的核心部件。将控制子系统放在结构的中心，而受控制子系统管理的各种部件环绕在中心的周围，称为中心控制结构方式。具有控制功能的部件大致包括管理功能器件和管理人员、逻辑电路、命令机构和执行机构以及控制软件等。中心控制结构方式侧重于从系统功能的角度来看待结构。要使集成系统的各种功能之间产生信息联系以构成一个有机结合的整体，实现集成系统的多种设计功能的目标，中心控制结构方式的描述是比较适宜的。

对于无损检测集成系统，从功能方面来说，它们是一些信息系统，而且常常包含或大或小的计算机，计算机系统的层次结构可以是无损检测集成系统层次结构的重要参照。

## 1.4 无损检测集成系统的结构和功能

我们尝试以系统论的观点来考察无损检测集成技术。无损检测集成系统可以定义为以执行完成某个或某些指定的无损检测功能的集成系统。一般来讲，无损检测集成技术往往融合在无损检测集成系统中。无损检测集成系统是无损检测集成技术的落脚点。

**1. 系统特性**

由前文可知，一个系统具有结构特性、行为特性、互连特性和功能特性共四大特性，这四大特性在无损检测集成系统中都有着明显的特色。

除了这些无损检测集成系统的共同特性之外，各个无损检测集成系统还有其自己的特性，这取决于它依据的无损检测原理和方法技术、它所服务的对象的物理和几何特征、它采用的辅助技术、它的人员以及它的应用环境。

(1) 结构特性 结构特性由系统的组成部分及其组合关系所决定。在一个无损检测集成系统中，必然至少有一个组成部分是能够实现指定功能的无损检测技术或方法的，这就成为无损检测集成系统的基本结构特性。此外，无损检测集成系统经常同时与信息技术和自动控制有关，因此，现代的无损检测集成系统通常包含着至少一个计算机或基于计算机的集成系统。由此，关于计算机集成系统的理论，也可适用于无损检测集成系统。计算机系统是系统的一个重要组成部分，这是先进无损检测集成系统重要的结构特性。先进无损检测集成系统还有一个重要的结构特性，即系统的组成部分还可以包括无损检测的操作人员和管理人员。由此，给系统各个组成部分相互之间的组合关系带来了新的内容，并且对系统的互连特性等其他特性产生重要的影响。除了通常的物与物之间的组合关系之外，还需要考虑仪器器材与无损检测人员、无损检测操作人员与无损检测管理人员等相互之间的组合关系。这些都需要用规则、标准和规范来加以约束。

(2) 行为特性 行为特性是系统在运作中显现出来的特性，包括系统的输入和输出特性、系统内部各个部件的运作特性等。无损检测集成系统的行为特性随该系统所实施的无损检测方法和所针对的应用目标而变化。例如，涡流检测与超声检测的信号采集方式是不同的。一般来说，各种检测方法和技术都有其独有的信号采集方式。行为特性也是区分不同无损检测集成系统的标志。

(3) 互连特性 互连特性是指构成系统的各部分相互关系的特点。各部件之间的关系包括结构上的关系和在功能上的关系。无损检测集成系统的各部件之间在结构上一般需要实现机电互联，从而进一步得到功能上的信息互联。无损检测集成系统的信息互联与一般的信息系统或计算机集成系统的信息互联基本上是一致的。

(4) 功能特性 功能特性是指集成系统整体的作用和能力，也指集成系统各组成部分的作用和能力。集成系统整体的功能是该系统各组成部分所不具备的。显然，实现指定的无损检测任务是所有无损检测集成系统最明显的功能特性，这是无损检测集成系统区别于其他集成系统的主要特征。当然，每个无损检测集成系统都会有不同于其他无损检测集成系统的功能特性。

特别需要指出的是，无损检测技术所需要解决的问题是自然科学中的一些所谓的逆问题，逆问题的解答在理论上来讲是不确定的。而实施无损检测的目的是得到确定且准确的结果。因此，无损检测集成系统中必须引入附加的信息，通常这些附加的信息被称为先验知识。由于不同的被检测对象所需要的先验知识可能是不一样的，因此，无损检测集成系统的信息流与系统外的状态有关。这也是无损检测集成系统功能特性的信息特征。

**2. 系统功能**

无损检测集成系统与所有的集成系统一样，应具备五项基本功能，分别为输入功能、存储功能、处理功能、输出功能和控制功能。简单来讲，无损检测集成系统的主要功能就是从获得的信号中获取希望知道的有关信息。对于无损检测集成系统，要想成功地完成检测工作，做出正确和准确的判断，其先验知识非常重要。同时，无损检测集成系统必须具有较强的对外部环境条件的适应能力。一般来讲，外部环境条件可以分为可控的和不可控的两类。对于可控的外部环境条件，在系统工作时，应该认真控制，尽量保证外部环境条件在系统允许的范围内。对于不可控的外部环境条件，应对无损检测集成系统的有效数据设置适当的容忍度，即设定适当的容忍范围，一旦不可控的外部环境条件超出允许的范围，建议停止工作。

（1）输入功能　无损检测集成系统的输入信息有两大类。第一类输入是检测任务的工作参数。检测任务的工作参数包括检测对象的身份信息和对检测方法的要求。在检测任务开始时需要将工作参数输入系统；在检测过程中，也会经常需要变动工作参数。输入工作参数的操作，通常采用人机对话的方式，由操作人员人工执行；也可以采用批处理命令的方式，由系统自动执行。无损检测集成系统需要具备随时可以接受外来命令的能力。在接受外来命令时，可以中断也可以不中断正在进行的操作。

第二类输入是检测到的信号。获取检测信号是无损检测集成系统主要的输入功能。先验知识虽然常常被认为是已知条件，但也可认为是一种输入的信息。输入信号的形式是多样化的，常用的有两种形式，分别是振动和波的形式以及一般的物质形态的形式。在渗透检测和磁粉检测中的输入信号为一般物质形态形式的信号。一般物质形态的形式包括各种形式的场，如磁场、电场、声场等。在电磁检测和超声检测中，大多数的信号为振动和波的形式的信号。这些信号通常有三种形式，即光信号、声信号、电信号。为了能够对信号进行各种处理，通行的方法是将它们转变成为电信号。这种转换工作由各种具有指定功能的传感器来完成。因此，影响无损检测集成系统的输入功能强弱的最重要的部件是传感器。传感器所组成的器件又称为探头或探针。传感器的种类繁多。发展高性能传感器是发展高性能无损检测集成系统的最基础和最关键的工作。

近年来，已经有称为智能传感器的新型传感器面世。智能传感器是传感器与微处理机和微型智能仪表相结合的集成系统。除了具有采集信号的输入功能之外，智能传感器还同时兼具存储功能、处理功能、输出功能和控制功能等集成系统所具有的主要功能。智能传感器能够自我决定如何检测数据，能储存数据、舍弃异常数据、完成数据分析和统计计算，从而创造出新数据，并传送数据给监控系统和/或操作人员。智能传感器能够以比较低的成本，实现高效率和高精度的信息采集。

决定无损检测集成系统输入功能能力的一个重要和关键的部件是扫描子系统。传感器获取的信号是与传感器的空间位置有关的。因此，令传感器进行扫描是系统获取信号的基本方式。实施扫描的常用方式有手动扫描、机械扫描、电子扫描、光学扫描等。这些扫描操作，除了手动扫描以外，都需要应用精密的扫描装置。而所有的扫描操作，包括手动扫描，都需要准确地记录传感器的空间坐标。因此，扫描子系统需要精密的运动结构和具有精准控制功能的控制结构。常用的扫描装置匹配有用步进电动机驱动的多轴扫描架，高级的扫描装置有匹配用伺服系统控制的能够实现多维精密运动的扫描架。后者常常具有类似机器人的功能。

当然，如前文所述，集成系统输入功能的能力还取决于系统的其他特性，包括集成系统的硬件特性、软件特性、控制系统的特性以及集成系统所处的信息环境情况。因此，对于重要的结构部件，在其设计阶段就必须把无损检测工艺所需的输入条件纳入设计要点。例如，高速铁路动车的空心车轴设计，使得对于车轴的敏感部位的检测相对检测实心车轴来得容易一些。在实际工作中，用户提出的无损检测需求，常常会遇到检测探头无处放置的尴尬情形。如果将被检测对象作为无损检测集成系统的部件之一，检测系统的输入特性是设计的重要指标，则可以避免这些问题。

在正在兴起的无损云检测集成系统中，传感器是分散的部件，分布在一些终端附近。因此，在无损云检测集成系统设计阶段，必须将此作为输入条件纳入考虑。

（2）存储功能　现代的无损检测集成系统基本上都是数字系统。数据的精度（数字的比特数）、存储量（总量）以及存取速度是衡量存储能力的主要指标。无损检测集成系统的存储能力主要受两个因素的影响：一是存储介质自身的技术水平；二是组建系统时的投入程度。以用户需求作为标杆，存储能力过高是一种浪费。然而，存储能力的设计应为不久的将来的发展留有足够的余地，同时，应注意设计良好的可扩展性，以便满足将来更大的发展需求。

对于发展中的无损云检测集成系统，大部分的存储服务可以由公共服务提供。这是存储功能的新形式，用户所能够得到的存储能力有了跳跃式的提升。

（3）处理功能　现代的无损检测集成系统的信号处理基本上都是数字信号处理。无损检测集成系统处理信号的法则遵从信号处理和图像处理的规律和方法。然而，在无损检测集成系统中，模拟信号处理也是内在必需的。在当今普遍热衷于数字信号处理的环境中，模拟信号处理的技术和方法也必须得到充分的重视。在无损检测集成系统中，融合相应的无损检测标准是系统重要的结构特征。信号处理受标准的约束和规范是无损检测集成系统处理功能的重要特征。在实际应用中，经常会遇到一些特殊的检测问题，这时的信号处理必须特别开发针对性的专门的特殊方法。因此，无损检测集成系统处理功能的可扩展性很重要。在无损云检测集成系统中，很多处理功能可以由公共服务提供。

（4）输出功能　输出是无损检测集成系统存在价值的体现。输出的内容和形式是表达无损检测集成系统的目的和成就的具体表现。好的无损检测集成系统的输出功能能够满足用户十分苛刻的要求。无损检测操作要得到的基本数据是检测的结果和综合判断的结论。有时是临时显示的，有时是永久保留的。现在，越来越多的用户希望能够实现永久保留检测结果。而无损检测集成系统在这方面有着十分突出的优秀表现，其能力是非常强大的。无损检测集成系统输出的形式是多样化的，包括数据、图形图像、报表等。无损检测集成系统可以根据用户的规定自动形成报表，给无损检测工作带来极大的便利，同时也提高了工作效率。

（5）控制功能　系统的控制功能是一种管理功能。对集成系统的全部运作都必须实施正确且准确的控制。控制功能是一个系统的核心功能。无损检测集成系统也一样，它的控制功能包括：对系统所有设备和部件的运行实施控制和管理，使它们按照正确的时序协同工作；对信号流和数据流实施控制和管理，包括接收、传送、处理、存储、输出等操作，使它们符合设定的要求；对机械扫描、物品检分等执行机构实施控制和管理，使它们能够安全有效地完成指定的动作等。

控制功能可以通过硬件、软件以及硬件和软件结合的方式来实现。在无损检测集成系统中，一部分控制操作是根据检测要求和工艺规范预先设定的，一部分控制操作是通过各种传感器收集信号后通过反馈来实施的。获取控制信号的常用传感器有位置传感器、温度传感器、压力传感器等。

在无损检测集成系统中，有许多集成电路器件可以用来实现实时控制，如现场可编程门阵列（Field-Programmable Gate Array，FPGA）、可编程逻辑控制器（Programmable Logic Controller，PLC）、微控制单元（Microcontroller Unit，MCU，又称单片机）等。现在，控制电子电路通常使用 FPGA。

在结构设计时，控制子系统也可以作为无损检测集成系统的核心区域。

**3. 系统结构**

无损检测集成系统的结构呈现出多样化的情景。不同的厂家针对不同的应用目的，设计制造出了多种多样的无损检测集成系统。然而，尽管存在着多种多样的系统结构方式，在各类无损检测集成系统中仍然有一些基本部件是必备的或者大同小异的。

例如，无损检测集成系统通常包括硬件平台、工具平台、应用软件平台、数据库平台和网络通信平台，这些平台将各类资源有机、高效地集成到一起，形成一个完整的工作平台。在这些平台中，不同的无损检测方法或技术往往存在有共同的部件。不仅如此，有些平台对于不同的无损检测集成系统，也往往存在有共同的部件。前者是形成无损检测集成技术的物质基础，后者则是发展无损云检测的物质基础。

除了物质结构之外，无损检测集成系统中人员的结构也有着十分重要的作用。一般的无损检测集成系统有两类人员，即无损检测操作人员和无损检测管理人员。而对于新的发展中的无损云检测集成系统，还需要有网络操作人员和网络管理人员。这些人员的工作、协调和管理，将是一项崭新的任务。

# 1.5  无损检测集成技术的特点

无损检测集成技术是综合多种选定技术而形成的无损检测技术。一个网络化的无损检测集成系统常常将各类资源有机、高效地集成到一起，形成一个完整的工作平台。该工作平台通常包括硬件、应用软件、数据库、工具、网络通信等功能平台。因此，无损检测集成技术具有先进性、开放性、综合性、结构性、主流性和全局最优性等特点。无损检测集成技术的特点常常通过无损检测集成系统的特点表现出来。无损检测集成技术的个性化特点是对其分类的依据，而这种集成技术在无损检测集成技术共性化方面的特色表现也是对其分类的依据。

### 1. 先进性

无损检测集成技术的先进性是其内在的最基本的要求。只有先进的技术才有较强的发展生命力，才能确保系统的优势和较长的生存周期。没有了先进性，它也就没有了存在的价值。但是，作为其组成部分的无损检测技术可以是普通的技术，甚至其组成部分的任何技术都可以不是先进的技术而只是普通的技术。无损检测集成技术的先进性是无损检测集成系统整体的先进性，它是通过"集成"这个特殊手段来实现的。通俗地讲，就是通过集成，发挥出"1+1 大于 2"的效果。

要保证集成技术的先进性，集成目标、集成什么、如何集成这三个方面很重要。

1）要保证集成技术的先进性，"集成目标"很重要。集成目的或集成目标的先进性是保证集成技术先进性的前提。先有想法，才有创新。好的想法和理念是带有决定性的。

2）要保证集成技术的先进性，"集成什么"很重要。这就需要应用系统的概念，在系统总体集成先进理论的指导下，按技术先进性的要求，进行设计和恰当地选择所形成的集成系统的组成部分。

3）要保证集成技术的先进性，"如何集成"很重要。按照先进的系统设计，核查问题划分的合理性、所选择的硬件组分的充分必要性和可行性、所选择的应用软件是否符合人们认知特点等。充分挖掘各个软硬件组分的共同点和相互配合的能力，使它们能够彼此有机地和协调地工作。

系统设计的先进性贯穿于系统开发的整个生命周期，乃至整个系统生存周期的各个环节，一定要认真对待。

先进技术的集成是未来发展趋势。

### 2. 开放性

无损检测集成系统必须是一个开放的集成系统。一方面，开放性是保证无损检测集成系统能够实现指定功能的基本条件；另一方面，开放性是无损检测集成系统能够继续扩展和升级的需要。开放性是关系到系统生命周期长短的重要问题。

网络化的无损检测集成系统所使用的硬件平台、工具平台、应用软件平台、数据库平台、网络通信平台必须遵循工业开放标准。只有开放的系统才能满足可互操作性、可移植性以及可伸缩性的要求，才可能与另一个符合标准的系统实现"无缝"的互操作。对于稍具规模的集成系统，其系统硬软件平台很难由单一厂商提供，即使由单一厂商提供也存在着扩充和保护原有投资的问题，这些不是一个厂商就能解决的。由不同厂商提供的系统平台要集成在一个系统中，就存在着接口的标准化和开放问题，它们的连接都依赖于开放标准。因此，开放标准已经成为建设集成系统首先应该考虑的问题。

只有开放的系统，应用程序才可能由一种系统移植到另一种系统，不断地为系统的扩展、升级创造条件。

### 3. 综合性

无损检测集成系统是一个综合的集成，它集设备、方法、技术、工具等与组织、管理、人员等为一体。这就是说，要达到理想的集成系统效果，在集成系统框架中既要考虑技术因素，又要考虑包括管理和人员在内的另外一些重要因素。

一般来讲，在组织、管理、人员等方面，在应用不同种类的无损检测技术的无损检测集成系统之间，差别不太大。这一特点对于无损检测集成技术的发展进步是很有利的。

### 4. 结构性

采用结构化的分析设计方法是无损检测集成系统设计的最基本方法。将一个复杂系统分解成相对独立的子系统，子系统还可以再分解成它自己的子系统，最简单的子系统又可以分解成一些模块，每一个模块都是可具体说明和执行的。这样一个底层为许多模块的自顶层向下的多层子系统结构是复杂系统设计的精髓。

有时，将这种结构化的设计简单地称为模块化设计，而这样设计出来的系统具有结构性。

### 5. 主流性

无损检测集成系统构成的每一个产品应属于该产品发展的主流，有可靠的技术支持和成熟的使用环境，并具有良好的升级发展势头。

### 6. 全局最优性

由于无损检测集成系统的要素及其环境的不断变化，集成系统必须长期规划，集成系统的总目标是全生命周期的全局最优。系统的可扩展性、可升级性和可维护性设计是系统规划设计的重要组成部分。

从这些无损检测集成技术和无损检测集成系统的特点来看，很多特点是与其他类型的技术和系统相比而言的。对于无损检测集成技术的细分类，将主要从其综合性特点的技术因素特征来区别。这些技术因素主要表现在无损检测集成系统的结构特性、行为特性、互连特性和功能特性等方面。

# 1.6　无损检测集成技术的类型

无损检测集成技术有许多不同的类型。由前文可知，根据无损检测集成技术的发展历程，它有五类现代无损检测集成技术，即声光机电一体化的单项无损检测功能集成技术、声光机电一体化的多项无损检测功能集成技术、多项无损检测功能一体机集成技术、跨界检测无损检测集成技术和网络化无损检测集成技术。一方面，这些无损检测集成技术可以进一步分类；另一方面，无损检测集成技术也可以按照其他原则来分类。

显然，对无损检测集成技术分类的准则需要根据无损检测集成技术的特性来确定。一项无损检测集成技术自身的特点是划分该技术类型的依据。然而，如果把无损检测集成系统看成是无损检测技术的一个导向结果，则可以将无损检测集成系统的特性作为无损检测集成技术分类的重要准则。

下面不给出具体的分类形式，而是指出无损检测集成技术的一些特点和从不同的层面给出多种可能被采用的分类准则。

## 1.6.1　无损检测方法的层面

无损检测集成技术的功能特性表征了该技术的用途和完成该用途的完美程度。无损检测集成技术可以将它所采用的无损检测技术和特点作为分类的准则。在具体的实现形式方面，大致有三种情况：一是多种无损检测技术之间的集成；二是单种无损检测技术与其他技术的集成；三是多种无损检测技术与其他技术的集成。这些实现形式，常常也作为无损检测集成技术分类的标准或条件。

多种无损检测技术之间的集成也称为多方法一体机。该类设备通常是适用于一般目标的通用仪器，它们往往根据其所采用的无损检测技术的名称来命名。例如，常规涡流/超声一体机，它是常规涡流检测技术和常规超声检测技术的集成。

无论是单种无损检测技术还是多种无损检测技术与其他技术的集成，即后两种无损检测集成技术常常称为某某设备或系统。这样的设备或系统往往是为了满足某个特定的应用目标而建立的，它们通常以所采用的无损检测技术和用途目标并重来命名，如涡流钢管全自动检测设备、常规涡流/超声钢管全自动检测系统等。它们所集成的其他技术的范围和领域十分广泛，如声、光、机、电、计算机、网络等控制机构、执行机构、管理机构等。

系统能够完成指定的无损检测目标的完美程度，如自动化的程度、检测能力的强弱、通信能力的大小、是否有网络功能等，反映了该无损检测集成技术的档次和先进程度。但是，这些比较难于从集成系统的名称中体现出来，有时可以通过规定和划分不同的等级来表示。

## 1.6.2　系统硬件的层面

无损检测集成技术的结构特性和互连特性，表征了该技术硬件层面的特点。在硬件层面，大致可以分为无损检测的仪器和实施无损检测操作的机械两大方面。在仪器方面，例如，前面提到的仪器面板上的插件结构，用来切换功能；计算机总线插卡结构，用来与计算机集成；功能模块结构，用来实现某指定的功能等。

现在，随着模块化和标准化的普及和规范，在仪器硬件方面的差异，至少在仪器架构方面的差异，正在逐渐变小。

但是，不同厂家生产的模块，其性能的差异仍然是显著的，也可以通过规定和划分不同的等级来表示。

在机械方面，对于机电一体化的无损检测系统，各种各样的扫描机构、爬行器等机械，它们的种类和等级也可以成为一种无损检测集成技术分类的依据或指标。

### 1.6.3　系统软件的层面

无损检测集成技术的行为特性、互连特性和功能特性，表征了该技术软件层面的特点。无损检测集成技术的软件包含控制软件、执行软件和数据分析软件等。

一般来说，软件特性只作为系统的内部性质来看待，很少作为无损检测集成技术分类的依据。

### 1.6.4　系统性能的层面

无损检测集成技术的结构特性、行为特性、互连特性和功能特性等综合特性，表征了该技术的系统性能层面的特点。与软件特性类似，系统性能的特点通常也只作为系统的内部性质，不作为无损检测集成技术分类的依据。然而，系统功能却是无损检测集成技术分类的重要依据。

系统功能与系统性能是两个不同的概念，但有时会被混淆。系统性能和系统功能都用来表达系统所拥有的能力，它们的意义虽然相似，但仍有所不同。当它们指向同一种事物时，性能常常表示对于功能的某种形式的量度。例如，某种技术具有测厚功能，那么该技术的测厚性能就可以表示为它能够测量的厚度范围和测量的精度。因此，两个具有同样系统功能的系统，它们的系统性能可以是不同的。可以说，系统性能的高低强弱，能够作为具有同样系统功能的无损检测集成系统的技术水平等级的标志。

用系统功能对无损检测集成技术进行分类，用系统性能对同类集成技术进行分级。

### 1.6.5　网络技术的层面

在网络技术的层面，无损云检测和无损云监测是由网络化无损检测集成技术发展过来的新的无损检测集成技术体系。它们是无损检测集成技术的一种新类型。无损云检测和无损云监测是更高层级的无损检测和无损监测。

无损云检测和无损云监测包含计算机系统和云计算规范。它们除了具有无损检测系统的特点和特征之外，还具有计算机系统的特点和特征。因此，它们的分类准则和依据还结合了计算机系统的分类准则和依据。

## 1.7　电磁无损检测集成技术的先导性

### 1.7.1　电磁技术的特长

在无损检测集成技术中，电磁无损检测集成技术有着某些特殊的地位。常用的、成熟的无损检测技术有射线检测、超声检测、磁粉检测、涡流检测、渗透检测、目视检测、金属磁记忆检测和漏磁检测等多种检测技术和方法。为了更加方便和有效地实施无损检测，迄今为止，各种无损检测技术都发展出一些使用指定方法针对确定检测对象的专用无损检测系统，形成了不同形式的技术集成。换言之，这些无损检测技术都已经各自建立有多个应用声光机电一体化的单项无损检测功能集成技术的无损检测系统。

然而，关于汇集多种无损检测技术的集成技术，即多项无损检测功能一体机集成技术和声光机电一体化的多项无损检测功能集成技术，它们的发展并不同步。这是因为不同的无损检测技术各自所依据的检测原理在关于集成技术的适应性方面有差异。有些无损检测技术所包含的多种无损检测方法相互之间的共同点比较多，或者它与其他某些无损检测技术相互之间的共同点比较多；而有些无损检测技术相互之间的共同点比较少；有些无损检测技术或这些技术的多种无损检测方法的功能和优缺点，相互之间的互补性比较强，而有些技术的功能和优缺点的互补性则比较弱。共同点比较多的无损检测技术，更容易实现它们之间的一体化形式的集成；优缺点互补性比较强的和功能互补的无损检测技术之间的一体化形式的集成更容易引起人们的兴趣。因此，这些无损检测技术也就更多地被首先选用于多种无损检测技术一体化形式的集成。

电磁无损检测技术的常用方法有涡流检测、漏磁检测和磁记忆检测等许多不同的技术，它们之间的共同点比较多。同样地，电磁无损检测技术与声学无损检测技术之间也有着比较多的共同点，尤其是在它们所应用的工作频段、微电子线路和信号处理软件等方面，具有比较多的共同点。同时，在各种常用的电磁无损检测技术和方法之间，在多种常用的声学无损检测技术和方法之间，在各种常用的电磁无损检测技术与常用的声学无损检测技术之间，优缺点互补性和功能互补都比较显著。由此，电磁无损检测技术凭借它的这些特性，在无损检测集成技术中有着特殊的地位。电磁无损检测集成技术是先导的无损检测集成技术。

## 1.7.2 已有的无损检测集成技术

目前，在已经得到市场认可的无损检测集成技术中，汇集多种无损检测技术为一体化形式的无损检测集成技术，包括多项无损检测功能一体机集成技术和声光机电一体化的多项无损检测功能集成技术等，也即在狭义的无损检测集成技术中，它们所应用的无损检测技术，除了一些声学无损检测技术外，大多数包括了电磁无损检测技术。例如：前面已经提到的，集成了多频涡流检测、远场涡流检测、频谱分析和涡流成像等功能的 EEC-96 型多功能电磁检测成像仪；集成了常规涡流检测、远场涡流检测、磁记忆检测、漏磁检测、低频电磁场检测、超声检测和机械阻抗检测等多种检测方法的 EEC-2008 型多功能电磁/声学一体化检测仪；集成了常规超声检测、超声 A/B/C 扫描检测、机械阻抗检测、声谐振检测、声脉冲检测和声扫频检测等多种检测方法的 SMART-6000 型复合材料综合检测仪等。此外，还有爱德森（厦门）电子有限公司 2003 年推出的 SMART-2003 型智能磁记忆/涡流一体化检测仪器、2004 年推出的 SMART-2004 型电磁综合检测仪（集成了多频涡流检测、漏磁检测、磁记忆检测和低频电磁场检测等电磁无损检测方法）、2005 年推出的 SMART-2005 型电磁/超声综合检测仪等便携式一体机等。

在实用功能方面，以 SMART-2003 型智能磁记忆/涡流一体化检测仪为例，该仪器能够在几乎同一时间、同一位置完成磁记忆与涡流的检测数据采集，同时在该仪器中磁记忆检测和涡流检测这两种方法的许多硬件和软件是共用的。该仪器在使用功能和软硬件方面同时实现了集成，得出四种可能的组合结论，是业界实现多信息融合无损检测集成技术的第一台设备，目前已在再制造领域获得广泛应用。

通过测量微弱电流获得信息的电化学技术是测量钢铁腐蚀速度的有效方法。它与电磁无损检测在工作原理方面有一定联系。常规涡流检测、常规超声检测和电化学检测等检测技术的集成系统已经在在役化工管道的安全状态监测中得到初步应用。

电磁无损检测集成技术的应用面广，而且应用领域正在不断扩大。电磁无损检测技术的多种方法之间的共同点比较多。电磁无损检测技术与声学无损检测技术之间也有着比较多的共同点。而且，这些不同的无损检测技术和方法之间，功能互补的效应十分明显。这些性质反映到实际应用中，就出现了电磁无损检测集成技术得到优先发展的现象。

## 1.8　无损云检测与无损云监测

### 1.8.1　网络化集成

在我国工业化程度不断提高的推动下，在科学技术日新月异的推动下，无损检测集成技术在快速地进步，其技术越来越成熟，其应用领域也越来越广阔。近年来，国民经济对无损检测集成技术的需求有了明显的提高。无损检测集成技术的产品适应了更多的检测对象和更高的检测要求，正在获得迅猛的发展并开拓出许多新的市场。其中，远程诊断成为无损检测集成技术最重要的拓展之一。这就开启了网络化集成的道路。21世纪是全球信息数字化、网络化的时代，各种信息的网络化处理是该时代的重要特征，网络深刻地影响着人们的生活和工作。无损检测设备与互联网的结合，吸收了计算机技术与电子技术发展的优秀成果，是顺应历史发展的必然。

现代无损检测设备与互联网相结合，可以实现数据采集、分析等多平台同时运作；可以实现软件、硬件及数据等资源的共享；可以实现原始数据、应用分析软件、文件档案资料（如检测报告）等的实时远程快速传递；可以及时对仪器设备进行网上软件更新升级换代；可以通过网络开展检测技术人员的远程培训服务、技术支持和现场应用的安装、调试指导。

无损检测网络化集成系统由无损检测服务器、数据采集、数据分析、信号传输分配、检测计划报告、数据库管理等子系统以及各种配套软件等组成。系统使用以太网总线结构连接，采用传输线作为传输介质，所有的计算机都采用相应的硬件接口直接连接在总线上。检测服务器作为中央服务器，是智能检测信号网络处理系统的核心部分，具有大容量、高速、可靠和安全的特性，存储了各种检测程序和应用程序，为网络用户提供共享资源。数据采集子系统可根据现场检测对象选择不同设备，实时地提取采集的检测信号。智能检测信号网络处理系统可用于核能、电力、石化、航天、航空和军工在役设备的无损检测。

当今，国内外少数较有技术实力的无损检测设备提供商已经开始提供网络化的无损检测系统。具备网络连接功能的检测仪器/设备通过互联网与位于厂商本部的服务器相连，典型设备如爱德森（厦门）电子有限公司推出的EEC-2008net型电磁声学网络无损检测集成系统。该系统集涡流检测、金属磁记忆检测、漏磁检测和远场涡流检测等电磁检测技术以及超声检测技术于一体，其集成了数据库管理、检测计划报告等子系统，具有网络无损检测功能。该集成系统已在大亚湾核电站等检测现场得到良好的运用。通过互联网，用户可以与位于厂商本部的服务器相连，从而得到不同程度的技术支持服务，如软件升级、故障诊断、专家指导和结果评判等。检测仪器设备也可脱离互联网自主地进行电磁检测和超声检测。

网络化无损检测集成技术推动了无损云检测和无损云监测的诞生。

## 1.8.2　无损云检测

近年来，随着信息技术与无损检测技术的长足发展，网络化无损检测技术也发展到一个新的高度，它推动了无损检测领域一场颇有意义的变革，因此笔者据此事实提出了云检测的概念和实现方法，并坚定地对无损云检测集成技术进行了开拓和实践。

网络服务器集群是无损云检测集成网络的中枢，该网络服务器集群是由业界厂商和学界科研单位等社会机构所建立的，其集合了社会上的各种相关资源，向各种不同类型的用户提供在线软件服务、硬件租借、数据存储和计算分析等不同类型的服务。提供资源的网络被称为"云"，"云"中的各类资源是动态的，处于不断地扩大、更新、升级的过程中。广义的云检测包括了更多的厂商和服务类型。

云检测的基本原理是，为检测终端用户提供数据存储、处理、分析的服务，使计算分布在大量的分布式计算机上，而非本地计算机或远程服务器中，其数据中心的运行与互联网相似。从本质上来讲，云检测是指检测用户端的智能传感器通过近、远程连接获得存储、计算、处理、数据库以及交互等服务。

无损云检测（Cloud Non-Destructive Testing，CNDT）新概念是由本书作者之一林俊明于2011 年 11 月在厦门召开的全球华人无损检测高峰论坛上首次提出的，并于 2012 年在南非召开的第 18 届世界无损检测大会上就此做了专题报告。无损云检测新概念一经提出，就受到国际同行的高度关注和积极响应。

无损云检测是将各种先进的物理与化学无损检测集成技术和云计算技术相互结合而形成的集成技术。在无损检测集成技术的基础上，结合传感器技术、网络技术、通信技术和计算机技术，建立一个无损检测与评价云服务技术平台，将多种物理与化学的无损检测方法集于云服务平台中。将目前常规的无损检测仪器从集成技术的角度加以分解细化，将它们的相同部分或功能相同的部分集成到云端服务器和数据库中组成共享平台，将其他组件设计为无损云检测用户终端。云端的功能包括信号处理、存储、评估、预测和信息反馈等一系列软硬件共享资源。无损云检测用户终端还集成了多种传感器和显示、打印、报警输出装置。用户通过无损云检测终端将检测对象信息和检测方法要求发送给云端服务器。云端服务器根据用户请求，从数据库中调用检测配置参数和数据，搭建针对用户需求的实时检测系统。检测系统搭建成功后，用户即可使用无损云检测传感器终端对检测对象实施检测。终端将传感器采集的检测信号发送给服务器收集于云端，服务器通过搭建的检测系统接收、检波和过滤检测信号，通过智能专家分析软件处理分析检测信号，将检测分析结果返回发送给终端，同时保存到数据库中。用户通过无损云检测传感器终端获得检测结果，并可以随时调用查看存储于数据库中的检测结果。用户通过无损云检测实现软、硬件资源共享和无损检测信息共享以及无线远程控制。

对复杂高端装备的生命周期的管理需要综合分析多种无损检测技术所获得的数据，通过数据融合提取出重要的关键信息。复杂高端装备迫切要求无损检测的结果更加准确、可靠，要达到该目标必须综合多种无损检测技术和方法，执行可靠有效的关联分析和数据管理。现行的处理方式不仅过程繁杂，而且难以得到正确的结论。云计算的出现使许多事物发生了改变，无损检测集成技术在云计算的基础上，发展出了无损云检测。互联网使"地球村"的梦想变为现实，使位于不同地理位置的仪器设备研制人员、现场检测人员、数据分析人员随时都可以沟通交流，通过这种多方共享协同合作形成合力。由此可见，网络与无损检测设备的结合，提高了现场检测工效，降低了工作成本，具有巨大的潜力和发展优势。云检测概念是在检测技术集成和云计算的发展中产生的。随着互联网的繁荣发展，云计算从概念演变为实际行为，进入了人们的生活，它能够给用户提供可靠的、自定义的、最大化资源利用的服务，是一种崭新的分布式计算模式。美国国家标准与技术研究院（NIST）认为，云计算是一种按使用量付费的模式，这种模式可以方便地按需访问一个可配置的计算资源（例如网络、服务器、存储设备、应用软件、服务等）的公共集，这些资源能够被快速提供并发布，同时能够最小化管理成本或最小化服务提供商的干涉。

　　无损云检测是基于云计算技术和检测集成技术的全新概念。无损云检测是包含了各种物理与化学的无损检测方法，是实现信息共享和远程控制的一种无损检测集成技术。无损云检测是无损检测的新发展，是无损检测集成技术发展的趋势和必然。无损云检测受到国际无损检测界的重视，成为当前最令人注目的发展方向。

　　事实上，初期的、试验性的无损云检测工作已经开始。在无损检测系统网络化前期工作的基础上，根据无损云检测的概念和实现方法，对无损云检测技术进行开拓和实践。从某种角度讲，包含着多学科交叉的云检测技术将引导无损检测界的一场革命。爱德森（厦门）电子有限公司作为首创无损云检测新概念的无损检测设备生产商，近几年已开展了无损云检测前瞻性的研究工作。

　　一个试验性的无损云检测系统已经建立，它在北京和厦门等地设置有基站，基站通过网络连接。前文提到的电磁声学网络无损检测集成系统 EEC-2008net 等检测装置和系统资源，均包含在该无损云检测系统内，经过近几年的试运行，情况良好。

　　我国无损检测技术应紧密结合物联网、大数据、云计算及工业机器人，全面实现无损云检测技术，将目前常规的无损检测仪器（如超声、涡流、磁记忆、漏磁、声脉冲和机械阻抗等检测仪器）的共有部分集成到云端组成共享平台，用户只需一个云检测传感器终端，即可拥有类似于虚拟仪器的多种无损检测方法的能力，共享软、硬件资源，享受网络化时代的便捷服务和体验。

## 1.8.3　无损云监测

　　将监测任务赋予无损云检测系统，无损云检测的良好兼容性很容易实现无损云监测，特别是提供结构健康监测方面的服务。

　　结构健康监测（Structural Health Monitoring，SHM）是一种利用智能材料结构和采用分布方式埋入或表面粘贴的传感器群来感知和预报结构内部的缺陷及损伤并进而判断结构"健康"状态的技术。其探测缺陷的方法原理和技术与无损检测技术基本相同。

　　结构健康监测系统是一种仿生的智能系统。它模仿生物的认知功能，在线监测结构的"健康"状态。它利用智能材料结构和传感器群作为感觉器官，在一个很大的空间范围内组成一个经济可靠的分布式传感网络，通过连续监测的方式获取被监测结构的应力、应变、位移、压力、温度、声性质和电磁性质等多种参数。对于得到的海量数据，系统采用模型分析、系统识别、统计分析、人工神经网络、遗传算法和优化计算等数字信号处理手段模仿神经系统对它们进行处理。由此获取和评价被监测结构的整体与局部的变形、腐蚀、支承失效等一系列的非健康因素，以达到监测结构"健康"状态的目的。

结构健康监测系统的工作之一是在损伤发生的初期，准确地发现损伤并定位以及确定损伤的程度，这在本质上是对材料或结构进行无损评估。结构健康监测系统还可以提供结构的安全性评估，并能预测损伤结构的剩余寿命。在损伤发生的初期，结构健康监测系统还能够通过定时取样系统的动力响应，抽取对损伤敏感的特征因子，并通过自动调节与控制结构的几何形态和力学状态，使整个结构系统恢复到最佳工作状态。

结构健康监测的海量数据处理、无损缺陷和损伤探测、寿命评估等许多功能和目标与无损云检测有着天然和本质的联系，因此，它必然向着无损云监测方向发展，并成为无损云监测的重要组成部分。

结构健康监测技术使耗时、费力和费用昂贵的传统监测技术得到重大的改进。结构健康监测的应用非常广泛，从桥梁、铁路、民用建筑、船舶、车辆到航空航天等诸多领域，结构健康监测已经有了非常广泛的应用。与无损检测一样，无损监测在物理学和数学中，都是一个非线性的逆问题。无论是实际应用还是理论研究，在传感技术、信号采集与处理技术以及集成技术等方面，发展无损云监测仍然有很多工作要做，它是一项大有发展前途的事业。

# 第2章 常用电磁无损检测方法

电磁无损检测是以电磁基本原理为理论基础的无损检测技术，利用材料在电磁场作用下呈现出来的电学和磁学性质的变化或电磁引起其他声、光、热、力等物理量的变化，来判断材料组织、性能和几何形状变化的检测技术。原则上来说，所有与电磁现象有关的材料或工件，都可以作为电磁无损检测方法的检测对象。人类很早就注意到电现象和磁现象，并留下了许多文字记载。可以说，在科学进步和社会实践发展史上，任何其他无损检测方法都无法与电磁无损检测的地位相比，电磁无损检测的方法多种多样。本章列出了一些用于集成技术的主要电磁无损检测方法，并对它们的特点进行了简单的分析和讨论。

电磁无损检测不仅在探测和发现缺陷方面有重要作用，还在探测和获得被检对象的各种特性信息（如结构、状态、性质等）方面有着突出的优势，是无损评价和无损表征的主要技术手段，在许多需要进行无损检测和评价的场合，它甚至是唯一可行的选择。

电磁无损检测具有非接触、快速、信号处理简便等优点。发展至今，电磁检测已在国防、航天、航空、机械、建筑、冶金、电力、石油、造船、汽车、核能和铁路等行业中被普遍采用，已成为确保产品制造质量和设备安全运行不可或缺的手段。

电磁无损检测方法是以所施加/测量的物理场为电场或磁场的无损检测方法，所涉及的物理场主要包括恒定电场、恒定磁场、交变电场、交变磁场、交变电磁（涡流）场和电磁波等，所测试和评价的相应材料特性主要有电导率、磁导率、压电/压磁系数等，也包括描述电磁材料特性的具体参量，如矫顽力、剩磁强度、居里点、增量磁导率和磁噪声强度等。在科学技术不断发展的历史进程中，随着物理学、电子学以及计算机科学的进步，相继产生了多种以电磁特性变化为基本检测原理的电磁无损检测方法，电磁无损检测技术包括涡流检测、远场涡流检测、涡流频谱检测、脉冲涡流检测、漏磁检测、磁记忆检测、电磁超声检测、交流磁场检测、直流电位检测、脉冲涡流热成像检测、磁光成像检测、巴克豪森检测及磁声发射检测等技术。电磁无损检测技术分类如图2-1所示。

随着各种电磁无损检测技术的进步，电磁无损检测对象已不再局限于传统金属材料，复合材料及其制品也逐渐成为电磁无损检测的应用对象，应用领域也扩展到生态监测（生态诊断）、反恐等方面。随着各种成像技术、图像处理与识别技术的应用，电磁无损检测技术使得缺陷检测可以实现可视化检测和自动识别，不仅能对缺陷的有无、性质、大小、位置等进行检测，即定量无损检测，而且能对被检对象的技术状态给出评判。对于在役设备和构件来说，由于电磁无损检测技术具有传感器可以实现微型化，可测量参量多等优势，因此，电磁无损检测在结构健康监测和寿命预估等方面具有光明的应用前景。

从严格意义上讲，光也是一种电磁波，其可视化检测系统（目视检测的延伸）也是电磁无损检测的一个分支，但由于历史的原因，其并未列入电磁无损检测技术领域，然而，并不妨碍该检测方法与电磁、声学检测方法融为一体。

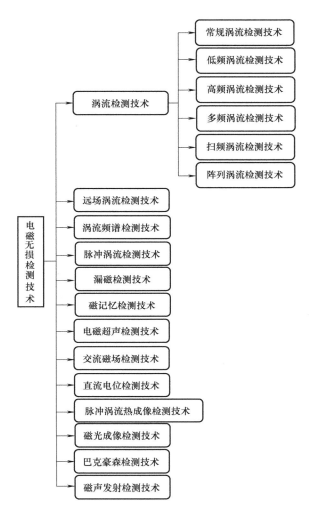

图 2-1　电磁无损检测技术分类

## 2.1　涡流检测技术

### 2.1.1　涡流检测技术的原理

涡流检测（Eddy Current Testing，ET）是建立在电磁感应原理基础之上的一种无损检测方法，适用于导电材料。当导体置于变化的磁场之中时，导体中就会有感应电流产生，这种电流称为涡流。由于导体自身各种因素（如电导率、磁导率、形状、尺寸和缺陷等）的变化，会导致感应电流的变化，利用这种现象来判断导体性质、状态及有无缺陷的检测方法，称为涡流检测。

涡流检测时，将通有交流电的线圈接近被测试件，因电磁感应作用，由线圈电流产生的交变磁场在试件内建立涡流。试件中的涡流也会产生相应的感应磁场，并影响原磁场，进而导致线圈电压和阻抗的改变。当试件表面或近表面出现缺陷（或其他性质变化）时，试件中所产生涡流的强度和分布会发生改变，从而相应地引起线圈电压和阻抗发生改变。因此，通过仪器检测出线圈中电压或阻抗的变化，即可间接地发现试件内缺陷（或其他性质变化）的存在。

随着被测试件形状和受检部位的不同，检测线圈的形状与接近试件的方式也不同。为了适应各种检测的需要，人们设计了各种各样的检测线圈和涡流检测仪器。其中，检测线圈用来建立交变磁场，在被测试件中产生涡流；同时又通过涡流所建立的交变磁场来获得被测试件中的质量信息，并进而改变检测线圈的电压和阻抗。检测线圈将被测试件的质量信息转化为检测线圈的电压和阻抗的变化，因此检测线圈是一种传感器。

检测线圈的形状、尺寸和技术参数对于最终检测结果是至关重要的。以涡流检测为例，往往是根据被测试件的形状、尺寸、材质和质量要求（检测标准）等来选定检测线圈的种类。相应地，涡流检测也常依据检测线圈的形式来进行检测方法的分类。常用的检测线圈有三类，它们的应用范围见表 2-1。

表 2-1　检测线圈、检测对象及应用范围

| 检测线圈 | 检测对象 | 应用范围 |
|---|---|---|
| 外穿式线圈 | 管材、棒材、线材 | 在线检测 |
| 内穿式线圈 | 管内壁、钻孔 | 在役检测 |
| 探头式线圈 | 板料、坯料、棒材、管材、机械零件 | 材质和加工工艺检查 |

（1）外穿式线圈　外穿式线圈是将被测试件放在线圈内进行检测的线圈，适用于管、棒、线材的检测。线圈产生的磁场首先作用在试件外壁，因此检出外壁缺陷的效果较好。而内壁缺陷的检测是利用磁场的渗透来进行的，故一般说来，内壁缺陷的检测灵敏度比外壁低。厚壁管材的内壁缺陷是无法使用外穿式线圈来检测的。

（2）内穿式线圈　内穿式线圈是放在管子内部进行检测的线圈，专门用来检查厚壁管子内壁或钻孔内壁的缺陷，也用来检查成套设备中管子的质量，如换热器管的在役检验。

（3）探头式线圈　探头式线圈是放置在试件表面上进行检测的线圈，它不仅适用于形状简单的板材、板坯、方坯、圆坯、棒材及大直径管材的表面扫描检测，而且适用于形状较复杂的机械零件的检查。与穿过式线圈相比，由于探头式线圈的体积小，磁场作用范围小，故它可检出尺寸较小的表面缺陷。

由于使用对象和目的的不同，检测线圈的结构往往不一样。检测线圈由一只线圈组成，为绝对检测方式；由两只反相连接的线圈组成，为差动检测方式。同时，为了达到某种检测目的，检测线圈可以由多个线圈串联、并联或相关排列组成。多个线圈绕在一个骨架上，为自比较方式；绕在两个骨架上，其中一个线圈中放入已知样品，另一个用来进行实际检测，为他比较方式（或标准比较方式）。

检测线圈的电气连接也不尽相同。检测线圈使用一个绕组，既起激励作用又起检测作用，为自感方式；激励绕组与检测绕组分别绕制，为互感方式；线圈本身是电路的一个组成部分，为参数型线圈。

## 2.1.2　涡流检测技术的应用与特点

### 1. 涡流检测技术的应用

涡流检测技术是以电磁感应为基础的检测方法，故原则上所有与电磁感应有关的影响因素，都可作为涡流检测的检测对象。影响电磁感应的因素及可能作为涡流检测的应用对象如下：

1）不连续性缺陷：裂纹、夹杂物和材质不匀等。

2）电导率：化学成分、硬度、应力、温度和热处理状态等。

3）磁导率：铁磁性材料的热处理、化学成分、应力和温度等。

4）试件几何尺寸：形状、大小、膜厚和覆盖层厚度等。

5）提离：被测试件与检测线圈间的空间距离。提离也称为提离间隙、提离距离等。由提离导致的对检测的影响称为提离效应。

表 2-2 给出了涡流检测应用范围的分类。

**表 2-2　涡流检测应用范围的分类**

| 分　　类 | | 目　　　的 |
|---|---|---|
| 在线检测 | 工艺检查 | 在制造工艺过程中进行检测，可在生产中间阶段剔除不合格产品，或进行工艺管理 |
| | 产品检查 | 在产品最后工序检验，判断产品合格与否 |
| 在役检测 | | 为在役机械零部件及换热器管等设施的保养、管理进行检验。在大多数情况下为定期检验 |
| 加工工艺的监督 | | 主要指对某个加工工艺的质量进行检验，如点焊、滚焊质量的监督与检查 |
| 其他应用 | | 薄金属及涂层厚度的尺寸测量，材质分选，电导率测量，金属液面检测，非金属材料中的金属搜索等 |

### 2. 涡流检测技术的特点

由于交变电流存在集中分布在导电材料表面和近表面的趋肤效应，决定了涡流检测是一种表面检测的技术方法。涡流检测的深度与频率有关。为使涡流检测兼顾表面小缺陷的检测能力和一定的检测深度，常规涡流一般采用 1kHz~1MHz 的频率范围内某个单值频率实施检测。对应于该检测频率范围，通常可实现对约 5mm 深度范围内、表面深度不小于 0.1mm 缺陷或表层内具有一定尺寸缺陷的检出。

（1）涡流检测的优点

1）对金属管、棒、线材的检测不需要接触，无需耦合介质，检测速度高，易于实现自动化检测，特别适合在线检测。

2）对于表面缺陷的检测灵敏度很高，且在一定范围内具有良好的线性指标，可对大小不同的缺陷进行评价，故可用作质量管理与控制。

3）影响涡流的因素多，如裂纹、材质、尺寸、形状及电导率和磁导率等。采用特定的电路进行处理，可筛选出某一因素而抑制其他因素，由此可以对上述某一单独影响因素进行有效的检测。

4）检查时既不需接触工件又不用耦合介质，可进行高温下的检测，同时探头可延伸至远处作业，故可对工件的狭窄区域及深孔壁（包括管壁）等进行检测。

5）采用电信号显示，可存储、再现及进行数据比较和处理。

（2）涡流检测的缺点

1）涡流检测的对象必须是导电材料，且只适用于检测金属表面缺陷，不适用于检测金属材料深层的内部缺陷。

2）金属表面感应的涡流渗透深度随频率而异。激励频率高时金属表面涡流密度大，随着激励频率的降低，涡流渗透深度增加，但表面涡流密度下降，因此检测深度与表面缺陷检测灵敏度相互矛盾。当对某种材料进行涡流检测时，应根据材质、表面状态、检验标准做综合考虑，然后确定检测方案与技术参数。

3）采用穿过式线圈进行涡流检测时，线圈获得的信息是管、棒或线材一段长度的圆周上影响因素的累积结果，对缺陷所处圆周上的具体位置无法判定。

4）旋转探头式涡流检测方法可准确检测出缺陷位置，灵敏度和分辨率也很高，但检测区域狭小，全面扫查检验速度较慢。

5）涡流检测目前仍处于当量比较检测阶段，对缺陷做出准确的定性定量判断尚待开发。

尽管涡流检测存在一些不足，但其独特之处是其他无损检测方法所无法取代的，因此涡流检测在无损检测技术领域中具有重要的地位。

## 2.1.3　涡流检测技术在国内外的发展情况

涡流检测的出现可以追溯到19世纪，用于分选金属材料。20世纪初涡流检测仪问世。20世纪50年代，德国的福斯特博士奠定了现代常规涡流检测技术的基础。随着微电子技术和计算机技术的飞速发展，一些发达国家的涡流检测技术也获得飞速发展和进步。20世纪60年代起，国外在发展数字涡流技术、多种涡流检测新技术等方面取得了很多成就。我国开展涡流检测技术研究、仪器研制及工程应用总体上比欧美工业发达国家起步约晚20年，但近20年在国内专业涡流仪制造厂家、相关大专院校、研究院所和企业科研、技术人员的努力下，我国在涡流检测技术研究、仪器研制及工程应用各个方面紧紧跟踪国外先进的涡流检测技术和新型仪器研制的发展，同时通过广泛引进国外的最新涡流检测仪器设备，大大推动和加速了我国在涡流检测领域的技术发展和应用。

涡流检测是一种基于电磁感应的无损检测技术，仅仅适用于检测导电材料。在涡流检测中，检测频率的高低会影响线圈与被检试件之间的耦合效率，检测频率的选择由被检试件的厚度、所期望的渗透深度、要求达到的检测灵敏度等决定。随着工业各领域的不断发展，对产品的检测要求不断提高。在现代涡流检测中，随着检测对象的多样化、应用频率范围增大和检测精度要求提高，传统的涡流检测在某些情况下已不能满足检测要求。因此，为满足不同的检测需求，在常规涡流检测技术之外，低频涡流检测技术、高频涡流检测技术、多频涡流检测技术、扫频涡流检测技术及阵列涡流检测技术等新方法应运而生。

### 1. 常规涡流检测技术

常规涡流检测技术以其仪器便携、探头设计适应性强、非接触测量等优点广泛应用于各工业部门的产品设计、制造、使用、维修全过程，包括冶金、宇航、舰船、石化、铁路和汽车等行业。常规涡流检测技术的特点决定了该项技术在零件、装置的使用、维修过程中的应用比在产品的制造过程中的应用更加广泛，在不拆卸零部件、不去除表面防护层条件下可对使用过程中最可能出现的疲劳裂纹、腐蚀类缺陷实现原位快速检测，因此常规涡流检测技术在民航、军航、石化和电力行业有着更广泛的应用，对保障设备、设施的安全运行起着重要作用。

1990 年以后，仪表指针式涡流检测仪已逐渐被具有响应信号幅值和相位二维信息数字显示且具有较宽工作频率范围的阻抗平面式涡流检测仪所取代，从多功能涡流检测仪器的生产和各种涡流检测新技术的应用来看，目前我国的涡流检测技术发展与世界工业发达国家的发展基本处于同步水平。

涡流检测技术不仅用于检测，还用于金属材料的分选（包括铝合金电导率的测量）和金属材料表面非磁性覆盖层厚度的测量。鉴于铝合金在飞机制造上的大量使用以及铝合金热处理状态、硬度与其电导率存在密切的对应关系，波音公司于 20 世纪 60 年代末、70 年代初最先提出了电导率的准确测量问题，并在 1%IACS$^\ominus$ ~100%IACS 电导率范围内研制了非铁磁性电导率标准试块的量值标定与传递系统，改变了采用电导率仪制造商随仪器配备的低、高值标块校准仪器的做法，电导率测量精度达到了被测量值的 1%。20 世纪 90 年代后期，德国的福斯特研究所、Fischer 公司在保持传统电导仪 60kHz 测试频率的基础上先后推出了具有多个更高测试频率的涡流电导仪，目前福斯特研究所的 Sigmatest 2.069 型涡流电导仪具有 60kHz、120kHz、240kHz、480kHz 和 960kHz 五个工作频率，多种型号涡流电导仪的提离抑制性能也由过去的 80μm 提高到 500μm。

利用涡流的提离效应，涡流检测技术可测量非铁磁性金属表面非导电覆盖层厚度，用于漆层和阳极氧化膜层厚度的测量，测量厚度范围一般为 0~300μm，测量精度可达到被测量厚度的 5%；利用磁引力或磁阻随距离改变而改变的效应，涡流检测技术可测量铁磁性金属表面非磁性覆盖层厚度，用于漆层和镀层厚度的测量，测量厚度范围一般为 0~2000μm，测量精度可达到被测量厚度的 5%。

相对于涡流检测，铝合金电导率的涡流测试和覆盖层厚度的涡流测厚技术的应用单位较少，仪器测试精度要求高和仪器开发的市场回报低两方面因素限制了我国对数字式涡流电导仪和测厚仪的研发和制造，从仪器制造水平来看，我国与欧美发达国家还存在一定的差距，但从技术应用上来看，我国在相关领域的水平并不落后，甚至处于领先水平。例如，在国际知名的测试认证机构 Exova 实验室，2014 年、2015 年组织的分别有 33 家和 39 家实验室参加的铝合金电导率涡流测试能力验证（即第三方组织的实验室间比对）项目中，北京航空材料研究院的两次测试结果均与中位值相差小于 0.1mS/m，结果均为最优。

承压类产品制造和检测的行政许可，促进了钢管产品及电力、化工装置换热器涡流检测的推广应用。我国钢铁研究总院、北京有色金属研究总院、中科院沈阳金属研究所、爱德森（厦门）电子有限公司为国内企业生产的各类合金管材、棒材、线材的在线检测提供了自行设计、研制的成套涡流检测装置。从配备的涡流检测仪器设备（包括引进国外的成套检测装置）的数量和水平来看，国内管、棒、线材生产企业能够执行等效于国外先进水平的涡流检测国家标准。

美国垄断的民用航空器适航审查使国产涡流检测仪器很难进入飞机的在役例行检查，国内各大航空公司对航空器飞行、维修过程的涡流检测基本上是依照飞机制造商提供的无损检测手册采用指定的欧美国家涡流仪厂商提供的仪器；在这些国外企业的垄断范围之外，国产涡流仪成了保证国内飞行器安全的主流仪器。

---

$\ominus$　IACS 意为国际退火铜标准（International Annealed Copper Standard），用来表征金属或合金的电导率。

### 2. 低频涡流检测技术

涡流检测具有快速、方便、无污染、成本低、便于现场检测等优点，在很多工业部门得到了广泛应用。然而，由于涡流检测的检测能力与频率密切相关。对于检测灵敏度和检测深度必须做适当取舍。由于常规涡流检测使用的频率较高，趋肤效应明显，故只适用于检测表面和近表面缺陷。而对于使用涡流技术检测材料中离表面较深处的缺陷的情形，则需要采用较低的工作频率才能够实现。低频涡流检测技术就是工作频率低于常规涡流检测工作频率的涡流检测技术。

对于工件或材料中离表面较深处的缺陷，通常采用超声检测或射线检测。但是，在某些情况下，例如对于航空构件和多层结构的中间层上的缺陷，当透过飞机的铝蒙皮去检测内部的梁、框架上的缺陷时，由于层间存在空气界面，超声检测显得无能为力；而射线检测的劳动强度大、成本高、效率低且对人体有害，不适合现场使用。当射线检测和超声检测不能有效时，人们往往会寄希望于开发具有更大检测深度的涡流检测技术。凭借低频率可以有效抑制趋肤效应的作用，出现了采用更低激励频率的一种非常规涡流检测技术——低频涡流检测技术。

低频涡流检测技术与常规涡流检测技术的原理一样，只是其工作频率很低，可以低于 1kHz，甚至低到只有几赫兹。低频率使得趋肤效应减小，涡流的透入深度提高，从而增加检测深度。低至数十赫兹的工作频率的涡流检测深度可达十几毫米。国外曾有文献报道，低频涡流检测对于铁磁性材料检测深度可达 0.5in（1in = 25.4mm，下同），对于低电导率的非铁磁性材料检测深度可达 1in。对于铁磁性材料，低频交流电的涡流效应十分微弱，而磁特性响应是主导因素；对于非铁磁性材料，同样也存在涡流效应极其微弱的情况，因此实际检测需要提高激励信号的功率和仪器对微弱信号的放大接收能力。在低频条件下，往往很难检测出微弱的损伤。低频涡流不适合检测微小缺陷，一般能够检测到的缺陷在毫米或厘米级范围。

低频涡流检测技术出现后，很快在许多领域得到关注，特别是在航空构件和多层结构的检测应用中得到重视。在现代航空器、压力容器的在役检测中，低频涡流检测技术的应用越来越多，如探测飞机蒙皮、壁板的内表面腐蚀和翼梁等内部结构件的裂纹等。对波音 707 飞机机翼主梁缘条、机翼析条和水平尾翼翼梁的检查等，都应用了低频涡流检测技术。另外，对机身蒙皮、机翼壁板的内表面腐蚀的检查，也用到了低频涡流检测技术。目前，低频涡流检测技术在飞机结构无损检测中已作为一种常规检测手段列入各型飞机的维护手册中，应用日渐广泛。

然而，受低频涡流检测技术对缺陷检出能力所限，目前较少见到国外关于低频涡流检测技术在其他实际应用中的报道，我国在实际工程检测方面的应用也相对较少，基本上处于在少数高校和研究院的实验室开展探索性技术研究的状况。

### 3. 高频涡流检测技术

为了获得高的检测灵敏度，检测出材料中的微弱损伤，需要提高工作频率。高频涡流检测技术是工作频率远高于常规涡流检测工作频率的涡流检测技术。高频涡流检测技术与常规涡流检测技术的原理一样，只是其工作频率很高，通常在 1MHz 以上。

涡流频率增高，趋肤效应相对变大，检测深度变小。当采用高频涡流检测管材时，检测管子的内外壁缺陷需使用不同的线圈，外壁缺陷需用外穿式线圈，内壁缺陷需用内穿式线圈。而如果采用低频涡流检测，则检测管子的内外壁缺陷只需使用一种线圈，无论采用外穿式线圈还是内穿式线圈，都可同时检测出管子的内、外壁缺陷。

高频涡流检测技术的应用主要包括两个方面：一方面是对具有良好表面状况的金属材料

表面微弱变形或零件表面微小缺陷的检测；另一方面是对非铁磁性金属表面非导电覆盖层厚度的测量。

在对具有良好表面状况的金属材料表面微弱变形或零件表面微小缺陷的检测方面，2010年前后国外有采用高频涡流检测技术对用于制作特种天线的铌板表面平整度进行测试的报道，该项目采用机械控制气悬浮涡流探头自动扫查成像技术，通过对响应信号的伪彩色成像，可清晰分辨出铌板表面 $1\mu m$ 的凹、凸变化。我国爱德森（厦门）电子有限公司在 2016年初成功研制出了基于阻抗平面分析技术的最高工作频率为 30MHz 的涡流检测仪器，该项技术具有国际先进水平。从应用上来看，北京航空材料研究院和爱德森（厦门）电子有限公司共同研制的涡流 C 扫描成像系统，在 5MHz 频率的工作条件下，采用机械控制扫描器、计算机信号成像软件获得了镍基高温合金试样上 0.5mm（长）×0.2mm（宽）×0.02mm（深）微小缺陷的响应图像。

在对非铁磁性金属表面非导电覆盖层厚度的测量方面，需要尽可能提高涡流信号的频率，以获得更加显著的提离变化效应，通常测试频率在 3MHz 以上，测量精度可达到被测量厚度的 3%~5% 或 3~5μm。

在高频涡流检测技术的实际应用方面，国内与国外不存在差距。然而，由于进口的普通涡流测厚仪的价格低廉，因此国内仍然多使用国外著名涡流仪厂商生产的涡流测厚仪。

**4. 多频涡流检测技术**

涡流检测过程中，主要通过测量线圈阻抗的变化来检出工件的缺陷，受检工件的很多因素都影响线圈阻抗（或感应电压），诸如磁导率、电导率、外形尺寸和各种缺陷等，各种因素的影响程度各异。涡流检测的关键就是从诸多因素中提取出要检测的因素。因此，涡流仪器性能的提高与该仪器是否能有效地消除各种干扰因素，并准确地提取待检因素的信号密切关联。阻抗分析法（或称为相位分析法）的应用使涡流检测向前跨出了一大步，但是，传统的相位分析法均采用单频率鉴相技术，最多只能鉴别被测试件中的两个参数（即只能抑制一个干扰因素的影响）。单频涡流检测应用较广，如对管、棒、线材等金属产品的检测。但对许多复杂重要的构件，如换热器管道的在役检测，与其邻近的支承板、管板等结构部件会产生很强的干扰信号，用单频涡流很难准确地检出管子的缺陷；又如对汽轮机叶片、大轴中心孔和航空发动机叶片的表面裂纹、螺孔内裂纹、飞机的起落架、轮毂和铝蒙皮下缺陷的检测，具有多种干扰因素待排除。为了使涡流仪器能在试验中同时鉴别更多的参数，就需要增加鉴别信号的元器件，以便获得更多的试验变量，才能做到有效地抑制多种干扰因素影响，达到去伪存真的目的，提高检测的灵敏性、可靠性和准确性，对受检工件做出正确评价。

多频涡流检测是实现多参数检测的有效方法，它是 1970 年由美国科学家利比（Libby）首先提出的。多频涡流检测技术就是用几个不同频率同时激励探头，根据不同频率对不同的参数变化所取得的测量结果，通过实时矢量相加减和处理，提取所需信号，抑制不需要的干扰信号，具有"去伪存真"的特殊功能，能够解决单频涡流所不能解决的问题。多频与单频涡流检测信号比较如图 2-2 所示。

20 世纪 70 年代后期国外已成功地应用多频涡流检测技术进行核电站蒸汽发生器管道的在役检查。20 世纪 80 年代初，为解决同样问题，我国引进多频涡流检测设备，并开展了自行设计研制工作，如上海材料研究所与上海核工程设计研究院（728 所）合作研制的 MFE-1型三频涡流仪。但当时多频技术尚不成熟，存在许多不足，仅能用于实验室条件，与现场检

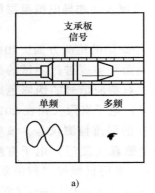
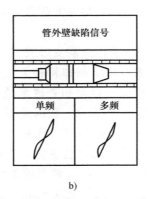
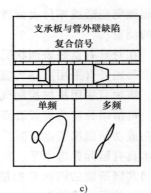

图 2-2　多频与单频涡流检测信号比较

a）支承板信号　b）管外壁缺陷信号　c）复合信号

测有相当距离。此后厦门电视大学和爱德森（厦门）电子有限公司相继研制出实用的 ET-255 型计算机双频涡流仪和 EEC-35+型智能全数字多频涡流仪。目前爱德森（厦门）电子有限公司生产的 EEC-39RFT+型多频涡流仪具有 8 个相对独立的工作频率、16 个检测通道，在进行换热器管道在役检测时，能有效地消除管道中支承板、管板等产生的干扰信号，可靠地发现裂纹及腐蚀减薄缺陷，其技术性能已达到美国同类产品（如 MIZ-40、MIZ-27 等）的水平。此外，爱德森（厦门）电子有限公司在 1994 年研发的 ET-41 型多频涡流频谱分析检测仪，可实时施加八个频率并获得每个频率主频及 2、3、4、5、6、7 次谐波分量的阻抗平面图，可用于不同金属材料分选及热处理状态的评估。目前多频涡流检测仪器和技术已由核电领域普遍推广应用于火电、石化装置换热器的冷凝器管的在役检测。由于它包含了单频率涡流检测技术，又能胜任单频率涡流检测无法完成的工作，因此具有强大的生命力。随着涡流检测理论的深入研究和科学技术（特别是电子技术和计算机技术）的迅速发展，多频涡流检测技术已发展成为涡流检测的一个重要组成部分。

**5. 扫频涡流检测技术**

扫频涡流检测技术是随着金属与非金属复合材料科学的发展需求而产生的一种新的检测技术。它将扫频技术引入涡流检测领域中，从而有效解决了一些常规涡流技术无法解决的问题。同时，扫频涡流检测技术也标志着涡流检测技术的发展进入了一个新阶段。

扫频涡流检测法所选用的激励电流为频率随时间变化的连续电流。当被测试件的磁感应响应频率与激励信号的频率相等时，涡流检测传感器产生的感应电动势将出现跃点，其幅值变化比其他频率响应信号的幅值变化高，从而易于检测到检测对象不连续性引起的感应电动势的变化。

扫频涡流检测的特点在于：检测过程中的激励频率是宽频且是连续变化的，其对应的传感器也有别于常规设计，即在硬件上具有足够高的灵敏度且相对平坦的宽带频率特性；在信号处理上，增加了"涡流数据挖掘"功能；在显示模式上，对于不同频率的激励，缺陷的响应信号都可以在同一屏幕上得到反映，甚至直接以数字显示具体应用对象检测目标参量，补充或取代了传统的阻抗平面图模式。就工作模式而言，扫频涡流检测与多频涡流检测有相似之处，广义而言，多频、混频涡流检测技术属于扫频涡流检测技术的一种特例，不同于采用多个选定频率（通常是 2 个或 3 个频率，且频率高低处于同一数量级别，不同频率之间是

2 倍、4 倍或 8 倍关系）然后进行混频处理的多频涡流检测技术，扫频涡流是一项针对复杂检测对象和更高检测目标实施的更加复杂的检测技术。在处理方式上，多频仪的一个重要特征是具有可由软件或硬件实现的混频单元，以去除不需要的规则干扰信号，得到"去伪存真"的结果，而扫频仪则做"逆向选频"，寻找众多频点数据的相关性，仅"关注"目标参量，通过"数据挖掘"功能，甄别两种以上的变量，解决某些特殊的检测应用难题，如发动机叶片基体上的陶瓷层与富铝层厚度变化及电导率的测定等。

所谓"数据挖掘"，是从大量随机的、有噪声的、模糊的数据中，提取隐含有用信息的过程。其过程如下：①进行数据准备，即获取原始数据，建立数据库；②数据整理，由于数据可能是不完全的、有噪声的、随机的，要对数据进行初步的整理，去除不完全的数据，做初步的描述分析，选择与数据挖掘有关的变量，或者转变变量；③建立数学模型，即根据数据挖掘的目的和数据的特征，建立模型；④对数据挖掘的结果进行评价。

2010 年，意大利的涡流仪制造商已开发、研制出用于飞机发动机高压涡轮叶片和燃气轮机叶片表面热障涂层厚度和热障涂层与叶片基体之间结合层（富铝层）厚度测量的专用涡流仪器。近几年，美国爱荷华州立大学无损评价中心利用高频扫频涡流技术开展了超高温合金表面应力分布状态的研究工作。

2016 年初，我国爱德森（厦门）电子有限公司基于涡流阻抗平面的扫频检测最高频率已达到 30MHz。这项技术可大大提高仪器的检测能力，将有效解决航空、航天、核工等领域金属材料表面微缺陷及热障涂层厚度或低电导率材料等的高精度检测难题，填补了业界空白。但是，由于涡轮叶片表面热障涂层厚度测量受其型面、结构、各层材料厚度、电特性及差异等多种因素影响，需要根据被测对象的实际情况建立合理的物理模型，并进行不同频率响应的优化、甄选和运算，仪器的研发不仅涉及信号激励、处理方面的硬件技术，而且与物理模型建立、数学计算表达、试验验证分析等多学科领域密切相关，受我国应用部门或单位对该项技术的经费投入限制，目前尚未促成多家单位联合攻克相关关键技术的局面，致使目前我国在扫频涡流仪器与应用方面还未能完善。

**6. 阵列涡流检测技术**

阵列涡流检测技术是 2000 年后出现的一项基于应用阵列探头的涡流检测技术。阵列涡流检测技术通过涡流检测线圈结构的特殊设计（该类探头是由许多个独立的线圈按指定规则排列而成的阵列探头），并借助于计算机化的涡流仪强大的分析、计算及处理功能，实现对材料和零件的快速、有效地检测。其主要优点表现为：①检测线圈数量多，探头尺寸较大，扫查覆盖区域大，因此检测效率一般是常规涡流检测方法的 10～100 倍；②一个完整的探头由多个独立的线圈排列而成，对于不同方向的线型缺陷具有一致的检测灵敏度；③根据被检测零件的尺寸和型面进行探头外形设计，可直接与被检测零件形成良好的电磁耦合，不需要设计、制作复杂的机械扫查装置。为提高检测效率，阵列涡流探头中包含有几个或几十个甚至几百个线圈，激励线圈与感应线圈在两个相互垂直的方向产生和检测电磁场，因此首先克服了普通线圈对缺陷方向敏感的缺点。不论是激励线圈，还是检测线圈，相互之间距离都非常近，保证各个激励线圈的激励磁场之间、检测线圈的感应磁场之间不相互干扰，是阵列涡流检测技术的关键。

笔者（林俊明）曾在 20 年前采用柔性电路板工艺制作了我国第一个阵列涡流传感器，并在大亚湾核电站在役冷凝器钛合金管道上使用。然而，受我国加工水平的限制，未能进一步开发成柔性阵列涡流传感器系列产品。

阵列涡流检测技术除了具有检测灵敏度高、检测速度快的优点外，由于其探头尺寸较大，且外形可根据实际被检测对象的型面进行设计，因此还具有容易克服和消除提离效应影响的优势。检测涡轮盘的异形涡流阵列探头，其外形与涡轮盘榫槽吻合，不会像采用直探头或钩式探头检测时那样，由于探头把持不稳而容易形成提离干扰信号。阵列涡流检测技术对导电工件表面缺陷的检测结果可进行成像显示，性能优越的阵列涡流检测系统能像渗透检测那样直观地显示缺陷形貌，其表面缺陷检测能力可与着色渗透检测相媲美，而且能检测出表面或近表面不开口的缺陷。

我国对于阵列涡流传感器技术的研究始于 21 世纪初，爱德森（厦门）电子有限公司于 2002 年研制出我国首台阵列涡流检测仪器与传感器，此后，清华大学、吉林大学、国防科技大学等单位相继开展了关于涡流传感器阵列检测技术的研究。2012 年，爱德森（厦门）电子有限公司研制出世界首台可变阵列涡流检测仪，该仪器具有独创的 128 通道任意激励/接收变换扫描功能，可根据检测要求随意设置变换扫描法则，可以快速精确地检测出任意方向的缺陷，单元检测最高精度达到 20μm，突破了此前业界普遍认知的 30μm 精度极限。阵列涡流检测技术已逐步在我国各工业部门得到普及和发展。

## 2.2 远场涡流检测技术

### 2.2.1 远场涡流检测技术的原理

远场涡流（Remote Field Eddy Current，RFEC）检测技术是一种能穿透金属管壁的低频涡流检测技术。远场涡流检测探头通常为内穿过式，若采用外穿过式探头，则灵敏度将下降。试验表明，采用外穿过式探头，灵敏度将下降 50% 左右。远场涡流检测探头如图 2-3 所示，由激励线圈和检测线圈构成，检测线圈与激励线圈之间的距离约为管内径的 2 倍，激励线圈通以低频交流电，其产生的磁场穿过管壁并沿着管道传播后又返回管内，被检测线圈拾取，从而有效地检测金属管子的内、外壁缺陷和管壁的厚薄情况。采用远场技术进行检测，其灵敏度几乎不随激励线圈与检测线圈之间距离的变化而变化。探头的偏摆、倾斜对结果影响很小。此外，远场涡流检测方法由于采用很低的频率（50～500Hz），检测速度慢，不宜用于短管检测。远场涡流检测系统框图如图 2-4 所示。

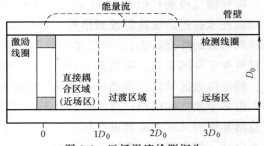

图 2-3　远场涡流检测探头

如图 2-3 所示，在激励线圈附近，直接耦合的能量占主导，该区域称为直接耦合区域，也称为近场区。随着检测线圈与激励线圈距离的增加，直接耦合的能量呈指数衰减。该区域称为过渡区域。远场涡流检测线圈感应电压及其相位随着两线圈间距变化特性曲线如图 2-5 所示。由图 2-5 可以看出，随着两线圈间距的增加，检测线圈感应电压的幅值开始急剧下降，然后变化趋于缓慢，而相位存在一个跃变。该区域称为远场区。以上区域的划分与管壁的磁导率、电导率、管道厚度和激励频率等因素有关。通常，参照两线圈的间距 $D_1$ 与管内

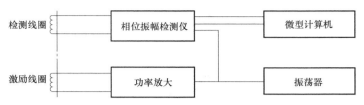

图 2-4　远场涡流检测系统框图

径 $D_0$ 之间的相对关系，根据涡流检测线圈感应电压的信号特征来划分这三个区域：

1）$D_1 < 1.8D_0$，该区域检测线圈电压随着距离的增大而急剧下降，相位差变化不大，称为近场区。

2）$D_1 > 3.0D_0$，该区域信号幅值与相位变化较小，检测信号与激励信号相位滞后正比于磁场穿过管道壁厚，称为远场区。

3）近场区与远场区之间的区域信号幅值下降速度减小，有时有微弱增加现象，而相位变化较大，此区域称为过渡区域。

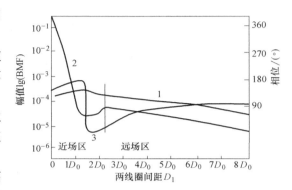

图 2-5　检测线圈信号特征
1—管外壁信号幅值曲线　2—管内壁信号幅值曲线
3—管内壁信号相位曲线

远场涡流的相位滞后可以近似表示为

$$\theta = 2d\sqrt{\pi f \mu \sigma} \tag{2-1}$$

式中，$\theta$ 是感应电压的相位滞后；$d$ 是管壁厚；$f$ 是激励频率；$\mu$ 是管壁材料的磁导率；$\sigma$ 是管壁材料的电导率。

检测信号的幅值变化可以表示为

$$B = B_0 e^{(-d\sqrt{\pi f \mu \sigma})} \sin(2\pi f t - d\sqrt{\pi f \mu \sigma}) \tag{2-2}$$

式中，$B$ 是深度为 $d$ 时的磁场密度；$B_0$ 是磁场面密度；$t$ 是时间。

通过式（2-1）和式（2-2）可以看出，检测线圈移动到有缺陷的位置时，检测信号幅值会变大，相位提前。并且，基于相位与壁厚的正比关系，可以根据检测信号相位来判断缺陷的深度大小。

## 2.2.2　远场涡流检测技术的应用与特点

### 1. 远场涡流检测技术的应用

1951 年美国的马科里姆（Maclean）首次申请了远场涡流检测专利，1957 年壳牌石油公司发展部开始用此方法对石油管道的外壁腐蚀情况做一些尝试性测试。随后各国学者对远场涡流检测技术进行了不断的探索，使远场涡流理论得到逐步完善和验证，到了 20 世纪 80 年代，远场涡流技术用于铁磁性管道检测的优越性得到人们的广泛认可，并且出现了一些先进的远场涡流检测系统，在石油、天然气输送管道、城市煤气供应管道及核反应堆压力管等方面得到实际应用。目前业界认为远场涡流检测是管道在役检测最有前途的技术。远场涡流检测技术适用于检测管材，原理上可应用于任何导电材料制成的管材，但主要还是用于铁磁性材料管材。运用远场涡流检测技术检测时，通常用内置式探头检测输气管线、井下套管、地埋管线、换热器和锅炉，用外置式探头检测平板和钢管等。

**2. 远场涡流检测技术的特点**

（1）远场涡流检测技术的优点

1）远场涡流检测时不需要使用耦合剂，而且管道内的气、油等填充物不影响检测结果。

2）远场涡流检测探头不需与管道表面接触，提离效应的影响小，允许探头提离管道的最大距离为管道内径的30%，其中最佳距离小于管道内径的15%。

3）远场涡流检测对管道内表面和外表面的缺陷都可以有效地检出。

4）远场涡流检测对管壁均匀减薄、渐变减薄和偏磨减薄的检测灵敏度高。

5）远场涡流检测设备体积小、重量轻，可以在现场灵活使用。

（2）远场涡流检测技术的缺点　虽然随着科学技术的发展，远场涡流的局限性得到了抑制，但仍有许多不足，具体表现在：

1）激励电流采用低频，检测扫描速度受到限制，不宜用于短管检测。

2）远场涡流检测无法判断缺陷的位置是在内壁还是在外壁。

3）检测时，要保证检测速度相对平稳，否则容易产生振动噪声，该噪声会掩盖缺陷信号。

4）当在管壁外部加上支承板后，由于支承板会阻挡磁力线并改变磁力线的走向从而掩盖缺损信号，导致支承板附近的管面检测困难。

5）远场涡流检测探头长度太长，难以在弯管中通过。

6）检测线圈信号幅值太低，通常只有几微伏到几十微伏，信号提取和处理很困难。

## 2.2.3　远场涡流检测技术在国内外的发展情况

2000年，美国材料试验学会制定了ASTM E2096—2000《换热器管远场涡流检测》标准，该标准由路赛尔公司撰写。美国无损探伤试验学会（ASNT）于2004年出版的《电磁无损检测手册》，对远场涡流检测技术进行了专门的介绍。目前，美国多家研究机构都投入了大量资源对天然气管道裂纹远场涡流检测器进行研制。

我国对远场涡流技术的研究始于20世纪80年代后期。当时，南京航空学院和上海材料研究所等单位在远场涡流检测技术的机理研究和设备研制上都有较大突破。南京航空学院还于1990年出版了有关远场涡流检测技术的专辑，系统地介绍了远场涡流现象的机理研究、远场效应的二维瞬态与三维准稳态有限元仿真的计算结果、远场涡流探头性能指标分析、远场涡流检测系统的研制、脉冲激励下的远场涡流现象以及国外在各类管道检测实际应用中的研究成果等，对在我国推广这一先进技术起了先导作用。此后，爱德森（厦门）电子有限公司等单位研发的EEC-39RFT、EEC-35RFT、ET-556H等型号的远场涡流检测仪器，对我国远场涡流检测技术的实际工程应用起到了很好的推动作用。

# 2.3　涡流频谱检测技术

## 2.3.1　涡流频谱检测技术简介

涡流频谱（Eddy Current Spectrum，ECS）检测技术是一种基于频谱分析原理的涡流检测技术。常规涡流检测技术应用单频率的正弦电流激励涡流线圈，因此，常规涡流检测往往只处理时间域信号。然而，按照频谱分析原理，任何一个实际的时间域信号都存在着一个或一组对应的频率域信号。即使对于单频率激励下工作的常规涡流检测技术，也可以获得其回波信号的一个窄带的频谱。因此，可以利用涡流信号的频谱特征来检测被检件的内部质量。随着多频涡流检测技术、扫频涡流检测技术、脉冲涡流检测技术等宽频带涡流检测技术的出现和拓展，频谱分析技术是这些新技术的主流关键技术，涡流频谱检测技术成为一种值得关注的新技术。频谱分析技术也是对其他检测技术获取的信号进行处理的常用技术。

## 2.3.2　涡流频谱检测技术的原理

频谱分析技术已经广泛地应用于检测领域。涡流频谱检测是指通过对被测试件的涡流信号实施频谱分析来判断被测试件表面和近表面质量好坏的一种检测方法。通常，涡流频谱检测技术是某种特定的涡流检测技术与频谱分析检测技术的集成技术。涡流频谱检测所依赖的基本原理是频谱分析，同时，它还涉及具体使用的涡流检测方法所依赖的原理。例如，2.4 节介绍的脉冲涡流检测技术，它所依赖的工作原理就是脉冲涡流原理和频谱分析原理的集成。

本小节只对频谱分析的基本概念做简单介绍。比较详细的分析请见第 2.4 节脉冲涡流检测技术。

按照数学的傅里叶定律，一个任意函数可以展开成无穷多个余弦函数的积分。如果函数是周期性的，则这个积分就退化成为级数。因此，傅里叶定律在物理学中就给出，任意一个随时间变化的复杂信号 $f(t)$，都可以展开成无穷多个不同频率的余弦函数的积分；如果信号 $f(t)$ 是周期性的，则这个积分就退化成为级数。即

$$f(t) = A_0 + \sum_{n=1}^{\infty} A_n \cos(2\pi n f t + \phi_n)$$

式中，$A_n$ 和 $\phi_n$ 都是频率 $f$ 的函数。此式表示，一个信号在时间域的表达式 $f(t)$ 可以在频率域表达成频率 $f$ 的函数 $A_n$ 和 $\phi_n$。通常，时间域简称时域，频率域简称频域。一个时域信号 $f(t)$ 在频域下的表示形式 $A_n$ 和 $\phi_n$ 称为这个时域信号的频谱。分别称 $A_n$ 和 $\phi_n$ 为振幅频谱和相位频谱，并常常简称为振幅谱和相位谱。振幅频谱和相位频谱分别给出了时域信号 $f(t)$ 的振幅资讯和相位资讯。因为最常用的是振幅频谱，因此振幅频谱也通常被简称为"频谱"。由于频谱有单指振幅谱与合指振幅谱和相位谱两种含义，因此，在具体使用频谱分析时，需要加以注意其实际的意义。

对一个复杂的时域信号 $f(t)$ 按频率展开，获得其对应的在频域中的表示形式振幅谱 $A_n$ 和相位谱 $\phi_n$，并进而在频域中对信号进行研究和处理的一种过程，称为频谱分析。获取频谱有使用软件和使用硬件两种实现方式。时域信号分为模拟信号与数字信号。模拟信号是随时间连续变化的信号。数字信号是时间离散的整数序列。对模拟信号可以进行抽样使其离散化后再施加模数转换而成为数字信号。对于模拟信号获取频谱的通常方法是利用傅里叶变换（FT）。对于数字信号，可进行离散傅里叶变换（DFT）得到离散频谱，也常常使用快速傅里叶变换（FFT）。快速傅里叶变换的计算速度远远大于普通傅里叶变换的速度。快速傅里叶变换大大推进了频谱分析的广泛应用。无论使用软件和使用硬件，或者使用软件和硬件的结合，都可以实现傅里叶变换或快速傅里叶变换。

被检测试样及其试样中所含的缺陷都有着独特的结构和特性，这依赖于它们的尺寸、形状

和材料特性。涡流检测时，它们对于输入的电磁场给出的响应将随着这些特性而变化，使得涡流信号的频谱中携带着被测试样的丰富信息，这就为频谱分析提供了用武之地。在频域中对信号做定量解释，可以提供很多在时域中无法得到的信息，使频谱分析得到了广泛的应用。

### 2.3.3 涡流频谱检测技术的应用

涡流频谱检测技术有两大类：它可以是在原有的涡流检测的基础上增加后续的对涡流信号的频谱分析，也可以是某种涡流检测技术与信号频谱分析技术的技术集成。

对于前一种技术，是涡流检测的扩展，也是初始的涡流频谱检测技术。与其他技术中应用的频谱分析一样，频谱分析方法也可以有多种多样。信号频谱，按照所考查的随频率变化的信号变量的不同，可以分为幅度谱、相位谱、功率谱、倒频谱等不同的方面。考虑到涡流检测的特点，信号相位值随频率变化是一个重要特征。因此，相位谱将是重要的角色，在材料表征与评价分析中起着重要作用，并对幅度谱提供补充的信息。因为功率与幅度的平方成正比，所以幅度谱的平方称为功率谱。功率倒频谱定义为对数功率谱的功率谱。倒功率谱实际上是在对频谱做谱分析。功率谱和倒频谱分析能够提供更多的信息。

对于后一种技术，是涡流检测技术与频谱检测技术的集成技术。脉冲涡流检测技术就是脉冲涡流原理和频谱分析原理的集成技术，是这类技术的一个例子。

## 2.4 脉冲涡流检测技术

### 2.4.1 脉冲涡流检测技术的原理

脉冲涡流（Pulsed Eddy Current，PEC）检测技术是一种应用脉冲电流激励涡流线圈的涡流检测技术。脉冲涡流检测技术是一种无须接触物体表面就可以测量金属构件厚度的电磁无损检测新方法。常规涡流检测技术应用单频率的正弦电流激励涡流线圈，而脉冲激励则往往包含了无限多的工作频率。因此，在脉冲涡流检测技术中，信号的分析和处理通常采用频谱分析的方法。

傅里叶变换和频谱概念有着非常密切的关系。对一个时间函数求傅里叶变换就是求这个时间函数的频谱。也就是说，一个时间函数可以表示为无限个谐波分量之和，而这些分量的振幅和相位就构成了这个函数的频谱。常规的傅里叶变换使用正弦函数或余弦函数构成傅里叶级数。在脉冲涡流检测技术中，常常应用广义傅里叶级数。

如果有一个连续函数系 $\Phi_1(x)$、$\Phi_2(x)$、$\cdots$、$\Phi_n(x)$，当 $m \neq n$ 时，在区间 $[a,b]$ 上满足

$$\int_a^b \Phi_m(x)\Phi_n(x)\,\mathrm{d}x = 0 \tag{2-3}$$

则这些函数在区间 $[a,b]$ 正交。

设有函数 $f(x)$ 在区间 $[a,b]$ 上绝对可积，那么以

$$C_n = \frac{\int_a^b f(x)\Phi_n(x)\,\mathrm{d}x}{\int_a^b |\Phi_n(x)|^2\,\mathrm{d}x} \quad (n = 1, 2, 3, \cdots) \tag{2-4}$$

为系数的级数

$$f(x) = \sum_{n=1}^{\infty} C_n \Phi_n(x) \tag{2-5}$$

称为函数 $f(x)$ 关于正交函数系 $\Phi_n(x)$ 的广义傅里叶级数，$C_n(n=1,2,3,\cdots)$ 称为 $f(x)$ 关于正交函数系 $\Phi_n(x)$ 的傅里叶系数，$\Phi_n(x)$ 称为基函数。

如果 $\Phi_n(x)$ 是标准正交函数系，即

$$\int_a^b |\Phi_n(x)|^2 dx = 1 \quad (n=1,2,3,\cdots) \tag{2-6}$$

那么

$$C_n = \int_a^b f(x)\Phi_n(x)dx \quad (n=1,2,3,\cdots) \tag{2-7}$$

一个脉冲信号 $f(t)$ 也能被展开成正交函数系 $\Phi_k(t)$ 的广义傅里叶级数，即

$$f(t) = \sum_{n=1}^{\infty} C_k \Phi_k(t) \tag{2-8}$$

式中，$C_k$ 为傅里叶级数的系数，且有

$$C_k = \int_0^{\infty} f(t)\Phi_k(t)dx \tag{2-9}$$

由此可见，一个脉冲信号可以展开成为无限多个谐波分量之和，因而具有很宽的频谱。当用脉冲电流作为激励信号进行涡流试验时，可以获得试件的多参数信息，因此能实现多参数检测。

在脉冲涡流检测中，探头信号是用正交滤波器的原理进行展开的。正交滤波器有一个输入端和一系列的输出端（图 2-6），当输入端有脉冲信号输入时，出现在 $a_1$ 的是基函数，因此，可以由所选择的基函数来设计所需的正交滤波器。

正交滤波器为线性电路系统，符合卷积定理。

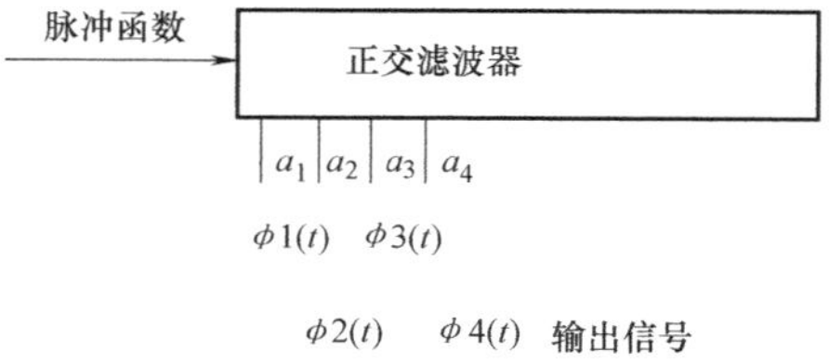

对于函数 $f(x)$ 和 $g(x)$ 来说，它们的卷积为

$$f(x)*g(x) = \int_0^x f(u)g(t-u)du = \int_0^x f(t-u)g(u)du \tag{2-10}$$

图 2-6　具有脉冲信号输入的正交滤波器

当 $f(x)$ 和 $g(x)$ 的傅里叶变换分别为 $F(\xi)$ 和 $G(\xi)$ 时，那么，卷积的傅里叶变换就是 $F(\xi)$ 和 $G(\xi)$ 的乘积。这就是傅里叶变换的卷积定理。

根据卷积定理，当输入信号为 $f(t)$ 时，设 $g_k(t)$ 为电路对脉冲函数的响应函数，那么，任一输出端的输出为

$$M_k(t) = \int_0^{\infty} f(t-\lambda)g_k(\lambda)d\lambda \tag{2-11}$$

若用基函数 $\Phi_k(\lambda)$ 来表示，则为

$$M_k(t) = \int_0^{\infty} f(t-\lambda)\Phi_k(\lambda)d\lambda \tag{2-12}$$

通常，对反向信号的分析是采用具有下降指数脉冲响应的滤波器，但最佳的鉴别信号应

具有上升指数的波形。由于脉冲涡流检测是衰减指数型，故对最佳分析不利。为了弥补这一不足，可以采用两种方法：第一种方法是采用对脉冲信号具有上升指数响应的标准滤波器；第二种方法是对涡流驱动函数加以改进，以便探头的输出信号更适合现有的衰减指数型脉冲响应的滤波器的灵敏度要求。

　　脉冲涡流法的工作原理如图 2-7 所示，由脉冲信号发生器给探头提供一个激励信号 $r_1(t)$，探头得到的响应信号 $r_2(t)$ 和补偿装置给出的补偿信号 $r_3(t)$ 相减后，将差信号送入滤波器和放大器，然后把信号展开并送入频谱分析器与脉冲信号发生器提供的参考信号 $r_5(t)$ 相结合，得到一系列函数信号 $C_i$ 送入转换电路，把信号分离成 $q_i$。

　　从图 2-7 中可以看出，脉冲涡流法与多频涡流法的工作原理基本相同，不同之处在于脉冲涡流法的激励信号是脉冲信号，并采用了脉冲分析技术。在得到了函数信号 $C_i$ 的输出后，两个系数可以采用相同的转换方式。

　　图 2-8 所示为脉冲涡流检测系统的电路原理。脉冲信号发生器采用固体脉冲信号发生器；探头线圈采用穿过式的形式；信号检出电路是交流电桥；仿真延迟线用于调整电桥的平衡状态，使时间 $t=0$ 时的信号为零；门电路、时间与门驱动电路、可调延时器、正交滤波器、时间取样器和信号分析器等用于对信号的瞬时分析。系统在工作时，受时间与门驱动电路同步驱动信号的控制，固体脉冲信号发生器给探头提供激励信号；然后由电桥检出探头信号并经放大器放大后输出给门电路；在正交滤波器中将信号展开成一系列的信号输出 $C_0$、$C_1$、$C_2$、…、$C_n$；最后，在时间与门驱动电路的控制下，时间取样器在被选择的时间上同

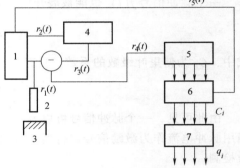

图 2-7　脉冲涡流法的工作原理
1—脉冲信号发生器　2—探头　3—试件　4—补偿装置　5—滤波器和放大器　6—频谱分析器　7—转换电器

时对正交滤波器输出端的各通道进行取样，经信号分析器得到傅里叶级数系数的信号输出。

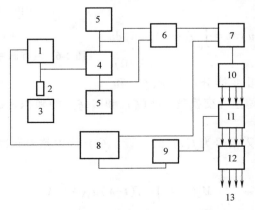

图 2-8　脉冲涡流检测系统的电路原理
1—脉冲信号发生器　2—探头线圈　3—试件　4—电桥　5—仿真延迟线　6—放大器
7—控制门　8—时间与门驱动电路　9—可调延时器　10—正交滤波器
11—时间取样器　12—信号分析器　13—信号参数输出

### 2.4.2　脉冲涡流检测技术的应用与特点

#### 1. 脉冲涡流检测技术的应用

脉冲涡流检测技术是一种新型无损检测方法，由于在检测多层金属结构缺陷方面表现出色，因而引起了人们广泛的研究兴趣。经过多年的发展，脉冲涡流已形成相对成熟的检测设备，并在许多领域得到应用。目前，脉冲涡流检测技术适用于电力、石油、化工和天然气等行业中直接对表面带有涂层、隔热层、隔层（如铝、不锈钢、镀铝钢等）或被测表面粗糙、有结垢的管道进行检测，如在役隔热层下钢管壁厚腐蚀减薄的检测，典型产品有爱德森（厦门）电子有限公司研制的 EEC-83 型带保温层管壁电磁测厚仪。

#### 2. 脉冲涡流检测技术的特点

前面提到，多频涡流检测技术是采用几个频率同时工作的，能有效地抑制多种干扰因素，一次性提取多个所需的信号（如缺陷信息、壁厚情况等），实现多参数检测。脉冲涡流检测技术则是使用具有一定占空比的方波（具有一定上升沿和下降沿时间的单次或周期性的波形）作为激励信号。采用这种激励方式时，无须更换探头和改变激励频率就可对被测件大面积不同深度内的缺陷进行一次性扫描检测。脉冲涡流检测技术具有操作简单、可通过后续算法消除提离和边缘效应等优点。

与采用正弦电流作为激励的常规涡流不同，脉冲涡流采用具有一定占空比的方波作为激励，这样就可以选择占空比较低的激励信号，在激励线圈中允许存在大电流而不会由于能量的持续耗散而损坏线圈。这样就可以得到较大的瞬时功率作用于试件，使感生磁场的变化更大，从而最终使得检测线圈上瞬态感应电压的变化更为明显。

脉冲涡流检测技术属于电磁检测范围，具有无接触式检测和表面无须清理的优点；相对超声检测、热成像检测技术，脉冲涡流检测不需要任何耦合介质；相对射线检测技术，它不需要放射源，不会造成环境污染。相对传统涡流检测技术，脉冲涡流检测技术具有如下优势：

1）脉冲涡流激励及响应包含的频率范围很宽，可获取足够的信息来对缺陷识别及定量评估。

2）脉冲涡流信号响应快，数据采集速度快，效率高。

3）传统多频涡流检测系统的价格一般随着频率通道数目的增加而增加，而脉冲涡流检测不需要增加通道数目就可以实现使用许多频率的检测。脉冲涡流检测系统的价格低于传统多频涡流检测系统，但其效果相当于数百通道的多频涡流检测系统。

4）探头采用脉冲信号激励，可以提供更高的激励能量，故脉冲涡流检测设备能提供更大的穿透深度。

5）一些由于材料结构变化，如受探头提离或边缘效应产生的噪声信号，可以在测量结束后进行处理和补偿。

脉冲涡流频谱中主要以低频涡流成分为主，因此，难以克服低频涡流检测技术的一些局限性：①激励线圈尺寸较大，不利于检测小尺寸、形状较复杂的机械零件上的缺陷；②对于表面微小缺陷的检测能力偏低。

### 2.4.3　脉冲涡流检测技术在国内外的发展情况

1988 年，多德（C. V. Dodd）等为了检测铁磁换热管的壁厚，采用脉冲大电流给线圈供电，在铁磁管道内产生饱和磁场，从而使脉冲涡流达到足够深的区域，并使铁磁管道达到磁饱和，实现了管道壁厚的检测。希腊学者特戈普洛斯（J. A. Tegopoulos）等在脉冲涡流场解析解的研究方面做了许多开拓性工作，提出了多种解析方法。2002 年，普雷达（G. Preda）等通过建立有限元-边界元混合数学模型，分析了铁磁材料在脉冲磁场激励下的电磁响应。2005 年谢拉（M. Shaira）等对铁磁材料表面下缺陷的脉冲涡流检测方法进行了研究，用一个激励线圈和两个检测线圈组成差分探头，施加恒定磁场以减弱铁磁材料的非线性，检测出了铁磁材料表面下 10mm 以内区域的裂纹和腐蚀情况。在非铁磁材料脉冲涡流检测方面，英国哈德斯菲尔德大学在脉冲涡流检测信号特征量的提取、缺陷表征等方面做了大量工作。

在非导磁材料的脉冲涡流检测方面，美国通用电气公司开发的便携式脉冲涡流检测仪 Pulsec™，采用巨磁电阻传感器组成阵列探头，用于检测航空部件表面的腐蚀和裂纹；瑞士 ABB 公司开发的 MTG 脉冲涡流测厚设备，采用穿透式探头，用于工业生产现场非铁磁金属带材的厚度控制。

在铁磁管道的脉冲涡流检测方面，具有广泛影响的是荷兰 Röntgen Teclmische Dienst（RTD）公司的 RTD-INCOTEST®。20 世纪 80 年代末，美国大西洋里奇菲尔德公司（Atlantic Richfield Company，ARCO）在其申请的专利基础上，开发了可穿透包覆层的铁磁性大管径油气管道脉冲涡流检测系统——Transient Electro-Magnetic Probing（TEMP），用于检测阿拉斯加油气管道。1995 年，该公司将该项技术授权给 RTD 公司，RTD 公司用三年时间对其进行了全面的优化设计，并将该系统更名为 INsulated Component TEST（RTD-INCOTEST），新系统减弱了线圈提离的影响，提高了检测速率，并可检测管径更小的管道。

目前，我国也已开始了应用脉冲涡流技术检测金属表面裂纹的研究工作。脉冲涡流检测技术相对于传统涡流检测技术具有更多的检测参数，可同时测量出距离和厚度。以电磁检测设备厂商、大专院校和科研院所为主体，从事涡流检测理论研究的人员利用有限元法、矩量法和边界元法等在脉冲涡流检测技术的数值计算和仿真研究中做了大量深入的工作，发表了一系列优秀的论文。近几年我国对脉冲涡流检测技术的研究也逐步走向成熟，例如，爱德森（厦门）电子有限公司生产的智能带保温层管壁腐蚀检测仪就是利用任意波形发生器产生脉冲涡流和多频涡流，突破了传统检测方式的局限，能够有效地检测出隔热层下的钢管壁厚腐蚀程度；北京航空航天大学雷银照课题组研制了铁磁管道脉冲涡流检测装置，可以检测最大壁厚为 30mm、最大包覆层厚度为 80mm 的铁磁管道壁厚的腐蚀变化。

如果细分一下，脉冲涡流实际上至少有两种用途：一种是利用瞬间的大功率密度检测评估带保温层的铁磁或非铁磁性在役管道的壁厚损失，此时的使用频率相对较低；另一种是在高频段，用于检测诸如飞机蒙皮等表面金属的缺陷。当然，它还可用于其他相对深层的金属内部缺陷的检测。

## 2.5　漏磁检测技术

### 2.5.1　漏磁检测技术的原理

漏磁（Magnetic Flux Leakage，MFL）检测技术是通过磁敏传感器检测漏磁场来实现无损检测的一种电磁无损检测技术。漏磁检测技术常常用于检测钢结构的腐蚀，确定损坏的区域并估计金属损失的深度。

当用磁化器磁化被测铁磁材料时，若材料的材质是连续、均匀的，则材料中的磁感应线将被约束在材料中，磁通是平行于材料表面的，几乎没有磁感应线从表面穿出，被检表面没有磁场。但当材料中存在着切割磁力线的缺陷时，材料表面的缺陷或组织状态变化会使磁导率发生变化，由于缺陷的磁导率很小，磁阻很大，使磁路中的磁通发生畸变，磁感应线会改变途径，除了一部分磁通直接通过缺陷或在材料内部绕过缺陷外，还有部分磁通会离开材料表面，通过空气绕过缺陷重新进入材料。人们将这些离开材料表面并重新进入材料的磁通称为漏磁通，相应的磁场称为漏磁场，并常常简称为漏磁。如果采用磁粉检测漏磁通，则该方法称为磁粉检测法，而采用磁敏传感器检测漏磁通则称为漏磁检测法。

漏磁检测原理如图 2-9 所示，采用漏磁检测的过程如下：

1) 利用励磁源对被测试件材料进行磁化，若被测试件表面光滑，内部没有缺陷，则磁通将全部通过被测试件；若材料表面或近表面存在缺陷，则导致缺陷处及其附近区域磁导率降低，磁阻增加，从而使缺陷附近的磁场发生畸变，此时磁通的形式分为三部分：①大部分磁通在工件内部绕过缺陷；②少部分磁通穿过缺陷；③其余部分磁通离开试件的上、下表面经空气绕过缺陷。第③部分即为漏磁通，可通过传感器检测到。

2) 测量其漏磁场信号，对检测到的漏磁信号进行去噪、分析和显示，建立漏磁场和缺陷的量化关系，通过分析判断，给出检测结果，达到无损检测和评价的目的。

3) 根据实际情况选择退磁与否。

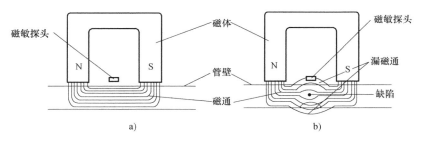

图 2-9　漏磁检测原理
a) 无缺陷　b) 有缺陷

## 2.5.2　漏磁检测技术的应用与特点

### 1. 漏磁检测技术的应用

漏磁检测技术越来越多地应用到各种场合下的铁磁性材料的缺陷检测。应用漏磁检测技术较多的几个方面如下：

(1) 储罐底板的检测　在石化工业，储罐是储装原油、中间和成品油、石化产品、各种气体和石化原料等的重要工具。储罐的安全运行有着重要的意义，其不仅关系经济损失、环境污染，而且直接危害生命安全，甚至产生严重的社会影响。在石化行业，发生任何一起储罐泄漏事故都是大问题。储罐腐蚀是造成储罐安全隐患的重要原因之一。由于储罐底板下表面与地基接触容易发生腐蚀，因此，在石化储罐的定期检测中，储罐底板的检测最为重要。在上表面难于发现下表面的缺陷，漏磁检测技术能对整个储罐底板腐蚀状况做出评价，可有效对储罐底板下表面的缺陷进行检测。

（2）管材、棒材的检测　钢管和钢棒在出厂时或使用前，需要按一定要求进行无损检测。对这种结构简单的工件进行大批量自动检测，漏磁检测是最主要的方法之一，如德国Foester公司的漏磁检测系统年检测能力超过100万吨。检测的缺陷包括折叠、冷隔、疏松、夹杂和气孔、裂纹等，其能够测出深度≥0.3mm的自然缺陷。

（3）埋地管线的检测　漏磁检测技术被广泛地应用于长输管道、炼油厂、城市埋地管网和海底管线的腐蚀点和焊接缺陷的检测。采用漏磁技术的"管道猪"可检测出尺寸为壁厚10%的缺陷，检测壁厚可达30mm，"管道猪"可在地下管道中爬行300km。

（4）钢丝绳的检测　在游乐场、索道、矿山、建筑和码头等很多场合，钢丝绳是最主要的承载及传送工具，其质量对安全具有重要意义。在钢丝绳的无损检测中，漏磁检测方法是唯一在实际中应用的方法，通过检测断丝产生的漏磁场，可以发现钢丝绳表面和内部的断丝情况。据波兰Zawada公司介绍，其MD120B钢丝绳检测仪能精确测出钢丝绳横截面积0.05%的变化。

（5）其他检测　漏磁检测主要适用于铁磁性构件的无损检测。对这些构件，只要找到合适的磁化方式，结合漏磁场的扫描和测量方法，就可以实施检测。因此，对于一些特殊的部位，如螺纹区、管杆的端部、管弯头区和焊缝等部位均可找到检测的方法，开发相应的检测设备。

**2. 漏磁检测技术的特点**

（1）优点　漏磁检测采用磁传感器检测缺陷，具有以下优点：

1）易于实现自动化。漏磁检测方法是由传感器获取信号，然后由软件判断有无缺陷，探头结构简单，因此非常适合于组成自动检测系统。

2）较高的检测可靠性。漏磁检测一般采用计算机自动进行缺陷的判断和报警，减少了人为因素的影响。

3）可实现缺陷的初步量化。缺陷的漏磁信号与缺陷形状尺寸具有一定的对应关系，从而可实现对缺陷的初步量化，这个量化不仅可实现缺陷的有无判断，还可对缺陷的危害程度进行初步评价。

4）当管道壁厚在30mm以下时，可同时检测内外壁缺陷。

5）效率高、无污染。采用传感器获取信号，检测效率高，不需要耦合剂，检测时一般不需要对表面进行清洗处理，无任何污染。

（2）缺点　漏磁检测的局限性如下：

1）检测对象仅限于铁磁性材料，主要是铁磁性材料的表面及近表面的检测。

2）检测灵敏度低。由于检测传感器不可能像磁粉一样紧贴被检测物表面，不可避免地和被检测面有一定的提离值，从而降低了检测的灵敏度。

3）缺陷的量化粗略。缺陷的形态复杂，漏磁检测获取的信号相对简单。

4）受被测试件的形状限制，不适合检测形状复杂的试件。

## 2.5.3　漏磁检测技术在国内外的发展情况

漏磁检测技术最早起源于钢丝绳断丝的检测。早在1906年，南非的麦卡恩（C. McCann）与科尔森（R. Colson）就研制出了第一台钢丝绳电磁无损检测装置，采用穿过式线圈磁化钢丝绳并拾取断丝产生的电磁场信号。随后关于漏磁场的形成机制、影响因素、信号解释与反演等相关理论得到快速发展。1966年，苏联的扎特斯平（Zatespin）和谢尔比宁

（Shcherbinin）提出表面开口无限长缺陷的磁偶极子模型，分别用点磁偶极子、无限长磁偶极线和无限长磁偶极带来模拟工件表面的点状缺陷、浅裂纹和深裂纹。1972 年，苏联的谢尔比宁（Shcherbinnin）利用面磁偶极子模型计算了截面为矩形开口的长度有限的裂纹的三维漏磁场分布，从而将计算维数拓展到了三维空间。1975 年，美国爱荷华州立大学黄（Hwang）等人采用有限元数值模拟法对漏磁场进行计算。1982—1986 年，德国弗斯特（Förster F）采用试验的方法对美国爱荷华州立大学罗德（Lord）和黄（Hwang）所提出的有限元漏磁场分析计算进行了验证及部分修正。1986 年，英国赫尔大学爱德华兹（Edwards）和帕尔默（Palmer）通过拉普拉斯方程解得截面为半椭圆形的缺陷的二维漏磁场分布，并且在此基础上给出了有限长表面开口裂纹漏磁场的三维表达式。2003 年，乌克兰国家科学院物理研究所卢克雅涅察（S. Lukyanetsa）给出了线性铁磁性材料表面缺陷的漏磁场分布解析模型。1993 年美国爱荷华州立大学辛（YK Shin）建立了电磁感应现象对漏磁检测影响的数字有限元模型。1995 年日本国家钢铁研究中心植竹一郎（Ichizo Uetake）利用磁偶极子模型分析了两平行裂纹的漏磁场分布。1996—1998 年，加拿大女王大学托马斯（Thomas）等人研究了压力对漏磁检测信号的影响，分析了相邻缺陷之间或不同走向缺陷之间的漏磁检测信号关系。2000—2003 年，日本九州工业大学卡托（M. Katoh）等人采用有限元法计算材料属性、极靴气隙对漏磁场的影响。2004 年，帕克（G. S. Park）通过 3D 有限元仿真和试验方法发现电磁感应现象对漏磁信号波形和幅值都会产生影响。2005 年，加拿大女王大学巴巴尔（V. Babbar）研究了凹痕尺寸与残余应力对漏磁检测信号的影响。2006 年，英国哈德斯菲尔德大学李（Y. Li）通过有限元仿真研究了在不同缺陷深度下涡流效应对漏磁检测的影响。

在缺陷反演上，1995 年日本京都大学花崎幸（Koichi Hanasaki）提出了一种钢丝绳缺陷反演模型。2000 年，美国爱荷华州立大学的京泰（Kyungtae）和黄（Hwang）采用神经网络及小波分析方法研究了反演问题。2002 年，我国仲维畅利用磁偶极子理论进行了缺陷的反推工作；同年，豪森（J. Haueisen）等人采用最大熵法进行了评估分析，给出了一种可根据检测信号得出缺陷的尺寸及位置的有效算法；密西根州立大学尤希（A. V. Joshi）结合传统反演算法，提出了一种高阶统计法。

我国对漏磁检测技术的研究起步较晚，20 世纪 70 年代，我国才开始钢丝绳漏磁检测的应用研究，在"六五""七五"和"八五"期间开展了钢丝绳断丝的漏磁检测研究。1985 年生产出了第一代国产钢丝绳检测仪。20 世纪 90 年代，以油井管为检测对象，进一步完善了永磁磁化的漏磁检测理论和方法，1995 年研发了井口抽油杆和油管漏磁检测仪器。1992 年华中科技大学杨叔子等人的"钢丝绳断丝定量检测方法与技术"获得国家发明四等奖；1995 年《钢丝绳断丝定量检测原理与方法》获得优秀图书奖，标志着我国漏磁检测理论和技术逐步走向成熟。华中科技大学、清华大学、合肥工业大学、沈阳工业大学、天津大学、上海交通大学和大庆石油学院等众多高校相继开展了钢管、埋地管道、储罐底板、石化管道和油井管等的漏磁自动检测理论、方法与装备的研究。漏磁产品的性能达到了国外同类产品的技术指标，并部分取代了进口设备，打破了国外漏磁产品垄断的局面。

当前国内漏磁检测领域，在消化吸收国外钢管漏磁产品和技术的基础上，开展了钢管和埋地管道的自动化漏磁检测研究，形成了一批成果和国产设备，如华中科技大学康宜华教授和合肥工业大学何辅云教授各自开发了油管漏磁检测设备、爱德森（厦门）电子有限公司研制了储罐底板漏磁检测系统、华中科技大学康宜华教授开发了储罐底板漏磁检测仪、大庆石油学院戴光教授开发出大型储罐漏磁扫描检测系统。沈阳工业大学杨理践教授开发的"高精度管道漏磁在线检测系统"获 2004 年度国家科学技术进步奖二等奖。2006 年，清华大学黄松岭教授开发出了中国首套油气管道缺陷高清晰度漏磁内检测器，并成功系列化，已广泛应用在国内外检测工程中，该成果获得 2009 年教育部科技进步二等奖。2010 年，清华大学黄松岭教授研制成功了国内首台海底油气管道漏磁内检测器，在胜利油田获得应用。

## 2.6　磁记忆检测技术

### 2.6.1　磁记忆检测技术的原理

磁记忆检测（Metal Magnetic Memory，MMM）是基于铁磁体的磁记忆效应的一种无损检测技术。在外载荷的作用下铁磁体内产生的应力，不但会产生弹性应变，还会产生磁致伸缩逆效应性质的形变。应力将改变铁磁体内磁畴的自发磁化方向以增加磁弹性能，从而抵消应力能的增加。在外载荷和地磁场的共同作用下，在材料的应力集中区域引起铁磁体材料宏观磁特性的不连续分布。并且，在外载荷撤除后，在原应力集中区域已经形成的宏观磁特性的不连续性得到保留。上述现象称为磁记忆效应。

值得注意的是，在载荷的作用下，材料内部的不连续部位（如形状、结构或缺陷）会造成应力的不均匀分布，出现应力集中现象；同时，由于金属内部存在着多种内耗效应（如黏弹性内耗、位错内耗等），势必造成动态载荷消除后，加载时形成的应力集中区得以保留，并具有相当高的应力能。因此，为抵消应力集中区的应力能，在该区域由于磁机械效应作用引发的磁畴组织的重新取向排列会保留下来，形成磁极，并在构件表面产生漏磁场。磁记忆效应所产生的漏磁场正是磁记忆检测所需要的工作对象。

当工件上施加拉应力后，应力集中部位产生的泄漏磁场，可以用带磁偶极子产生的泄漏磁场来等效。由电磁场理论可知，假定有一矩形槽，磁荷分布在槽的两壁形成带磁偶极子，如图 2-10 所示，面密度为 $\rho_{ms}$，且看作常数。

此时，槽壁上宽度为 $d_\eta$ 的面元在点 $P$ 处产生的磁场强度为

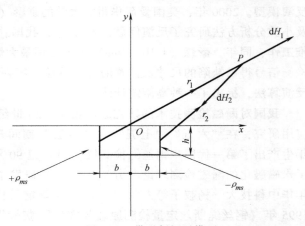

图 2-10　带磁偶极子模型

$$\begin{cases} \mathrm{d}\vec{H}_1 = \dfrac{\rho_{ms} d_\eta}{2\pi\mu_0 r_1^2} \vec{r}_1 \\[4mm] \mathrm{d}\vec{H}_2 = -\dfrac{\rho_{ms} d_\eta}{2\pi\mu_0 \vec{r}_2^2} \vec{r}_2 \end{cases} \qquad (2\text{-}13)$$

式中，$r_1 = \sqrt{(x+b)^2 + (y-y')^2}$，$r_2 = \sqrt{(x-b)^2+(y-y')^2}$。

它们的 $x$、$y$ 分量为

$$
\begin{cases}
\mathrm{d}H_{1x} = \dfrac{\rho_{ms}(b+x)\,d_\eta}{2\pi\mu_0\left[(x+b)^2+(y+\eta)^2\right]} \\[3mm]
\mathrm{d}H_{2x} = -\dfrac{\rho_{ms}(x-b)^2 d_\eta}{2\pi\mu_0\left[(x-b)^2+(y+\eta)^2\right]} \\[3mm]
\mathrm{d}H_{1y} = \dfrac{\rho_{ms}(y+\eta)\,d_\eta}{2\pi\mu_0\left[(x+b)^2+(y+\eta)^2\right]} \\[3mm]
\mathrm{d}H_{2y} = -\dfrac{\rho_{ms}(y-\eta)\,d_\eta}{2\pi\mu_0\left[(x+b)^2+(y+\eta)^2\right]}
\end{cases}
\tag{2-14}
$$

通过积分叠加后可得总的磁场分量 $H_x$、$H_y$ 为

$$
\begin{aligned}
H_x &= \int_{-h}^{0}\mathrm{d}H_{1x} + \int_{-h}^{0}\mathrm{d}H_{2x} \\[2mm]
&= \frac{\rho_{sm}}{2\pi\mu_0}\int_{-h}^{0}\frac{(x+b)\,\mathrm{d}y'}{(x+b)^2+(y-y')^2} - \frac{\rho_{sm}}{2\pi\mu_0}\int_{-h}^{0}\frac{(x-b)\,\mathrm{d}y'}{(x-b)^2+(y-y')^2} \\[2mm]
&= \frac{\rho_{sm}}{2\pi\mu_0}\left[\arctan\frac{-y'(x+b)}{(x+b)^2+y(y-y')}\right]_{-h}^{0} - \frac{\rho_{sm}}{2\pi\mu_0}\left[\arctan\frac{-y'(x-b)}{(x-b)^2+y(y-y')}\right]_{-h}^{0} \\[2mm]
&= \frac{\rho_{sm}}{2\pi\mu_0}\arctan\frac{h(x+b)}{(x+b)^2+y(y+h)} - \frac{\rho_{sm}}{2\pi\mu_0}\arctan\frac{h(x-b)}{(x-b)^2+y(y+h)}
\end{aligned}
$$

$$
\begin{aligned}
H_y &= \int_{-h}^{0}\mathrm{d}H_{1y} + \int_{-h}^{0}\mathrm{d}H_{2y} \\[2mm]
&= \frac{\rho_{sm}}{2\pi\mu_0}\int_{-h}^{0}\frac{(y-y')\,\mathrm{d}y'}{(x+b)^2+(y-y')^2} - \frac{\rho_{sm}}{2\pi\mu_0}\int_{-h}^{0}\frac{(y-y')\,\mathrm{d}y'}{(x-b)^2+(y-y')^2} \\[2mm]
&= \frac{\rho_{sm}}{4\pi\mu_0}\left\{\ln\left[(x+b)^2+(y-y')^2\right]\right\}_{-h}^{0} - \frac{\rho_{sm}}{4\pi\mu_0}\left\{\ln\left[(x-b)^2+(y-y')^2\right]\right\}_{-h}^{0} \\[2mm]
&= \frac{\rho_{sm}}{4\pi\mu_0}\ln\frac{(x+b)^2+(y+h)^2}{(x+b)^2+y^2} - \frac{\rho_{sm}}{4\pi\mu_0}\ln\frac{(x-b)^2+(y+h)^2}{(x-b)^2+y^2} \\[2mm]
&= \frac{\rho_{sm}}{4\pi\mu_0}\ln\frac{\left[(x+b)^2+(y+h)^2\right]\left[(x-b)^2+y^2\right]}{\left[(x+b)^2+y^2\right]\left[(x-b)^2+(y+h)^2\right]}
\end{aligned}
$$

所以有

$$
\begin{cases}
H_x = \dfrac{\rho_{sm}}{2\pi\mu_0}\left[\arctan\dfrac{h(x+b)}{(x+b)^2+y(y+h)} - \arctan\dfrac{h(x-b)}{(x-b)^2+y(y+h)}\right] \\[4mm]
H_y = \dfrac{\rho_{sm}}{4\pi\mu_0}\ln\dfrac{\left[(x+b)^2+(y+h)^2\right]\left[(x-b)^2+y^2\right]}{\left[(x+b)^2+y^2\right]\left[(x-b)^2+(y+h)^2\right]}
\end{cases}
\tag{2-15}
$$

根据式（2-15）的计算可得表面漏磁场的竖直分量和水平分量的分布曲线，如图 2-11 所示。

由图 2-11 可以看出，在构件应力集中部位的磁记忆效应表现为在构件表面形成的漏磁场水平分量 $H_x$ 具有最大值，而竖直分量 $H_y$ 则改变符号并具有过零点值的结果。因此，利用测磁仪器通过测定铁磁构件表面漏磁场竖直分量过零点，可以诊断构件内部应力集中的部位。

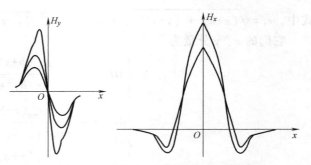

图 2-11 试件表面的漏磁场分布曲线

磁记忆检测原理可以表述为：处于地磁环境下的铁制工件受工作载荷的作用，其内部会发生具有磁致伸缩性质的磁畴组织定向和不可逆的重新取向，并在应力与变形集中区形成漏磁场 $H_P$ 的变化，即磁场的切向分量 $H_x$ 具有最大值，而法向分量 $H_y$ 改变符号且具有零值点，通过漏磁场法向分量 $H_y$ 的测定及 $K$ 值（$K = \mathrm{d}H_y/\mathrm{d}x$），便可以准确地推断工件的应力集中区。

## 2.6.2 磁记忆检测技术的应用与特点

### 1. 磁记忆检测技术的应用

（1）管道的磁记忆检测 机械应力集中是各种不同用途管道（包括电站汽、水管道和油管道等）破坏的主要原因。现有的无损检测方法只能用于查找常见的缺陷，不能进行管道的早期诊断，而利用金属磁记忆检测技术可以检验管道外表面和管道金属内部的应力分布状态，以达到早期诊断的目的。

采用磁记忆检测方法对管道进行诊断，是沿着管道表面探测漏磁场 $H_P$ 的法向分量，通过对金属残余磁特性的分析，指示管道工作应力与残余应力作用下的应力集中区域。

管道磁记忆检测方法应用范围如下：

1）找出在最大应力条件下工作的易损伤的管段、弯管及焊口。

2）评估管道及其支架、吊架系统的实际应力变形情况。

3）确定管道金属腐蚀、疲劳、蠕度等正在加剧的最大应力集中区域。

4）找出管道的卡死部位，确定支架、吊架系统及固定系统不正常工作情况及原因。

5）确定管道的监测部位，以观察其在以后运行中的情况。

6）缩小管道检验工作量及检验时间，减少管道更换量。

7）利用典型金属样品确定实际使用寿命。

（2）汽轮机叶片的磁记忆检测 叶片是汽轮机中将气流的动能转换为有用功的重要部件。在电厂中，广泛使用的常规无损检测方法如超声检测、磁粉检测、着色检测、涡流检测等，能满足检测已经开裂的裂纹的要求，但对于保证叶片的可靠工作还是不够的。叶片在复杂应力的作用下，形成强烈的应力集中区，在发电机组两次检修之间的时间里（4～6 年），不做早期的状态诊断，发生叶片突然破坏的事故是不可避免的。因此，有必要根据实际工作应力的状况，采用磁记忆诊断方法，准确可靠地查找出在较大应力状态下运行的叶片，以防止意外事故的发生。磁记忆诊断方法用于汽轮机叶片的应力状态检查时，通常沿着叶片工作部分的全长进行扫查，叶片根部则通过叶轮进行检查。

磁记忆检测技术在叶片检验中的主要用途有以下几方面：

1）查明在最大应力条件下运行有破坏倾向的叶片。

2）查明在叶轮上配合不好的叶片。

3）查明在最大振动条件下工作的叶片，并定性地评定叶片振动的可靠性。

4）根据叶片上漏磁场强度 $H_P$ 的分布特性，查明整个叶轮上的应力状况，调整运行方式和叶片结构。

叶片表面上漏磁场强度 $H_P$ 测量值的误差主要受下列因素的影响：叶片表面上传感器的状态；传感器和仪器的组合灵敏度。这些因素造成的测量误差可达 10%，但这一误差只是降低了对漏磁场强度 $H_P$ 的绝对值的测量精度，对叶片应力状态的评定没有明显的影响。

（3）高压缸体的磁记忆检测　高压气缸为静止部件，但几何形状复杂，常处于较复杂的由蒸汽和温差引起的热应力作用下，这种热应力是造成气缸损坏、产生变形或裂纹的最危险应力。高压气缸最常见的缺陷是气缸变形和产生裂纹。引起该位置发生裂纹的原因较多，主要是由于气缸形状复杂，各部分金属厚度不均匀，在形状变化的地方容易产生应力集中，运行时气缸温度变化剧烈，缸体各部分产生较大的热应力。根据应力实测曲线可知发生缺陷的部位也是应值得注意的地方。由于气缸是高压部件，利用磁记忆检测方法较早地发现应力集中区域，避免形成宏观缺陷，对汽轮机的安全运行具有重要的意义。

（4）航空构件的磁记忆检测　对航空构件为飞机起落架支柱螺栓铰接接头耳片进行磁记忆检测。起落架构件的可靠性和寿命在很大程度上取决于螺栓铰接接头的强度。为取得交变载荷作用下耳片的主要强度特性及疲劳极限、寿命的可靠散布值，一般采用的方法是通过耳片试件疲劳试验方法来进行对螺栓铰接接头寿命的统计研究。但是，按余弦规律计算杆与耳孔间孔壁压力分布的方法（兰贝尔特规律）并没有在耳片试件疲劳试验中得到证实。为此，进行疲劳试验时，能提供一种新的理论分析和检测方法来预先准确确定应力集中部位，对取得可靠的试验数据、统计计算分析及试验均有重要的意义。

（5）磁记忆检测方法在对接焊缝中的应用　各种不同工艺用途的管道和容器以及重要结构的焊接接头会突然发生脆性疲劳损坏，有时会导致具有重大后果的严重事故。现有的常规无损检测方法不能在破坏前期实现对焊接接头的早期诊断。而制造厂对焊接接头进行检测时，基本任务也是找出超过允许标准的具体缺陷。当应力等级和均匀性、几何形状偏差、焊缝组织变化、塑性变形以及其他因素对焊接接头的可靠性产生影响时，必须采取从整体上对接头状态进行鉴定的诊断方法。

采用磁记忆检测方法可以实施对焊缝状态的早期诊断。根据磁记忆检测原理可知，在焊接接头中其他条件相同的情况下，焊缝中会有残余磁化现象产生，其残余磁化分布的方向和性质完全取决于焊接完成后金属冷却时形成的残余应力和变形的方向和分布情况，因此，在焊缝的应力集中部位或在金属组织最不均匀处和有焊接工艺缺陷的地方，漏磁场的法向分量 $H_P$ 具有突跃性变化，即漏磁场 $H_P$ 改变符号并具有零值，漏磁场符号变换线（$H_P = 0$）相当于残余应力和变形集中线。这样，通过测出在焊接过程中形成的漏磁场，人们就可以完成对焊缝实际状态的整体鉴定，同时确定每道焊缝中残余应力和变形以及焊接缺陷的分布。

**2. 磁记忆检测技术的特点**

（1）优点　金属磁记忆检测技术具有如下优点：

1）不需要清理金属被测表面或做其他准备工作，可以在保持金属的原始状态下进行检测。

2）传感器和被测表面间不需要填充耦合剂，传感器可以离开金属表面。

3）不要求人工磁化，它利用的是工件制造和使用过程中形成的天然磁化强度。

4）不需要采取专门的充磁装置（即不需要主动励磁设备），而是利用管道工作过程中的自磁化现象。

5）应力集中点是未知的，可以准确地在诊断过程中确定。

6）诊断仪器体积小、重量轻，有独立的电源及记录装置，检验速度快。

（2）缺点 金属磁记忆检测技术的局限性如下：

1）金属材料受到磁污染，或是在对近似无限长构件的检测等特殊条件下，都将给金属磁记忆方法的实施带来困扰。

2）不能实现对缺陷的定量检测。

## 2.6.3 磁记忆检测技术在国内外的发展情况

1997年俄罗斯杜波夫（Dubov A. A.）教授在洛杉矶举办的第50届国际焊接学术会议上，首先提出了磁记忆检测技术的相关学说；在接下来的1999年、2001年、2003年举办的第1、2、3届"设备和金属结构金属磁记忆诊断方法"的国际会议上，先后发表了关于"磁记忆法的物理原理及在俄罗斯、波兰、德国、中国实际应用经验"的报告。同时，根据俄罗斯焊接科技学会的建议，国际焊接学会第Ⅴ委员会实施了由德国、美国、加拿大、波兰专家参与的关于金属磁记忆方法的欧洲研究计划ENRESS，在该项计划中有一项重要内容是关于考查金属磁记忆方法的有效性，并同已有的应力与变形检测方法进行比较；并最终同德国签订了一项按欧洲标准对磁记忆方法与仪表进行认证的协议。在1997—2004年间，国际焊接学会公布的有关金属磁记忆检测方面的文件多达30个。第57届国际焊接学会对金属磁记忆检测俄罗斯的相关标准进行了讨论，做出了需建立金属磁记忆检测的ISO标准的决议。2007年国际标准化组织（ISO）颁布了3个有关金属磁记忆检测的标准ISO 24497-1：2007（E）《无损检测 金属磁记忆 第1部分：术语》、ISO 24497-2：2007（E）《无损检测 金属磁记忆 第2部分：一般要求》、ISO 24497-3：2007（E）《无损检测 金属磁记忆 第3部分：焊缝的检测》。

关于磁记忆检测机理方面的研究，杜波夫（Dubov A. A.）认为产生磁记忆信号变化是由于磁现象物理本质和位错过程之间存在相互关系。美国得克萨斯州的萨布利克（Sablik）通过建立力-磁效应的简单模型，计算了磁化率且得出磁畴壁的不可逆偏转。2000年和2001年，吉尔（D. C. Jile）等对外加扭矩作用下磁感应强度的变化以及磁机械效应和磁致伸缩两者间的关系进行了研究。在测量研究磁致伸缩时发现，压磁系数在低磁场环境下决定着磁感应强度对扭矩的敏感程度。同时发现各向异性的磁致伸缩比决定着磁感应强度对应力的敏感程度。2001年，吉尔（D. C. Jile）等从能量以及磁畴的角度出发，建立了应力与磁特性的微磁模型，通过模型研究了外载荷作用下磁矩的变化规律。2002年，日本人助川（Sukega-wa）通过对带小孔的平板试件进行疲劳试验，研究了在没有磁场以及不同磁场作用下磁导率的变化规律，波兰人卡莱塔（Kaleta）通过对纯镍平板进行疲劳试验，在无磁场的情况下检测试件感生出来的磁信号的变化，得出了应力和磁场强度以及磁感应强度之间的关系。2006年，英国人威尔逊（J. W. Wilson）等人在对磁记忆检测技术的应力检测研究中引入残余磁场技术。因为该技术包括了对磁场模式及其变化率的分析，对复杂试件的检测有很大的作用。2007 年，斯洛伐克的帕拉（J. Pal′a）对静载拉伸过程中低碳钢磁导率的变化进行了研究，同时对其微观组织进行了观察。2008 年，波兰的罗斯科（M. Roskosz）通过对试件静载加载后的磁信号进行测量，发现应力大小和漏磁场法向磁信号之间存在一定的关系等。以上这些研究均为磁记忆检测方法的机理研究提供了相应的理论依据。

2011 年，波兰学者罗斯科（M. Roskosz）通过试验验证 δ 铁素体在奥氏体钢焊缝中的不均匀分布导致了缺陷处漏磁场分布情况的变化，并得到了符合标准 ISO 24497-1、2、3：2007 的焊接接头磁记忆检测结果。2014 年，科洛科利尼科夫（S. M. Kolokolnikov）、杜波夫（A. A. Dubov）、马尔琴科夫（A. Y. Marchenkov）等根据试验中焊接件的应力集中区域（SC-Zs）的应力评估检测和力学性能特征分析研究，对多种焊接标本的应力集中区域漏磁场检测和自发漏磁场（SMLF）信号分析，使焊接件力学性能得到一些改善。焊接过程中分布不均匀的漏磁场会导致热影响区的硬度不均匀和力学性能的不均匀。2016 年，科洛科利尼科夫（S. Kolokolnikov）等基于金属磁记忆检测技术，在弱磁场作用下焊接时，通过磁记忆检测得到焊接接头的应力状态和磁场强度之间的关系，根据焊接接头应力状态的不均匀来开展焊后热处理（PWHT）研究。

在试验研究方面，俄罗斯应用物理研究所的伊卡（H. O. Ycak）等人对钢的塑性变形进行了试验研究。日本大阪大学的黑田东彦（Masatoshi Kuroda）等人发现试件表面剩磁信号梯度与其残余应力两者之间存在较好的相关性。约翰（John W）等人开展了多维磁信号分析试验，发现切向分量和应力之间存在着更好的相关性。

在仪器设备研究方面，俄罗斯动力诊断公司基于磁记忆检测开发了两种快速诊断管道、容器状态的方法，研制了 TSC-1M-4、TSC-3M-12 和 TSCM-2FM 等一系列的磁记忆检测设备，可用于管道、压力容器、航空、电力等诸多铁磁性构件的检测。该公司新推出了 TSC-3M-12 型二维磁记忆传感器，在传感器探头上集成纵向与横向的微型磁敏线圈，可以同时提取二维弱磁信号，在二次测量并旋转探头的情况下，可以获得 $X$、$Y$、$Z$ 三个方向的磁场强度值。

在工程应用及规范化方面，磁记忆检测技术已在锅炉、航空航天、船舶、石油管道等领域得到了应用。针对该项技术，俄罗斯联邦工程监督部门已通过了三十多种指导性文件，并有效地被应用于各工业部门。

此外，乌克兰、保加利亚、奥地利等国也对金属磁记忆检测方法进行了鉴定并制定了相应的评价标准，对金属磁记忆检测方法进行推广。

在国内，目前已有不少高等院校、研究院所以及单位开展了金属磁记忆检测的研究工作。下面摘选了部分国内磁记忆检测方面的研究成果。

金属磁记忆检测技术在国内的研究始于 1999 年，因该技术能对铁磁构件的缺陷进行早期诊断而引起了国内无损检测业的广泛关注。同年，东北电力科学研究院从俄罗斯动力诊断公司引进了一台 TSC-1M-4 型磁记忆应力检测仪，在电站锅炉管道的检验中进行了应用。2000 年爱德森（厦门）电子有限公司展示了其研制的我国首台磁记忆诊断仪；同年 12 月，由任吉林、林俊明等编著的行业首本关于金属磁记忆检测技术的专著出版。2001—2003 年，清华大学李路明教授研究了地磁场激励下缺陷的漏磁场检测方法与应用，探讨了地磁场磁化铁磁材料检测表面缺陷的可行性问题，回答了金属磁记忆检测中地磁场的作用问题；并设计了平板拉伸和压缩试验，探讨了应力集中评价中的应力方向问题。继后，南昌航空大学、北京理工大学、清华大学、北京工业大学、大庆石油学院、北京交通大学、燕山大学、东北石油大学等院校，中国特种设备检测研究院、北京市特种设备检测中心、江西省锅炉压力容器检验研究所、保定市特种设备监督检验所、广东电网公司电力科学研究院等科研院所，纷纷对金属磁记忆检测技术的基础理论与应用进行了多方面的研究。2010 年 5 月，我国电力部门参照磁记忆检测的俄罗斯国家标准并结合我国电力行业的实际情况，颁布了我国首个磁记忆检测标准 DL/T 1105.4—2010《电站锅炉集箱小口径接管座角焊缝无损检测技术导则　第 4 部分：磁记忆检测》以及 DL/T 370—2010《承压设备焊接接头金属磁记忆检测》。2011 年 6 月，国家质量监督检验检疫总局和国家标准化管理委员会发布了国家标准 GB/T 12604.10—2011《无损检测　术语　磁记忆检测》以及 GB/T 26641—2011《无损检测　磁记忆检测　总则》。

另外，在机理研究方面，仲维畅高级工程师从电磁学角度提出了金属磁记忆检测的电磁感应学说；雷银照教授建立了受力作用后的铁磁金属构件的漏磁场数学模型，并得出了在地磁场环境中受力铁磁金属构件有效场的表达式；任吉林教授提出了基于铁磁学基本理论的能量平衡学说，从能量平衡角度解释了铁磁体内部磁畴发生定向或不可逆的重新取向排列后形成漏磁场。

在试验研究方面，徐滨士院士科研组发现试件在塑性变形后表面产生的磁记忆信号与材料组织结构变化存在对应关系，并利用磁力显微镜（MFM）观察了拉伸载荷作用下 45 钢的磁畴结构变化；任吉林教授课题组得出了应力集中部位与表面漏磁场、磁场梯度分布之间的对应关系，建立了基于磁记忆信号的损伤参量模型，在探索磁记忆检测信号的定量分析方面做了大量的基础工作。

在设备仪器研究方面，爱德森（厦门）电子有限公司于 2000 年研制出国内首台 EMS-2000+型磁记忆诊断仪，随后又推出了 EMS-2003/2003+型磁记忆/涡流检测仪与配套的数据处理软件 M3DPS 等；北京铁路局与北京科学技术研究所合作研制出 MTR-1 型铁路专用金属磁记忆检测仪；清华大学无损检测中心研制出一台掌上型金属磁记忆检测仪，该仪器可作为弱磁场检测计量仪器使用，能实时分析应力集中状况。

近几年，金属磁记忆检测技术在我国航天、船舶、化工、电力等行业领域得到了应用。

## 2.7　电磁超声检测技术

### 2.7.1　电磁超声检测技术的原理

电磁超声检测是建立在电磁场与导体相互作用的基础之上并且应用超声技术的一种无损检测方法。电磁超声检测技术利用电磁方法激励和接收超声波，应用超声与物体相互作用的技术实施检测。电磁超声检测技术是一种交叉学科技术。电磁超声检测所应用的超声技术与通常的超声检测技术大同小异，电磁超声检测的核心技术是电磁声换能器技术。因此，通常将电磁声换能器（ElectroMagnetic Acoustic Transducer，EMAT）的简称作为电磁超声检测和电磁超声无损检测的简称。EMAT 也称为电磁超声换能器，因为在实际工作时，通常使用在超声波的频率范围。

电磁声换能器中，电磁场和弹性场之间的能量耦合有以下三种机制：

1）洛伦兹力机制。电涡流在恒定静磁场作用下，受到洛伦兹力。

2）磁致伸缩机制。由压磁效应引起，由线圈电流和电涡流共同作用产生的动态磁场和恒定静磁场的压磁效应产生的力。

3）磁化力机制。磁场的磁化作用产生的磁化力。

洛伦兹力机制存在于所有导电材料中，而其他两种机制只存在于铁磁材料中。对于铁磁材料，这三种机制经常是同时起作用的。当人们说某个电磁声换能器的工作基于某种工作机理时，是指起主导作用的那种工作机制。常见的电磁声换能器产生和接收超声波基于两种不同的机理，分别为洛伦兹力机理和磁致伸缩效应机理。人们把电磁声换能器所产生的超声波称为电磁超声波。

利用洛伦兹力机理来激发和接收电磁超声波的工作过程：在激励超声波时，置于金属导体试件上方的线圈通以高频的交变电流，线圈中的高频电流在金属导体中产生交变磁场，由于电磁感应效应，处于交变磁场中的金属导体，其表面及其附近将产生高频的涡流，同时在垂直于恒定静磁场方向流动的涡流或涡流的分量将受到交变的洛伦兹力的作用，金属介质在交变的洛伦兹力的作用下将产生高频振动，从而在试件中形成应力波，交变的频率在超声波范围内的应力波即为超声波。反过来，在接收超声波时的工作过程是激励电磁超声波过程的逆过程，超声波使金属质点产生高频振动，能够导电的金属质点的振动形成交变的电流，由于电磁感应效应的可逆性，该交变电流在磁场作用下会使线圈两端的电压发生高频的变化，可以通过接收装置进行接收并放大显示。在上述过程中，金属表面是完成电和声转换的机构的一个重要组成部分。

利用磁致伸缩效应来激发和接收电磁超声波的工作过程：在激励超声波时，置于铁磁材料试件上方的线圈通以高频的交变电流，线圈中通过的高频电流在试件中产生高频变化的动磁场，该动磁场与由永久磁铁产生的静磁场叠加，叠加后的总磁场使试件材料在总磁场的方向上产生高频变化的磁致伸缩，当交变的频率在超声波范围内时，在试件中形成超声波。在这里，静磁场的作用是作为偏置磁场提供合适的磁致伸缩工作点。反过来，接收超声波的工作过程是激励电磁超声波过程的逆过程。超声波使铁磁材料试件的质点产生高频振动，由于磁致伸缩逆效应，质点的高频振动导致高频变化的动磁场，使线圈两端的电压发生高频的变化，这些变化可以通过接收装置进行接收并放大显示。在上述过程中，铁磁材料试件的表面也是完成电和声转换的机构的一个重要组成部分。

因此，两种不同工作机理的电磁声换能器的基本组成却是相同的，它们都主要由磁铁、高频线圈和试件三个部分组成。只是各个部分在不同的工作机理下应用时，它们的功能和作用是有差异的，这些差异主要表现在所涉及的多个电磁场方向的相互关系上。相应地，两种电磁声换能器的结构是有所不同的。

（1）磁铁　磁铁用来提供外加静磁场。外加静磁场是产生洛伦兹力所必需的。对于磁致伸缩效应，该静磁场是为磁致伸缩提供适当的工作点所必需的。静磁场的方向对于电磁声换能器所激发和接收的电磁超声波的类型很重要。在洛伦兹力机理下工作，电磁超声波的偏振方向与静磁场方向是垂直的；而在磁致伸缩机理下工作，电磁超声波的偏振方向是平行于静磁场方向的。例如，当永久磁铁产生的磁力线平行于试件表面时，如果在洛伦兹力机理下工作，洛伦兹力的方向垂直于试件的表面，则产生超声纵波；而如果在磁致伸缩机理下工作，磁致伸缩的位移就也平行于试件表面，则激励出超声横波。磁铁一般采用永久磁铁、直流/交流电磁铁以及脉冲电磁铁。永久磁铁的磁铁体积小；直流/交流电磁铁以及脉冲电磁铁去磁速度快。

（2）高频线圈　高频线圈的结构和功用类似于涡流线圈。线圈的作用是可逆的。当用于激励电磁超声波时，在线圈中施加高频电流，由电磁感应效应在导电的试件中引发高频涡流或者在铁磁材料的试件中产生高频变化的磁场。当用于接收电磁超声波时，由于电磁感应逆效应，由超声回波在试件中产生的振动等效的高频电流或因磁致伸缩逆效应由高频振动产生的高频动磁场，在高频线圈产生感生的高频电流。

（3）试件　无论哪种工作机理，试件的表层都是电磁声换能器的必要组成部分。对于组成试件的材料是有限制的。对于洛伦兹力机理，试件必须是电导体；对于磁致伸缩机理，试件必须是铁磁体。因此，电磁超声检测技术只能在导电介质或铁磁介质上获得应用。

磁铁、线圈和试件的布置方式取决于所应用的产生电磁超声波的机制和所要产生的超声波的类型。适当布置永久磁铁和线圈可以激发出不同类型的超声波。

图 2-12 所示为利用洛伦兹力的电磁声换能器结构的示意图。纵波电磁声换能器的结构如图 2-12a 所示，永久磁铁在导电试件表面中产生的恒定静磁场的方向平行于试件表面，对于垂直于纸面的涡流所产生的洛伦兹力的方向是垂直于试件表面的，因此激发出超声纵波。横波电磁声换能器的结构如图 2-12b 所示。永久磁铁在导电试件表面中产生的恒定静磁场的方向垂直于试件表面，对于垂直于纸面的涡流所产生的洛伦兹力的方向是平行于试件表面的，因此产生超声横波。

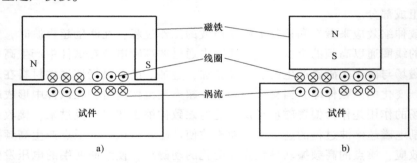

图 2-12　电磁超声换能器激发超声波

a）纵波激发示意图　b）横波激发示意图

然而，与洛伦兹力不同，磁致伸缩的方向是与磁力线的方向一致的。因此，当永久磁铁产生的磁力线平行于试件表面时，可由磁致伸缩效应产生超声横波。图 2-13 所示为利用磁致伸缩效应产生 SH 波的电磁超声换能器结构示意图。SH 波即水平偏振超声横波。施加于工件表面的切向偏置静磁场平行于蛇形回折线线圈的直边。这样的结构不会产生洛伦兹力。这样产生的 SH 波的频率取决于蛇形回折线的周期。

由于趋肤效应，线圈所激励的涡流分布在试件的表面，涡流受到的洛伦兹力也分布在试件的表面。因此，该洛伦兹力易于激励出瑞利波和兰姆波。如果将高频线圈制成蛇形，并使相邻的导线的间距等于瑞利波/兰姆波波长的一半，则在块状试件的表面将产生瑞利波，而在板形试件中会产生兰

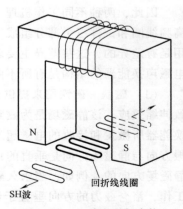

图 2-13　SH 波电磁超声换能器结构示意图

姆波。

应用磁致伸缩效应来产生电磁超声，发生磁致伸缩的区域也主要分布在试件的表面，也同样可以产生瑞利波和兰姆波。

电磁超声波用于检测的工作原理与一般的超声波的工作原理相同。电磁超声波在试件中传播时，在试件的表面和内部结构的界面、缺陷的界面等处发生反射、折射和散射等相互作用，携带了许多信息。通过对回波信号进行接收、处理和分析，根据所接收的超声波的特征，可判断被检试件是否存在缺陷及缺陷的特性，从而实现检测。

### 2.7.2　电磁超声检测技术的应用与特点

#### 1. 电磁超声检测技术的应用

电磁超声检测技术和传统的压电超声都属于超声检测的范畴，但因其非接触，无需耦合剂，检测速度快、适于高温检测以及容易激发各种超声波型等优势，正越来越受到人们的关注和重视。20 世纪 70 年代末期，电磁超声检测技术已经成功地用于检测金属棒、管道和板材。

电磁超声检测技术的主要应用领域包括高温测厚、快速检测预扫描、材料晶格结构检测、材料应力检测等方面。电磁超声检测技术目前在金属材料的检测和测厚方面应用较多，如钢板测厚、板材检测、高温管道检测、焊缝检测、火车轮踏面和铁轨缺陷检测等。另外，在高校及科研院所对于电磁超声的应用研究和开发也在进行中。目前利用电磁超声检测技术检测和测厚在国外已经进入了工业应用阶段，我国电磁超声检测理论已经达到国际水平，但在实际应用中仍然和美国、德国等国家存在差距。

#### 2. 电磁超声检测技术的特点

（1）优点　与传统超声检测相比，电磁超声检测技术具有以下优点：

1）与工件非接触、无需耦合剂；对被测试件表面质量要求不高，较粗糙表面也可不要求特殊清理；可透过包覆层等。

2）易于产生多种超声波波型，如表面波、SH 波和兰姆波等。易于以任何辐射角向试件内部倾斜辐射，只须改变电磁超声检测电信号的频率就可以改变声的辐射角。

3）可应用于高温检测、在线快速检测等不适合与试件表面直接接触的检测环境。

4）电磁超声常常应用导波方式检测，声波传播距离远，检测速度快，所用通道与探头的数量少。

5）检测设备的机械结构相对简单，检测钢管或钢棒的纵向缺陷探头与试件都不用旋转。

6）发现自然缺陷的能力强，对钢管表面的折叠、重皮、孔洞等不易检出的缺陷都能准确发现。

（2）缺点　电磁超声检测技术的局限性如下：

1）电磁超声检测换能效率远比压电式换能器低。

2）对提离敏感，信号幅度随提离的增加下降很快。

### 2.7.3　电磁超声检测技术在国内外的发展情况

电磁超声检测技术是 20 世纪中期兴起的一种无损检测新技术。电磁超声检测技术是一种非接触检测技术，对被检金属工件施加电磁场，依靠电磁效应在工件表面层内形成超声波波源，使被检金属工件本身也成为换能器的一部分。如此，赋予电磁超声检测技术许多异于其他技术的优秀新功能。

自从焦耳 1847 年提出磁致伸缩效应和 1861 年麦克斯韦将洛伦兹力统一到电磁场方程组中，人们就知道了可以利用这些原理进行无损检测，但直至 20 世纪 60 年代，格里姆斯（Grimes）和布什鲍姆（Buchsbaum）的研究才开始真正将电磁声换能器（EMAT）用于无损检测。到 20 世纪 70 年代末期，电磁超声检测技术已经成功地用于检测金属棒、管道和板材。20 世纪 80 年代中期，当时的联邦德国利用电磁超声检测技术激发表面波来检测车轮踏面的表面开口疲劳裂纹。20 世纪 80 年代末期，美国也研制出类似的电磁超声检测装置，之后很快拓展，处于全球领先地位。日本、我国等也相继对电磁超声检测技术进行开发和研究。

早期（20 世纪 80 年代前后）的 EMAT 研究主要是进行几种基本线圈形式与 EMAT 激发的波的类型之间关系的试验研究，目前的研究工作主要集中于对各种 EMAT 形式的洛伦兹力机制和磁致伸缩机制进行数学建模，并优化 EMAT 的设计；以瞬时大功率激励器和高灵敏度接收器为核心的先进电磁超声检测仪器和装置的研制；以及电磁超声在工程实际方面的应用研究和基于谐振式电磁超声（EMAR）的材料评价研究等几方面。除了对一般的兰姆波、表面波、导波、横波和纵波等 EMAT（和 EMAR）的研究外，目前比较重要的研究还有相控阵 EMAT 研究和点聚焦 EMAT 研究（能够将声束聚焦到大约 4mm×4mm 的范围内）等。在工程应用方面，EMAT 相比于压电超声具有非接触的优势，但由于换能效率较低，总的来说，在缺陷检测能力方面还不如压电超声技术。然而，在一些压电超声技术应用受限的场合，电磁超声得到了很好的应用，例如高温热轧钢板、管等在线检测、输油输气管道导波检测、钢轨检测等。基于 EMAR 技术，还可实现对高强螺栓的工作应力及其他零件的残余应力进行检测，在工程构件疲劳状态和蠕变损伤等评价方面，有较好的应用前景。

我国电磁超声检测技术的研究和开发始于 20 世纪 60 年代。北京钢铁研究总院开辟了用电磁声换能器产生兰姆波来检测钢板中缺陷的研究，以后一直致力于板材和管件的电磁超声检测技术研究和相应地开发出可应用于火车轮的动态检查和一些工业应用的仪器和设备产品。21 世纪初以来，电磁超声检测技术逐渐得到广泛的重视。航天工业总公司第二研究院、营口市北方检测设备有限公司等相继开发出可应用于锻件、钢棒、钢板、钢管等的在线自动化检测产品。近年来，武汉中科创新技术股份有限公司推出了全面数字化的自动化电磁超声兰姆波检测设备，他们和汕头超声电子集团公司等还先后推出了电磁超声的测厚仪器。清华大学、中科院声学所、天津大学、华中科技大学、哈尔滨工业大学等科研教学单位也在电磁超声领域开展了一系列的研究。

## 2.8　脉冲涡流热成像检测技术

### 2.8.1　脉冲涡流热成像检测技术的原理

脉冲涡流热成像检测技术（Eddy Current Pulsed Thermography，ECPT）是一种应用脉冲涡流为热源的涡流热成像检测技术。涡流热成像检测技术是建立在电磁场与试样物体相互作用的基础之上的一种红外热成像无损检测技术，它应用外加的电磁场通过电磁感应在试样中产生涡流作为热源使被检试样的温度发生变化。然而，涡流的作用不仅仅是作为热源，而且它还同时与试样以及缺陷发生相互作用，从而使电磁感应热源是一个与缺陷相关的热源。涡流与试样以及缺陷的相互作用通常是加强了红外热成像检测的检测能力，尤其是加强了对表面及其亚表面缺陷的检测能力。脉冲涡流热成像检测技术是一种交叉学科技术。

红外热成像检测技术借助红外热像仪对被检试样表面的温度场及其温度场随时间的演变记录下来，进行热成像。由热传导定律可知，导体表面的温度分布可以反映导体的性质、状态及缺陷情况。通过对热像图进行处理，进行定性与定量分析和实施多种有效的数据处理，从而确定试样表面和试样内部的缺陷类型、大小、深度等特征，实现缺陷的识别、分类、定量检测等。根据是否需要外部激励源，红外热成像技术可分为被动式热成像技术和主动式热成像技术。脉冲涡流热成像检测技术是一种主动式红外热成像无损检测技术，应用广泛。为确保不损害被检对象或不影响被检对象的使用性能，对施加的交变电磁场的功率峰值需要给以适当的限制。

图 2-14 所示为脉冲涡流热成像技术检测框图。基于电磁学中的涡流现象与焦耳热现象，高频感应器产生脉冲电流输入激励线圈；置于激励附近的导电的被测试件由于电磁感应产生感应电流——脉冲涡流；脉冲涡流产生的热量使被测试件表面温度场发生变化；由红外热像仪按时序记录试件表面温度场的热图像。产生脉冲电流和记录热图像的工作过程由控制单元来控制。当试件的被检测区域的表面及其亚表面中存在缺陷时，因为缺陷的参数与导体本身存在差异，将改变感生涡流在导体中的分布，使涡流密度在缺陷区域发生不均匀分布，部分地区涡流密度增大，部分地区涡流密度减小，试件表面温度场将伴随着出现"热区"和"冷区"的不均匀分布。被检试件缺陷附近的涡流分布与局部温升示意图如图 2-15 所示。因此，脉冲涡流热源与闪光灯等的均匀加热的热源不同，它具有将试件表面缺陷强调突出的功能，十分有利于试件表层缺陷的检测。然而，试件中埋藏较深的缺陷，将会遵循热传导的规律影响试件的表面温度场。因此，对于埋藏较深的缺陷的检测，与一般的红外热成像技术相同。

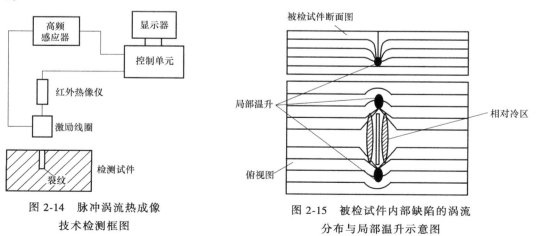

图 2-14　脉冲涡流热成像
技术检测框图

图 2-15　被检试件内部缺陷的涡流
分布与局部温升示意图

脉冲涡流热成像的感应加热过程同时涉及涡流场和温度场两个物理场，材料的物理特性对感应加热效应影响十分显著。实际材料的电磁特性、热特性等参数千差万别，导致不同材料感应加热的效果相差很大。对于不同材料参数在感应加热时裂纹附近的涡流场和温度场分布规律及其产生的原因需要进一步深入研究，以便于对实际检测中出现的各种现象进行合理解释。

## 2.8.2 脉冲涡流热成像检测技术的应用与特点

### 1. 脉冲涡流热成像检测技术的应用

脉冲涡流热成像检测是一种建立在电磁场和温度场基础上的检测试样的质量、内部状态、结构及缺陷的方法。与常规无损检测方法相比，它具有非直接接触测量、无需耦合剂、灵敏度高、反应速度快、信号处理速度快、检测面积大、检测结果直观和准确等特点，非常适合现场、外场以及在线在役检测。脉冲涡流热成像检测技术尤其适合导电材料的表面裂纹及亚表面缺陷的检测。

脉冲涡流热成像检测技术能够在较短时间内检测出较大面积的试件的缺陷，已成为近年来研究的热点。由于具有不受提离及边缘效应影响，同时兼具涡流检测和脉冲热成像检测的优点，脉冲涡流热成像检测技术一经提出，便被作为复杂构件缺陷的一种潜在的可视化绿色无污染无损检测手段，受到了广泛关注，目前它已被成功应用于碳纤维复合材料、发动机叶片、铁轨等无损检测。

### 2. 脉冲涡流热成像检测技术的特点

（1）优点 配置了现代集成系统的脉冲涡流红外热成像技术提供了一种快速、可靠的、整体的检测方法。该技术具有下列优点：

1）非接触，无需耦合剂。

2）快速，实时。

3）视场大，检测面积广。

4）定量。

5）配置了现代集成系统，简单适用。

6）已经有商品化系统，包括适用于大机身部件的扫描系统等。

7）通过综合的数据处理可以显著提高信噪比。

8）已经有可将处理过的图像拼接的软件，如马赛克软件（MOSAIC）。

9）对曲面的容忍度高。

10）对多种类型的缺陷都灵敏，例如对分层、脱胶、冲击损伤和夹杂物灵敏度特别好。

11）不需要复杂的扫描装置。

（2）缺点 脉冲涡流热成像检测技术的一些局限性体现如下：

1）大小/深度的探测能力是有限的。

2）热扩散限制了光学分辨率，图像随时间增长变模糊。

3）如果试样太厚则可能不能检测深层缺陷。

4）反差的来源可能会引起人为偏差，反差源包括表面发射率、反射特性、非均匀加热和坏像素。

5）检测缺陷的灵敏度随缺陷深度增加而减小，最小可检测的缺陷大小约等于深度。最佳的灵敏度发生在近表面。

6）需要昂贵的快速响应的热成像照相机。

7）可能很难对夹层结构的远端蒙皮的缺陷成像。

8）对于需要成像的表面，必须有一个通达的热路径。试样的内外层结构可能会影响热流。附件可能会影响探测能力。

9）整体设备昂贵。

### 2.8.3 脉冲涡流热成像检测技术在国内外的发展情况

涡流检测技术与红外热成像检测技术相融合，产生了涡流热成像检测技术，实现了可视化，提高了检测速度。采用脉冲涡流，进一步缩短了加热时间，提高了峰值功率，使检测灵敏度和检测分辨率都有大幅度的提高。脉冲涡流热成像检测加热功率大，热量集中在缺陷处，增加了缺陷和非缺陷区域的温度对比，提高了信噪比，提高了微小缺陷检测灵敏度，已突破 0.1mm 微裂纹的精确检测，并且不受复杂形态试样的影响。可根据检测需求调整线圈激励方向，以多维方式研究缺陷尺寸与状态。英国纽卡斯尔大学开发的脉冲涡流热成像由巴斯大学试验证明优于激光热成像、超声锁相热成像，特别适用于滚动接触疲劳及自然多裂纹的测试和评价。德国无损检测研究院对涡流热成像无损检测技术进行了一系列的理论研究，该研究院还与西门子能源公司（Siemens Energy）和西门子股份公司（Siemens AG）等合作，对涡轮叶片中的裂纹进行检测。德国 MTU 航空发动机（MTU Aero Engines）公司开发了一套涡流热成像检测系统，该系统用于检测金属压缩机叶片的表面裂纹。奥地利莱奥本（Leoben）矿业大学对涡流脉冲热成像检测技术进行了研究，提出了铁磁性材料表面加热的半解析模型，采用有限元方法重点分析了不同金属材料中缺陷尺寸对检测结果的影响，并对杆索钢构件中的裂纹缺陷进行了检测评估。加拿大拉瓦尔大学（Laval University）研制了一套集成涡流无损检测和涡流热成像检测技术的系统，对铝合金蜂窝结构中的缺陷进行了检测。德国斯图加特大学（University of Stuttgart）和德累斯顿工业大学（Dresden University of Technology）对涡流锁相热成像开展了研究，将高频激励电流与低频锁相信号进行幅度调制，采用热像仪获得被检物体表面周期变化的温度信号，通过傅里叶变换得到温度信号的幅值和相位信号，进一步获取材料的内部检测信息。

目前脉冲涡流热成像检测技术的发展研究主要表现在：①金属材料的涡流热成像检测理论和方法研究；②碳纤维复合材料（CFRP）的涡流热成像检测方法研究，法国南斯大学的学者以 CFRP 为检测对象，建立了三维有限元模型，考虑了不同纤维走向引起的各向异性和不均匀性等因素，为损伤的定量评估提供了指导；③不同激励模式的涡流热成像检测技术研究，如德国斯图加特大学的里格特（G. Riegert）提出了涡流锁相热成像检测技术；④瞬态信号处理方法和图像处理方法研究；⑤涡流热成像检测系统和仪器的研发，德国无损检测研究院开发了静止式涡流热成像检测系统，主要用于叶片表面裂纹的检测。法国南斯大学和英国纽卡斯尔大学都开发了检测方式下的脉冲涡流热成像检测系统，用于 CFRP 构件的检测试验。加拿大拉瓦尔大学研制了一套涡流和涡流热成像的集成检测系统，用于 CFRP 与蜂窝结构三明治构件的检测。德国无损检测研究院开发了动态的涡流热成像检测系统，用于铁轨在线检测。

国内对脉冲涡流热成像技术的研究基本处于起步状态。南京航空航天大学与英国纽卡斯尔大学的学者合作搭建了涡流热成像检测系统，并对 CFRP 中的分层损伤进行了检测，结果表明他们的系统可以检测出深度在 1mm 以内的分层缺陷，同时还将该技术用于铁路钢轨滚动接触疲劳裂纹的检测，能实现自然多裂纹的快速高分辨率可视化成像。国防科学技术大学的学者对脉冲涡流热成像检测技术进行了理论和仿真研究。四川大学的学者研究了金属试件边缘区域裂纹的检测问题。重庆大学的学者研究了检测信号的参数提取问题。电子科技大学的学者研究了脉冲涡流热成像的物理机理并建立数学-物理模型，通过多维信息融合的方式对缺陷进行检测。便携式电磁热成像的研发，无损定量评估与多模态成像及相关应用的推广，以及挑战性缺陷检测的突破包括疲劳和接触微裂纹等。

## 2.9 其他电磁检测技术

电磁技术是十分强大的。有许多十分成熟的电磁检测技术，还有电磁检测新技术正在发展壮大中，也有许多电磁检测新技术在不断地诞生，更有许多潜在的电磁检测新技术在孕育着。本节列举一些发展中的电磁检测新技术，它们有着各自特殊的应用背景，它们的成熟程度也不尽相同，然而它们可能在电磁无损检测集成技术中成为重要的一员，发挥一些特殊的作用，而且很多新技术本身就是集成了多种无损检测技术的集成技术。

### 2.9.1 交流磁场检测技术

#### 1. 交流磁场检测技术的原理

交流磁场检测技术（Alternating Current Field Measurement，ACFM）是一种在涡流检测和漏磁检测基础上发展起来的新兴的无损检测技术。交流磁场检测技术通过检测由裂纹引起的工件表面磁场扰动来实现无损检测，用于对金属构件损伤的早期评定。20 世纪 80 年代，英国伦敦大学建立了金属表面的磁场模型，宣告了 ACFM 的诞生。ACFM 用于替代交流电压降（Alternating Current Potential Drop，ACPD）技术。ACPD 技术基于金属表面的电场模型。

ACFM 的基本原理是基于待测工件表面和近表面的缺陷会导致感应磁场发生畸变的现象。图 2-16 所示为 ACFM 的原理。设置直角坐标系，取原点在导体表面的裂纹中心处，$x$ 轴在试件表面内沿裂纹方向，$y$ 轴在试件表面内且垂直于裂纹方向，$z$ 轴垂直于试件表面并指向外部。当无裂纹存在时，令感应探头在待测试件表面感应出均匀的电流。感应电流彼此平行。感应磁场的磁感应强度 $B$ 只有磁场分量 $B_x$，而分量 $B_y$ 和 $B_z$ 都等于零。当试件中存在裂纹时，由于缺陷电阻大，感应电流在缺陷的两边和底部绕过，不再彼此平行。感应电流在试件表面外感应出的磁场也随之改变。在裂纹区域，分量 $B_x$ 出现一个宽凹陷区，分量 $B_z$ 和分量 $B_y$ 出

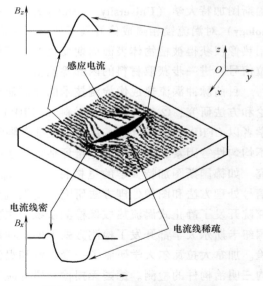

图 2-16 交流磁场检测技术的原理

现高幅值波峰和波谷。将探头沿裂纹方向扫描，测量 $B_x$ 分量和 $B_z$ 分量即可判定缺陷的存在与否并可确定其尺寸。通常不测量 $B_y$，因为该分量较小。

**2. 交流磁场检测技术的应用与特点**

（1）交流磁场检测技术（ACFM）的应用　ACFM 最早应用在近海石油工程领域，目前，ACFM 已得到世界主要权威认证机构（如 Lloyds、DNV、BV 和 ABS 等）的认证，用于海洋石油平台水下检测。除此之外，ACFM 已经广泛应用于各行各业的各种检测场合中，其中包括大型工程金属结构物和螺纹裂纹的检测以及体积型缺陷的检测。

各类重型起重设备、石油炼化设备、电视塔、桥梁等大型钢铁结构设备在服役过程中，经常同时受到高温、疲劳、应力集中、氢腐蚀等因素的作用，其焊接部位易产生裂纹。在工件的螺纹处不允许存在裂纹，在出厂前必须对螺纹进行检测。ACFM 在大型工程金属结构物的检测方面应用广泛。1996 年，英国石油公司（BP）、荷兰皇家壳牌集团（Shell）、英国天然气公司（British Gas）等已经生产出 ACFM 自动螺纹检测系统。

ACFM 不仅可检测裂纹，也适用于检测体积缺陷。另外，ACFM 不仅能够检测外表面的裂纹和腐蚀坑，还能检测管道内壁的缺陷，管壁最大检测厚度可达 10mm，此时探头放置在管子的外面。有报道指出这种检测方式检测到的裂纹深度可达 0.45~5mm，腐蚀坑的直径为 0.05mm。

（2）交流磁场检测技术的特点　交流磁场检测技术是一种新型的电磁无损检测技术，是近年来无损检测技术领域所取得的重要技术进展。该技术有如下突出优点：

1）非接触检测，无须清理或只需少许清理被测表面的油漆、涂层和杂质覆盖物。

2）裂纹缺陷的检测定性、定量一次完成，检测速度快、精度高。

3）理论上数学模型精确，不需检测前做标定工作。

4）探头精心设计，可使信号对材料磁导率和探头与工件间距变化不敏感。

## 2.9.2　直流电位检测技术

**1. 直流电位检测技术的原理**

直流电位检测技术（Direct Current Potential Drop，DCPD）是一种测量表面裂纹深度的电磁检测方法。它是能够直接测量缺陷深度的少数方法之一。在试样表面的两点施加恒定电流，以在试样中产生恒定的电场。该电场分布是试样几何尺寸、裂纹尺寸的函数。测量电场在裂纹面两侧的电位差，利用裂纹面两侧的电位差与裂纹深度之间的函数关系，可将所测量的电位差值转换成等效的裂纹深度。直流电位检测技术常常作为疲劳试验的监测手段。在疲劳试验过程中，随着裂纹的扩展，导致电流导通截面不断缩小，电阻不断增加，恒定电流的电场在裂纹面两侧的电位差将随着裂纹尺寸的增加而增加。监测这个电位差就可以监测裂纹的扩展。

应用四点探针的直流电位检测裂纹深度如图 2-17 所示，四个等间距的点电极排成一列，电极间距为 $A$。两根外侧电极为电流电极，两个中间电极为电位电极。使一个固定值电流通过电流电极，再测量电位电极的电位差值。

对于试件的无裂纹区，可以测得电位差值为 $V_n$；在保持电流值 $I$ 恒定的条件下，当试件表面裂纹处于两电位电极之间时，测得的电位差值为 $V_c$；裂纹深度 $D$ 的计算公式为

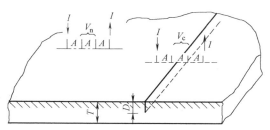

图 2-17　直流电位检测裂纹深度

$$D = \frac{A}{2}\left(\frac{V_c}{V_n} - 1\right) \tag{2-16}$$

试验表明，当 $A>D$ 时，按式（2-16）计算可得到较好的结果。当 $A<D$ 时，由于电流流通情况甚为复杂，$D$ 与 $V_c/V_n$ 的关系可由试验确定。测前对裂纹的成因和形态多做分析是至关重要的。

**2. 直流电位检测技术的应用与特点**

提出测量疲劳裂纹深度的直流电位检测技术，最早可见的文献是约翰逊（Johnson）于1965年发表的论文。除了直流电位检测技术以外，还有交流电位检测技术。交流电位检测技术给试样施加交流电流。通常，交流电位检测技术施加的交流电流比较小（约 1A），而直流电位检测技术施加的直流电流比较大（约 30A）。直流电位检测技术和交流电位检测技术各有自己的特点。

（1）直流电位检测技术的应用　直流电位检测技术仅需从试件的一侧进行测量而不受背面条件的限制，操作方便，适用于一切导电试件。电位检测技术需要试件的电阻率均一且各向同性，对于大多数金属材料，此条件是可以满足的。对于裂纹深度，直流电位检测技术是一种非常有用的且常为唯一的方法，如在大直径管内壁周向裂纹深度和结构钢表面硬化层深度测量上都有很好的应用。

直流电位检测技术由于没有趋肤效应，其激励电流可以进入材料内部，在缺陷部位形成扰动，有望成为检测泡沫金属内大孔缺陷的有效方法。

（2）直流电位检测技术的特点　直流电位检测技术最重要的优点是不受磁导率的影响。此外，虽然必须考虑裂纹几何形状的影响，但对很多常见几何形状的裂纹已获得了分析结果，可比较容易将所观测到的电位换算成裂纹深度。采用直流电位检测技术所测裂纹深度范围可至 120mm，测量不确定度可小于 10%，因此在进行疲劳或应力腐蚀裂纹的实验室测量时，趋向采用直流电位检测技术。

直流电位检测技术的缺点是测量要求用大的电流（可高至数十安培），并会受热电效应和接触电位效应的干扰。为避免接触电位效应的干扰，应采用与受检测试件相同的材料制造的电极。此外，凹凸不平的裂纹侧壁可能造成开裂面发生部分的金属/金属接触，导致电流横过开裂面短路，从而引起对裂纹深度低估。该效应可以通过施加张应力打开裂纹避免或减弱。另外，裂纹表面往往很快形成氧化物，氧化物通常会阻止开裂面发生接触。

## 2.9.3 磁光成像检测技术

**1. 磁光成像检测技术的原理**

磁光成像检测技术（Magneto-Optic Imaging，MOI）又称为磁光/涡流成像检测技术。它是正在迅速发展中的一种使用光学手段显示涡流磁场的新兴无损检测技术。磁光成像检测技术是建立在法拉第电磁感应原理和法拉第磁光效应基础上的一种无损检测新技术。它是集成了磁光成像技术和涡流检测技术的综合技术。

磁光成像技术是近年来发展起来的一种显示磁场分布的新技术，显示结果是光学图像形式的。因此，磁光成像技术是一种可视化的技术。磁光成像技术基于法拉第磁光效应。法拉第磁光效应也称为磁致旋光效应。当线偏振光在透明介质中传播时，若在平行于光的传播方向上加一强磁场，则光的偏振振动方向将发生旋转，旋转角度 $\psi$ 与磁感应强度 $B$ 和光穿越

介质的长度 $l$ 的乘积成正比，即 $\psi = VBl$，比例系数 $V$ 称为费尔德（Verdet）常数。费尔德常数与介质性质及光波频率和温度有关。偏振面的旋转方向取决于介质性质和磁场方向，而与光的传播方向无关。称具有法拉第磁致旋光特性的介质为磁致旋光介质。

　　应用磁致旋光介质可以做成磁光传感器，其工作原理如图 2-18 所示。磁光传感器的检偏器透光轴方向与起偏器透光轴方向平行一致。一个磁致旋光介质放置于检偏器与起偏器之间。光源发出的光经过起偏器后变成按起偏器透光轴方向偏振的线偏振光。当没有施加磁场时，起偏器透射的线偏振光将全部通过检偏器。当在磁致旋光介质上施加平行于光传播方向的磁场后，透过磁致旋光介质的线偏振光的偏振平面将旋转一个角度 $\psi$。因为只有与检偏器透光轴方向平行的光分量才能通过检偏器，此时通过检偏器的光强度将会减弱。因此，从检偏器透射的光强将是磁感应强度 $B$ 的函数。磁光传感器将磁场的强弱转换成光强的强弱。如此，磁光传感器将磁感应强度 $B$ 的变化转换成了光强度的变化。因此，应用磁光传感器可以将磁场强弱的空间分布转换成一幅可视的图像，此即磁光成像技术。

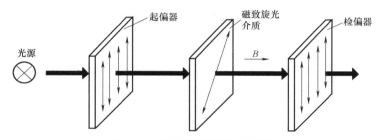

图 2-18　磁光传感器的工作原理

　　在当前使用的仪器或装置中，起偏器、检偏器和磁致旋光介质三者的相互距离都比较远，因此通常只称磁致旋光介质为磁光传感器。另外，利用法拉第磁光效应的不可逆性，往往采用反射式布置，即将检偏器和起偏器放置于磁致旋光介质的同一侧，并使线性偏振光在通过磁致旋光介质后，反射回磁致旋光介质，从而使线性偏振光两次通过磁致旋光介质，提高了磁致旋光介质的利用率。

　　涡流所产生的磁场可以分解为平行于试样表面的分量和垂直于试样表面的分量。采用磁光成像技术来检测涡流磁场的垂直于试样表面的分量，从而实现对于被测导电试件的检测任务，这就是磁光成像检测技术。

　　需要指出的是，"磁光成像检测技术"与"磁光成像技术"只差"检测"两个字，因此很容易被混淆。由于"磁光成像检测技术"是磁光成像技术与涡流检测技术的集成，因此，将"磁光成像检测技术"称为"磁光/涡流成像检测技术"更为合理些。尽管如此，"磁光成像检测技术"已经被许多人应用。在本书中，将同等使用"磁光成像检测技术"和"磁光/涡流成像检测技术"这两个名词。

　　为了在空间感应出比较强的垂直于被测试件表面的磁场，需要在被测试件的被测区域内产生均匀分布的层状电涡流。试样中的典型缺陷（如飞机表面两个铝层的紧固件下面的裂纹）对涡流磁场的垂直于试件表面的分量能够造成相当显著的变化。采用磁光传感器将磁场的这种变化转换成光强度的变化，实现对试件的表面或亚表面缺陷实时成像。磁光/涡流成像检测的结果可以在显示器屏幕上实时地直观地显示出裂纹和腐蚀等缺陷的图像。

**2. 磁光成像检测技术的应用与特点**

（1）磁光成像检测技术的应用　常规涡流检测技术可以有效地发现缺陷，但所显示的检测结果并不直观。磁光成像检测技术是一种新兴的电磁涡流无损检测方法，可实现对表面和亚表面细小缺陷的可视化无损检测。该项技术能够实时地、直观地显示出裂纹和腐蚀等缺陷的图像，很适合飞机表面的现场检测。目前，磁光成像检测技术主要用于检查飞机机翼大梁、桁条与机身框架连接部位紧固件孔（螺栓孔和铆钉孔）周围产生的疲劳裂纹、铝蒙皮铆接处的裂纹及蒙皮的损伤等。该检测技术特别适用于被检面积大（如飞机机身铝组件、钢和钛合金铝结构）的表层及亚表层缺陷检测，可实现微纳米级精度的测量。磁光成像技术检测频率范围为 1.6~100kHz，使用高频时，可检测和成像飞机铝蒙皮下铆钉附近的小的疲劳裂纹；使用低频时，可检测和成像深层裂纹和腐蚀。对于老旧飞机腐蚀状况的检测，可检深度为 0.4~3.0mm。

除了飞机上的硬铝合金、钛合金、高强度结构钢等构件的检测，磁光成像检测技术也可用于碳纤维复合材料以及为防闪电而埋设了铜丝或铝丝网的复合材料的检测。

（2）磁光成像检测技术的特点　磁光成像检测技术采用磁光传感元件取代了测量线圈，将涡流磁场的变化转化为"明"或"暗"的缺陷图形，实现了对表面和亚表面细小缺陷的可视化无损检测，使涡流无损检测技术获得新的改进。磁光成像检测技术具有如下特点：

1）检测结果图像化，图像显示实时。

2）检测准确度高。

3）检测效率高，大大降低了检测人员的劳动强度。

4）检测面积大。

5）检测结果不受小提离距离影响，不需要对表面覆层进行清除。

6）对表面及亚表面缺陷进行成像的清晰度主要取决于涡流的渗透深度，缺陷深度越深成像结果越不清晰。

## 2.9.4　巴克豪森检测技术

**1. 巴克豪森检测技术的原理**

巴克豪森检测技术又称为磁巴克豪森噪声（Magnetic Barkhausen Noise，MBN）检测技术，是基于巴克豪森效应（Barkhausen effect）的一种非常规的电磁无损检测技术。巴克豪森检测技术可实现对铁磁性材料早期性能退化及微损伤的检测和评估。

巴克豪森效应是德国物理学家巴克豪森（Barkhausen）于 1919 年发现的，是指铁磁性材料在磁化过程中磁畴壁发生跳跃式的不可逆位移过程。该现象又称为巴克豪森跳变（Barkhausen jump）。磁畴壁的不可逆和不连续位移在试样表面的接收线圈中会产生电压脉冲，称为巴克豪森噪声，也称为磁噪声。巴克豪森噪声就是巴克豪森检测技术所利用的信号。

将一导体线圈置于材料表面，并对材料施加一交变磁化场，则材料磁畴壁的不可逆跳跃将在线圈内感应一系列电压脉冲信号。

依磁畴壁两边畴与磁化方向所形成的角度，可分为 180°畴壁和 90°畴壁。180°畴壁的不可逆跳跃产生的磁通变化最大，MBN 信号也最强，而 90°畴壁的不可逆跳跃和磁畴转动则产生较弱的 MBN 信号。

**2. 巴克豪森检测技术的应用与特点**

（1）巴克豪森检测技术的应用　国际上对于巴克豪森磁噪声效应的研究及应用主要集中在应力检测、疲劳状态分析、硬度检测、微观组织分析、晶粒度测量及表面热处理工艺评价等方面。其应用主要有以下几方面：

1）检测钢铁材料和构件的残余应力，如焊接、热处理、使用变形等引起的残余应力。

2）检测钢铁材料显微组织的变化，如淬火、回火、渗碳、渗氮等各热处理过程导致的组织结构、硬度的变化，判断热处理缺陷，检测硬度及硬化层深度、钢种分选等。

3）检测应力和显微组织变化相联系的综合效应，典型应用如材料表面的热处理缺陷、机加工磨削灼伤缺陷、材料疲劳的软化和硬化以及疲劳寿命的预测等。

应力检测方法通常有 X 射线衍射法、超声波法、盲孔法和新近发展的磁巴克豪森法和磁弹性法。磁巴克豪森法与常规的 X 射线法比较，两者检测结果有很好的相关性。表 2-3 将 X 射线法、巴克豪森法和盲孔法进行了比较，由此可见巴克豪森法有其独特优点。需要指出的是，这三种方法由于评估的面积、深度不同，检测结果彼此呈现出明显差异。尤其是当应力和显微组织沿材料截面存在梯度分布时，盲孔法检测结果与其他两种方法偏差更大些。

表 2-3　几种应力检测方法的比较

| 方法 | 原理 | 检测尺度 | 检测深度 | 检测速度 | 有损无损 |
|---|---|---|---|---|---|
| X 射线法 | 力对晶格变形 | 微观 | 微米级 | 较慢 | 有损 |
| 巴克豪森法 | 力对磁特性影响 | 宏观 | 0.01~1mm | 快 | 无损 |
| 盲孔法 | 力对宏观变形 | 宏观 | 毫米至厘米级 | 慢 | 破坏性 |

（2）巴克豪森检测技术的特点　巴克豪森噪声的频率范围为 10~100kHz。巴克豪森技术依赖于材料微观组织结构的特性进行无损检测与评估。

1）优点。巴克豪森检测技术的优点如下：

① 检测速度快、灵敏度高，对大型工件可实现快速检测。

② 检测结果客观、分析方便。

③ 仪器易携带，便于户外检测。

2）缺点。巴克豪森检测技术的局限性体现如下：

① 检测范围仅限于表面层（<1mm）。

② 材料厚度对检测结果有影响，因此需要将不同厚度的材料检测结果进行对比校准。

③ 检测方法依赖多个微参量，一个因素的变化很可能被其他因素的变化掩盖。

## 2.9.5　磁声发射检测技术

**1. 磁声发射检测技术的原理**

磁声发射检测技术是基于磁致声发射（Magnetomechanical Acoustic Emission，MAE）的一种非常规的电磁无损检测技术。磁致声发射有两个来源：一个是磁化时磁畴的巴克豪森跳跃，另一个是因磁致伸缩效应，伴随巴氏跳跃磁畴有体积应变。

巴克豪森跳跃产生磁致声发射仍然是由于磁畴的运动。铁磁材料磁化过程中磁畴的不可逆运动，除了产生巴克豪森噪声外，同时还激发一系列弹性波脉冲，该弹性波类似于机械声发射，称为磁致声发射。

磁致伸缩效应导致磁畴的体积应变，体积应变以弹性波的形式释放出形变能因此产生MAE。铁磁材料磁化时沿磁化方向发生伸长或缩短，称为磁致伸缩。单位长度材料的伸长量 $\lambda$ 称为磁致伸缩系数。若 $\lambda>0$，则称为正磁致伸缩，例如钢铁材料的磁化；若 $\lambda<0$，则称为负磁致伸缩，例如镍等材料的磁化。单晶体的磁致伸缩系数是各向异性的，磁致伸缩系数最大的方向称为易磁化轴方向。

以磁化方向作为方向的基准，MAE 来源于 90°畴壁的不可逆跳跃和磁畴的不可逆转动；另外，磁畴转动磁化时，也产生体积压缩。因此伴随巴克豪森跳跃它们都产生体积应变。体积应变将以弹性波的形式释放出形变能，这就是 MAE。而 180°畴壁的不可逆跳跃不产生 MAE。

**2. 磁声发射检测技术的应用与特点**

（1）磁声发射检测技术的应用　磁声发射与磁巴克豪森噪声是密切联系的两种现象。与巴克豪森效应相比，磁声发射现象的发现历史较短，它是美国科学家罗德（Lord）在1975 年发现的，他观察到镍在磁化期间会发射超声波信号，且信号的强弱与外加磁场的大小密切相关。后续研究发现，其他一些材料也有很强的磁声发射行为，并且材料的化学成分、显微组织、应力状态等对磁声发射行为有很大影响。MAE 目前主要应用于残余应力和材料显微组织结构的检测。磁声发射信号的频率范围为 20kHz~1MHz。可以相信，磁声发射能够发展为评定材质、热处理质量及应力大小的无损检测方法，尤其在大型结构整体热处理的检测、大型容器材质的均匀性检测、关键产品在役检测方面都会有广泛的应用前景。

1）残余应力的检测。MAE 可对不少零件和构件的残余应力进行无损检测，如焊接件压力容器、火车车轮等；军用设备如战车、炮筒、炮壳、导弹等热处理残余应力等。材料疲劳过程中通过 MAE 技术监测残余应力的变化，可预测材料的疲劳寿命。

2）硬度的检测。MAE 随材料硬度的增大而减小。由试验确定某种材料的硬度与 MAE 的关系曲线，即可依此评估该材料的硬度大小及其变化。

3）热处理和冷加工质量评判。随材料热处理和冷加工工艺的不同，MAE 有明显的变化，可依此判断热处理程度和质量。

4）晶粒度的检测。MAE 对材料的晶粒度颇为敏感，可以用于材料的评估。

由于 MAE 技术发展历史较短，上述所列的应用尚需要完善，许多新的应用领域尚待开发。

（2）磁声发射检测技术的特点

1）优点。与传统的无损检测技术相比，MAE 检测技术具有如下优势：

① 检测灵敏度高。

② 与其他应力检测方法相比，MAE 检测深度大（可达十几毫米），MBN 的检测深度在0.1mm 左右，而常用的 X 射线衍射法测量深度仅在 20μm 左右。因此，MAE 的检测深度比MBN 和 X 射线衍射法的检测深度大得多。

③ 可对整个结构进行评价。

④ 可对缺陷准确定位，可实现动态无损检测。

⑤ 检测设备简单、使用方便。

2）缺点。基于大量的试验研究结果可看出，磁声发射检测技术具有巨大的发展潜力，但无论在理论研究还是实际应用方面，都有不少问题有待于进一步研究和总结，具体问题如下：

①在外磁场一定的条件下，MAE 信号受到钢的显微组织、成分（碳含量等）、热处理状态以及所处的应力状态等许多因素的影响。

② MAE 的测量精度受磁化场强度限制，还受试样磁化区域体积限制。

③ MAE 测量有明显的尺寸效应，测量结果与材料的形状和尺寸有关。

④在高的拉应力下灵敏度下降，确定应力的正负也比较麻烦。

⑤磁声发射特性的现有研究主要集中在中、低碳钢材料上，对高强度、高合金钢的磁声发射特性研究还处于空白。

# 第 3 章　电磁无损检测集成技术的实现

## 3.1　概述

无损检测技术是随着科学技术的发展和社会生活需求而诞生的一门综合性学科。它是先进科学技术的综合应用与集锦，涉及电磁学、声学、光学、基础物理学以及电子电路、计算机通信、自动控制、机电一体化等多个学科门类。在航空航天、石油化工、冶金工业以及核能军工等诸多领域都已经有了成功的应用。因此可以说，无损检测技术极大地促进了现代工业以至整个经济的发展。在某种意义上，无损检测技术可以作为衡量一个国家经济发展水平和工业技术先进程度的重要标志。作为现代工业基础技术之一的无损检测技术，在工程质量保障、产品品质保证、设施装备维保等领域发挥了越来越重要的作用，已经得到了业界普遍认同的"质量卫士"的美誉。

无损检测作为质量检测技术与质量控制方法已经成为现代工业发展的重要组成部分。目前，在我国的无损检测行业，很大程度上仍依赖于人工单点检测获取产品的质量信息。传统无损检测方法的整个过程费时费力，且无法避免人为因素的影响，即使复检也可能因为某因素产生不确定性，从而影响设备和试件检测结果的准确度，容易出现漏检和误检，不能确保设备的安全运行。随着国民经济的发展和工业水平的提高，为满足铁路、电力、航空大型设备的运行安全的重大需求，国家更加重视对质量的监控，检测量逐年增加，研发无损检测集成检测系统及设备，以及提高检测精度和效率势在必行。

常规无损检测技术分为超声检测、射线检测、磁粉检测、涡流检测、渗透检测和目视检测等方法。每一种检测方法都有各自不同的检测原理，对应不同的特点，都存在检测的局限性。例如，超声检测是应用最广泛的无损检测技术之一，可对金属、非金属和复合材料等多种构件的内部连续性进行无损评价，对人体及环境无害，可做现场检测。其应用的局限性是需要耦合剂、存在检测盲区、难以对表面缺陷进行检测，表面粗糙的构件必须预先进行处理，对于不光滑表面又无法进行处理的试件检测效果不佳等。射线检测技术适用于各种材料的检验，对被测试件表面和结构没有特殊要求，可应用于各种产品的检验，但是对面积型缺陷（如裂缝）的检测灵敏度低，而且射线检测成本高，对人体有伤害。涡流检测技术的优点是检测速度快，检测线圈与试件可不直接接触，无需耦合剂，但涡流检测只局限于导电材料，只能检测表面及近表面的缺陷，对形状复杂的试件难以检测。磁粉检测的优点是能直观显示缺陷的形状、位置、大小，并可大致确定其性质，具有较高的灵敏度，几乎不受试件大小和形状的限制，检测速度快，工艺简单，费用低廉等，其局限性是只能用于铁磁性材料，只能发现表面和近表面缺陷，可探测的深度一般为 $1\sim2\text{mm}$，检测后常需要退磁和清洗等。渗透检测法的优点是不受被测试件几何形状、尺寸大小、化学成分和内部组织结构的限制，一次操作可以同时检测开口于表面的所有缺陷，检测速度快，其局限性是只能检测出试件表面开口的缺陷，不能显示缺陷的深度及缺陷内部的形状和大小，无法或难以检测多孔的材料，表面粗糙时，也会使试件表面的本底颜色或荧光底色增大，以致掩盖了细小的、分散的缺陷。目视检测通过肉眼目视观察检查来实现对缺陷的定性和定量检测。目视定量检测往往还需要借助某些计量工具。目视检测极为简单，成本低廉，检测结果直接；但目视检测的准确性和可靠性较差，而且对检查人员的经验的依赖很强。目视检测也常常使用照明灯、反光镜、低倍放大镜、显微镜、望远镜、内窥镜等光学器具，以提高眼睛发现缺陷和分辨缺陷的能力。现在，肉眼观察可以用 CCD 照相或视频来代替，由此避免了肉眼观察的一些缺点，并且更加有利于实现自动检测。如果用 CCD 照相或视频代替肉眼观察，同时使用计算机和人工智能来观察分析图像，就成为机器视觉检测。机器视觉检测是一项新的检测技术，该项技术在无损检测集成技术中有着重要的地位。

　　每一种无损检测方法都不是万能的，均有它自身的适用范围和优缺点。为了更好地保证被检测对象的安全性和可靠性，某些关键部件采用单一的无损检测方法检测显然是不够的，应该采用多种检测方法综合应用，相互补充。例如，超声检测和射线检测共同使用，可保证既检出平面型缺陷（如裂纹），又检出体积型缺陷（如孔隙）等。将多种检测方法结合起来实现集成，达到最佳的检测结果是有待开拓的研究领域，并且是未来无损检测技术的必然发展趋势。在本书中以讨论电磁无损检测集成技术为主，也涉及超声无损检测技术的集成和电磁技术与超声技术之间的集成，电磁无损检测方法与化学无损检测方法之间的集成。这些讨论的基本点，也适用于其他无损检测技术的集成。

## 3.2　关键技术

### 3.2.1　实现方式

#### 1. 电磁无损检测集成的基本组成

电磁无损检测集成可以分为以下 5 个方面。

　　（1）电磁无损检测集成技术的支撑系统　　电磁无损检测集成技术的支撑系统也称为电磁无损检测集成平台，是集成的重要基础。一般来说，操作系统平台、数据库平台、网络平台和服务器平台共同构建的基础支撑平台用于实现数据处理、数据传输和数据存储组织；由开发工具平台等组成的应用软件开发平台是直接为应用软件的开发提供开发工具和环境。支撑系统使不同的平台之间能够协调一致地工作，达到系统整体性能的良好。

　　（2）电磁无损检测集成技术的信息集成系统　　信息集成系统的目标是将分布在集成系统环境中的局部数据源中的信息有效地集成，实现各信息子系统间的信息共享。同时，信息集成系统还需解决数据、信息和知识（包括经验）之间的有效转换问题。

　　（3）电磁无损检测集成技术的技术集成　　技术集成是整个电磁无损检测集成系统中的核心。无论是检测功能目标及需求的实现，还是电磁无损检测集成支撑系统之间的集成，实际上都是通过各种技术之间的集成来实现的。技术集成可分为硬技术集成、软技术集成及工具集成。

　　硬技术集成的内容主要包括：计算机技术、通信网络技术、数据库技术、数据仓库技术、软件重用技术等信息技术；超声检测、射线检测、磁粉检测、涡流检测、渗透检测和目视检测等无损检测技术；机械传动技术、位置和方向控制技术、精密加工等现代机械技术；

模拟技术、预测技术、分析技术等管理技术。

软技术集成主要指电磁无损检测集成系统中的无损检测方法及其模型集成，包括系统开发方法集成和管理方法集成。如超声检测、射线检测、磁粉检测、涡流检测和渗透检测等无损检测方法；面向对象方法、结构化方法、原型方法、生命周期方法、信息工程方法、人工智能等。

工具集成是指由多个无损检测工具集合在一起的模块集，主要用于将硬技术和软技术集成为一个整体，服务于组织的无损检测管理功能。

（4）无损检测集成技术的应用功能集成　无损检测的需求决定了对集成系统功能的需求。应用功能的集成是在集成系统的整体功能目标的统一框架下，将各应用系统的功能按特定的开放协议、标准或规范集合在一起，从而成为一种一体化的多功能系统，以便互为调用、互相通信，更好地发挥无损检测集成系统的作用。

（5）无损检测相关人员的集成　无损检测集成系统必须通过相关人员的作用将多种硬件和软件技术，将各个单独的集成系统重新优化和组合，形成一个统一的综合系统。相关人员的集成在集成系统中起着关键的作用。相关人员的集成包括人与技术的集成和人机协同。集成化集成系统实质上是一个以人为主的智能化的人机综合系统，因而，无损检测相关人员的集成是集成系统建设的重要内容，也是集成系统能否成功的关键。

**2. 无损检测集成系统的关键技术**

无损检测集成系统的关键技术与实现集成的方式有关。无损检测集成的实现方式大致有以下几种方式：两种或两种以上的无损检测方法或技术的集成、一种或多种无损检测方法或技术与其他操作和控制技术的集成、应用网络技术的集成，以及应用云检测来实现集成无损检测的集成。

从电磁无损检测集成基本组成的技术的层面，其关键技术有资源共享技术、模块化技术、传感器集成技术、数据融合技术和其他辅助性技术。

当需要集成两种或两种以上的无损检测方法到一台一体化的仪器之中时，实现这些技术的资源共享的技术是最基本的关键技术。资源共享包括硬件资源共享和软件资源共享。通常，硬件资源共享包括检测信号的采集、接收、放大、整理、可视化等技术；软件资源共享包括系统操作软件、信号数据分析、数据融合综合处理等公共使用软件技术。这些共享资源是将不同的独立无损检测方法或技术实现融合的基础和关键。

集成的方式往往通过模块化方式来实现。实现模块化是无损检测集成系统的另一项关键技术。把一个复杂系统分解成相对独立的和简单的软硬件子系统，每一个子系统又分解成更简单的若干个小模块，逐层模块化分解的结构化系统设计常常是集成系统的特色。无损检测集成系统通常包括数据采集、数据分析、信号传输分配、检测计划报告、数据库管理、可视化显示等子系统，以及实现各种控制和执行的辅助功能系统。无损检测方法和技术之间的共享资源通常可以由多个模块组合成一个开放式的仪器。而被集成的无损检测方法各自独立的激励信号产生、传感与预处理，它们也往往被制成一些模块，再将这些模块结合到该开放式架构的仪器中。

尽管各种不同的无损检测方法和技术之间，都可以或多或少地找到资源共享的内容，但是在目前的技术条件下，主要考虑仪器设备的经济性，因此只有一部分无损检测方法和技术适合实施无损检测集成。比如电磁无损检测方法之间、声学无损检测方法之间、电磁无损检测方法与声学无损检测方法之间、电磁无损检测方法或声学无损检测方法与目视无损检测方法之间、电磁无损检测方法与化学无损检测方法之间等，已经实现了相当多的无损检测技术集成。随着科学技术的进步和需求的推动，越来越多种类的无损检测方法和技术将会实现集成。

对于多种无损检测方法的集成，集成的传感器也往往是重要的关键技术。集成传感器比分立传感器能够为实现同时同地的检测提供更好的保证，从而提高所获得数据的相关性和更加有利于后续的数据融合工作。集成传感器也能使检测工作更加方便和快捷。集成传感器也可能是智能传感器。将获取的测试数据实行数据融合，获取正确、可靠、多方面或全面的信息，是一项重要的关键技术，它也涉及人工智能、大数据等方面的关键技术。

在电磁无损检测集成基本组成的技术层面，其关键技术还有使无损检测目标能够更好地实现的一些先进技术，包括对传感器的多自由度运动的执行和控制技术、旋转状态下的信号传输技术、爬行器技术、复杂表面的扫描技术、恶劣环境条件下的检测技术、智能机器人技术等。这里所说的更好地实现无损检测目标，包括更准确、更可靠，更方便、更快捷，更高效、更经济地实现无损检测目标等。这些关键技术，有些技术看起来是一些辅助技术，但是它们在实现电磁无损检测集成的整体目标上是十分关键的。

对于应用网络技术来实现集成无损检测的技术，其技术关键还需增加网络化集成方面的内容。自然，具备网络连接功能的无损检测仪器和设备成为此时的基本配置，相应的制造技术和配套软件成为其中一项关键技术。建造各种适用的无损检测服务器的技术也成为一项关键技术。更加重要的关键技术是，组成一个开放式的无损检测网络化数字信息处理平台的技术。这个平台连接无损检测服务器和具备网络连接功能的无损检测仪器和设备，实现资源共享和运行检测程序，对获取的测试数据实行数据融合等综合处理。

### 3. 其他辅助性技术

建造无损检测集成系统网络化处理平台，还有以下几个必需的技术：

1）连接通道：能够在必要时对任何授权用户开放，包括长期用户（垂直归口部门和横向对口部门）以及临时用户（如临时协同机构）。

2）无损检测数据：采用某种无损检测方法获取的数据，作为无损检测集成的数据库，可以被指定的授权者使用。

3）无损检测工作流管理过程：贯穿整个工作流程管理，定义何人在何时以及何种级别访问该过程。

4）无损检测应用服务：能被开发、添加、删除、增强和以合适的方式向用户开放，可分成基本工具集和面向特殊对象的应用服务。当组织关系调整时，只需重新定义特殊对象服务的属性。

### 4. 网格技术与云技术

对于应用云检测来实现集成无损检测的技术，其关键技术还需增加与云检测集成方面的内容。云检测无损检测集成技术是在网络化集成无损检测的基础上，融合云检测来实现集成无损检测的。云技术将公共使用的软硬件共享资源构造为"云"，建立一套无损检测与评价的云服务技术平台，将检测对象、检测工艺、检测人员、检测环境、检测仪器、检测数据、检测机构、检测和评价标准、检测用户、检测专家等信息和资源海量整合与处理。应用该资源共享云服务技术平台，应用网络服务器集群的检测方式，结合传感技术、物联网技术、通信技术、计算机技术和大数据、云计算，将海量的检测数据进行存储、信号处理、评估、预测、信息反馈等，给出检测和/或评价结果，并实现检测数据的云存储和监测管理等综合处理。因此，所涉及的这些技术的关键技术，也都是云检测无损检测集成系统的关键技术之一。在我国，无损检测与评价技术两个内容已被无损检测一词所涵盖。同理，云检测也已包含了云监测的概念。

需要特别指出的是，对于网络化无损检测集成系统和云检测无损检测集成系统，由于海量数据的收集和应用，数据安全技术，包括网络安全技术、数据安全使用技术和数据安全保管技术，已成为一项极其重要的关键技术。

对于网络化无损检测集成系统和云检测无损检测集成系统的特点和要点，可以通俗地概括为五个字：检、网、库、链、理。检，是指一切无损检测技术和方法；网，是指无损检测应用网络技术，建立单位内部的、与隶属部门相关的、与业务部门相关的等各种通信平台，不仅仅是物理上的网络连接，同时应具有安全性、开放性和可扩展性；库，是指应建立相应的无损检测装备数据、各种管理数据、业务数据等信息资源库，没有数据库的支撑，没有数据的唯一性、动态性做保证，网络就成了无源之河；链，是指信息化的无损检测平台建设，以核心工作数据流为主线，以提高管理效益、反应灵敏为目标，以支持新技术应用和控制一体化为发展方向，形成各种数据流和物资流（包括人员流动）的同步；理，是指上述过程的最终分析处理。

无损检测集成关键技术中，由计算机网络、数据库以及异构对象间的互操作技术等组成的部分，这方面要严格执行标准，对于无标准可循的个别技术要在研发的同时制定暂行规范，要创造性地使用基于服务的理念，逐步向标准化方向过渡。集成技术需要以下两个技术的支持：一是信息共享模型的研究，确定各应用软件之间的信息交换与共享的元数据表示方法和结构；二是应用软件集成方法的研究，包括应用软件交互接口的定义和标准化，应用软件、硬件封装技术等，需要一些新型的应用基础软件或中间插件，如协同感知、协调控制、共享工作空间、群体决策支持、用户协商支持等。

值得注意的是，网格计算和云计算技术可以用来解决网络环境下的弱耦合分布式系统的"逻辑集成"，对于合作伙伴之间资源的灵活配置、提高系统的抗毁性和利用分散资源解决复杂问题具有独特的优势。

网格计算（grid computing）是建立在现代计算机网络、Web技术、分布式处理、并行计算基础上的网络化的分布式计算，它为在地理上分散的用户之间提供动态的、可靠的协同工作所需的软硬件支持环境。虽然目前网格还没有一个公认的定义，但其核心思想是去中心化和虚拟化，即处于网格中的资源是可协调的而不仅仅是集中控制，使用标准的、开放式的、通用目的的协议和接口，在合作伙伴之间提供安全、可靠、高质量的资源共享服务，体现了"不为我有，但为我用"。

云计算（cloud computing）是基于因特网的计算，可共享的软件、信息等资源按用户需求及权限提供到某个计算机上（这方面很像网格）。云计算具有动态可扩展和跨越因特网共享虚拟服务资源的属性。"云"状的图标在网络拓扑结构中常被表示成一个抽象的网络，可以象征一个企业、组织。因此用"云计算"来表达由一个组织提供在线的公共业务应用服务，这种服务可以通过浏览器访问，并且所有用户使用相同的单个服务访问点。大多数云计算基础设施由数据中心和可靠的递送服务器组成，并提供单点登录授权。

如果说网格计算表达了一种合作伙伴之间虚拟的资源共享思想，云计算则更体现了对外服务的提供，从商业角度说，它呈现了一种在物联网环境下，服务提供者和消费者之间新的供求方式——购买计算和信息服务，而不是购买软硬件资源。

## 3.2.2　集成系统体系结构

电磁无损检测集成系统的体系结构是组成系统各部件的结构、相互关系以及制约它们设计和随时间演进的原则和指南。简单的体系结构可用一种层次化的图形描述，是由图、文字和表等组成的集合，它抽象地定义一个系统的业务处理过程和规则、组成结构、技术框架和产品。

电磁无损检测集成系统的体系结构是一个综合复杂的问题，严格地讲，它不仅仅是技术问题，还存在着行政管理、标准制度等问题。即使单纯考虑技术因素，无损检测集成系统体系结构也涉及多方面的视角。本书作者认为，无损检测集成系统体系结构是从宏观上、战略上对集成系统的各个组成部分及其关系的描述。这里的"组成部分"包括硬件、软件、数据资源、人员、文档、规程等；"关系"包括要素的层次、布局、界限、接口等。

电磁无损检测集成系统体系结构的描述无法用一个单一的图示工具或文档工具来完成，而应该是针对体系结构的不同要素分别进行说明。电磁无损检测集成系统体系结构的要素主要包括拓扑结构、层次结构。

### 1. 拓扑结构

无损检测集成系统拓扑结构将集成系统的各个组成部分按照物理分布抽象成不同的节点，不考虑每个节点内部的硬件、软件、数据库等具体构成和模式，只考虑集成系统在外形上的结构。一般来说，无损检测集成系统的拓扑结构主要有点状、线型、星型、网状等。

（1）点状的无损检测集成系统拓扑结构　点状的无损检测集成系统拓扑结构表示集成系统的所有组成部分在物理上全部集中在一个设备上，常说的"单机版系统"等低端系统就属于这种拓扑结构。但是，需要注意的是，点状拓扑结构的集成系统，用户端软件、服务器软件以及中间件可以在同一台设备上，浏览器、Web 服务器和数据库服务器也可以在同一台设备上。同样，点状拓扑结构的集成系统并不意味着层次上的不完整，它是"麻雀虽小，五脏俱全"。

（2）线型的无损检测集成系统拓扑结构　线型的无损检测集成系统拓扑结构表示集成系统的各个节点之间相互平等，各个节点相互独立，节点之间有严格的顺序设定，一个节点有且只有一个后序节点（终止节点除外），一个节点有且只有一个前序节点（起始节点除外）。没有中心服务器的具有工作流性质的集成系统（如生产线）就属于这种结构。

（3）星型的无损检测集成系统拓扑结构　星型的无损检测集成系统拓扑结构比较常见，中等规模的电磁无损检测集成系统大部分采用这种拓扑结构。这种结构最显著的特征是它有一个中心节点。这个中心节点与星型网络拓扑中的中心节点不一样，在星型网络拓扑的中心，节点一般是交换设备，而星型集成系统拓扑结构中的中心节点是在整个集成系统中（而不仅仅是在物理分布上）处于核心地位，为其他节点提供高速计算、大容量数据存储与服务、文件共享等。它应该是计算中心，而不仅仅是网络中心，虽然这两者在很多情况下是配置在一起的。

星型拓扑结构将多个节点连接到一个中心节点，或者说从一个中心节点辐射到其他节点。中心节点有管理控制和数据处理的能力。集成系统的可靠性在很大程度上取决于中心节点的可靠性，它的故障将引起全系统的瘫痪。

在星型拓扑结构中，只能有一个数据库主机，整个系统的信息资源全部集中在这个主机内。数据库主机内有一个或多个数据库，数据库的数据采集、录入、管理、更新及维护都由数据库主机完成。星型拓扑结构是一种最简单的系统构成形式。由于全系统只有一个中心节点，因而系统构成、运行维护都非常简单。

星型拓扑结构存在一些缺点，由于整个系统中只有一个中心节点，因此，一旦主机出现故障，将导致全系统的瘫痪。由于整个系统的数据库与信息全部出自这个主机，为了向系统提供内容丰富的信息资源，主机必须采用冗余配置。

（4）网状的无损检测集成系统拓扑结构　网状的无损检测集成系统拓扑结构是目前大规模基于广域网的电磁无损检测集成系统的常用结构，它不存在单一的中心节点，当然这并不意味着不存在中心节点，它既可以没有中心节点，也可以有多个中心节点，即由多个星型结构组成。

### 2. 层次结构

下面介绍电磁无损检测集成系统的层次结构。

（1）电磁无损检测集成系统的开放结构　根据系统的服务性能，系统可以分为开放系统、专有系统和可移植的专有系统三类。

开放系统技术始于 20 世纪 80 年代至 90 年代之间，其典型代表是 ISO 提出的开放系统互连（OSI）模型。开放系统有两个最基本的特点：一是开放系统所采用的规范是与厂家无关的；二是开放系统允许用不同厂家的产品替换，这种替换包括对整个系统及其组成部件（模块）的替换。

与开放系统相对应的是专有系统。专有系统的不同之处在于它所采用的规范是专有的，而不是与厂家无关的。另外，专有系统不允许由不同厂家的产品替换。

介于开放系统和专有系统之间还有一类系统，称为可移植的专有系统。其特点是它所采用的规范有可能是与厂家无关的，而其组成部件允许具有许可证的厂家产品替换。

由此可见，开放系统是一种理想的系统，其发展和应用不再受某个厂家的限制。

通常，电磁无损检测集成系统是一种开放系统。对于在网络环境下工作的电磁无损检测集成系统，它能够让不同系统下的用户互相操作，相互利用对方的资源。在这种系统中，硬件和软件都是开放的，软件可在系统的任一节点上运行，可以移植使用。电磁无损检测集成系统往往在一个标准体系下，由互不兼容的系统组成，能为异构环境提供互操作能力，有时还允许用户根据不同工作环境的需要动态地重组系统。可以说，"开放"意味着标准化，意味着与平台无关，还意味着多种异构组分的互连、互通、互操作。

（2）电磁无损检测集成系统体系结构　无损检测系统也是一种信息系统。单个的信息系统有一个具有一般意义的层次模型，即物理层、操作系统层、工具层、数据层、功能层、业务层和用户层。

物理层由无损检测硬件及必要的通信接口组成，它是整个检测系统的物质基础，为实现系统的各种功能而进行不同的硬件配置。

操作系统层一般由操作系统组成，它支持、管理相应的无损检测软件工具，为实现某种检测功能而产生各种进程。

　　工具层由各种数据库管理系统、计算机辅助软件工程、中间件、构件等组成，它支持、管理集成系统的数据模型，并使数据模型能更好地为应用程序服务。

　　数据层由集成系统的数据模型组成，它是集成系统的核心层。所谓数据模型，就是集成系统的实体联系加上与之紧密相关的各种数据字典。针对某个具体的数据库管理系统，数据模型就具体化为检测波形、数据节点、基本列表、视图、关系、索引、主键、外键、参照完整性约束、值域、触发器、过程和其他数据。这种具体的数据模型通常被称为物理数据模型，它支持相应集成系统的特殊应用功能，即支持具体的检测功能模型。

　　功能层是集成系统功能的集合，每一项功能对应一个图标或一个窗口（也可以是内置的功能），由鼠标激活后实现具体的功能。一个集成系统的基本功能项目是有限的，但基本功能项目的排列组合是可扩充的，由此构成了集成系统的复杂业务模型。

　　业务层是集成系统的业务模型，表现为各种各样的物理层结构形式及信息流，在网络中，它表现为数据流，因为计算机只认识数据。

　　在用户层，用户通过鼠标与键盘以及传感器操作集成系统，其操作方式是面向对象而不是面向过程的，是面向窗口界面而不是面向字符界面的。因此，用户是主动操作，而不是被动操作，从而体现了用户是集成检测系统应用的主人，不是集成系统的奴隶。在用户主动操作的过程中，有限的基本功能可以支持、扩展出其他的组合功能。

　　以上所述的集成系统七层结构从宏观上初步梳理了集成系统的脉络，试图从其应用需求导入工程化的应用架构。

　　工具层、操作系统层和物理层的有机组合与合理配置，属于系统硬件与系统软件的集成，是多数集成系统商所能胜任的工作，也是集成系统中最容易做的事情。它是整个集成系统的物质基础。

### 3.2.3　检测数据

　　检测数据有两种不同的意义，即检测操作所获取的数据和用于检测考查检测操作的数据。除非特别指明，在下面的讨论中，检测数据都是指检测操作所获取的数据。

　　在后面的一种意义上，检测数据是用来确定原有的软件和程序或新编制的软件和程序的功能是否恰当、有效。它们常常是一组虚拟的数据或者是经过一个成熟正确可靠的同类程序检查确认过的真实数据，将它们作为被检查的软件和程序的输入，观察软件和程序的处理结果与预期的结果相符程度，确定被检查的软件和程序的有效程度。这样的检测数据应包括正确的数据和包含有错误的数据两类。输入正确的检测数据，检测操作必须得到正确的预期结果；而输入的是包含有错误的检测数据，检测操作必须得到不正确的或错误的预期结果。这个检测过程也常常形象地被称为对软件实施考验。考验软件在编制过程中应该不断地进行，是发现软件和程序漏洞（BUG）的有效方法。考验软件对使用中的软件和程序也应该时不时地运行以考核这些软件和程序，以防止软件和程序的失效和发现隐藏的漏洞。一些用于神经网络训练的样本、迭代程序的某些初值就是这种意义上的检测数据的例子。

　　在检测获取的数据的意义上，检测数据是指借助于一定的测量工具或一定的测量标准所获得的数据，这些数据也被称为测量数据。在本书中，测量工具就是某种无损检测仪器，测量标准就是某种无损检测标准，因而检测数据就是前面所讲的无损检测数据。无损检测数据是采用某种无损检测方法所获取的数据。这样的无损检测数据，包含关于被检测工件或物体的许多信息。

检测数据本身是一种数据，它就具有数据的一般特性。数据是信息的表现形式和载体，是用物理符号记录下来的可以鉴别的信息。物理符号可以是数字、文字、语音、图形、图像、视频以及符号等。数据可以是连续的值，称为模拟数据；数据也可以是离散的，称为数字数据。在计算机系统中，需要将模拟数据转化为数字数据。随着数据处理技术的进步，检测数据的表现形式也有所变化。在以人工操作为主要手段的时期，检测数据大都以直观的数据表、图形来表示；在自动化集成无损检测的阶段，则以不同类型的文件定义、存储数据。当前，数据类型主要有文本数据、数据库数据、图像与视频数据、空间数据等。各种检测设备所带来的数据在网络连接无损检测集成系统中的表示可归结为三大类：结构化表示、非结构化表示和半结构化表示。大数据时代使人们得以实施更加广泛和深入的分析，揭示客观世界的内部规律。但是，这必须建立在高质量的数据上才有意义。理解海量和多样的数据的数据种类，并使其标准化，是实现高质量数据的基本要素。

**1. 文本数据**

检测数据之间的联系要通过程序去构造，虽然检测数据不再属于某个特定的程序，可以重复使用，但是文件结构的设计仍然基于特定的物理结构和存取方法，因此程序与数据结构之间的依赖关系并未根本改变。而且由于文件中只存储检测数据，不存储文件记录的结构描述信息，文件的建立、存取、查询、插入、删除、修改等所有操作也都要用程序来实现。

大多数传统文本数据都是非结构化数据。文档可能需要包含描述该文档特征信息的一些字段，例如检测项目名称、检测方法、操作者、检查日期、文档长度等。此类信息通常被安排在文件头中。

检测数据中，文本特征的表示与数据库中的结构化数据相比，只具有有限的结构，或者根本就没有结构；即使具有一些结构，也是着重于格式，而非内容。不同类型的文档结构也不一致。

**2. 数据库数据**

采用数据库的方法存储检测数据，适于同构数据即结构化的数据。采用数据库来表示检测数据具有以下特点：

1）用数据模型表示复杂的检测数据结构。数据模型不仅描述检测数据本身的特征，还要描述检测数据之间的联系，这种联系通过存取路径实现。这样，检测数据不再面向特定的某个或多个应用，而是面向整个应用系统，检测数据冗余明显减少。

2）有较高的检测数据独立性。检测数据的逻辑结构与物理结构之间的差别可以很大。用户以简单的逻辑结构操作数据而无须考虑数据的物理结构。检测数据库的结构分成用户的局部逻辑结构、数据库的整体逻辑结构和物理结构三级。用户的数据和外存中的数据之间转换由数据库管理系统实现。

3）数据库系统为用户提供了方便的用户接口，用户可以使用查询语言或终端命令操作数据库，也可以用程序方式（如使用高级语言和数据库语言联合编制的程序）操作数据库。同时，进行数据管理，数据完整性、数据库的恢复、并发控制及数据安全性等都得到了充分的保证。

**3. 图像与视频数据**

检测图像是对检测对象和物体真实记录的图片，通常有两种形式：一种是二维的，如照片、屏幕显示；另一种是三维的，如全息图。图像通常通过光学设备获取，显示屏幕的直接复制也可以得到图像。因此，广义的图像用来指对任何物体的感知所得到的二维图，通常是静止的。常见的超声检测图像是 B 扫描图和 C 扫描图；常见的电磁检测图像是阻抗平面图。此外，还会使用某些其他形式的检测图像。

视频是一系列连续静止检测图像的记录，可用来表现检测图像的运动形态。视频通常与运动图片的存储格式相关，如数字视频格式和模拟视频格式。视频数据可以在各种物理媒体上存储和传输。因此，视频的质量与获取的方法和存储的格式有关。

**4. 空间数据**

空间数据是检测数据的一种特殊类型，指凡是带有空间坐标、用来描述有关空间实体的大小、形状、位置和相互关系等诸多方面信息的数据，是一种用点、线、面以及实体等基本空间数据结构来表示检测对象的一种数据。

目前，空间数据通常具有分布式、异质、多源、异构和特定的用户显示界面等特点，表现如下：

（1）空间数据本身具有地域分布特征　主要表现为两个方面的分布：平面上的分布和垂直上的分布。平面上的分布是二维分布，常常使用经纬度坐标。在平面层次上，通过缩放经纬度坐标，可以从粗到细显示二维分布图的内容。垂直上的分布在不同的垂直高度上可能有不同层次的信息。通常，在垂直高度上的坐标使用与平面上的坐标相同的比例尺。但是，两者的比例尺是可以不同的。显然，空间数据具有分布式的特点。

（2）空间数据存储具有异质的特点　空间数据存储格式和方式随用户选择产品和数据库管理系统的不同而不同，表现为多源、异质。由于没有统一的标准来规范空间数据的存储，因此空间数据的存储格式多种多样。在实际应用中，空间数据的格式主要有栅格和矢量两种。

B 扫描图检测图像和 C 扫描图检测图像也都是空间数据，它们的空间坐标是在数据生成过程中通过编码器实际检测采集或者只是由工作程序附加上去的。当扫描器被控制按照某个规定的函数运动时，比如按指定步长进行栅格扫描，就可以由工作程序附加上空间坐标。这样生成的空间坐标可以不存储，在需要它们时，调用原先使用的规定的函数由工作软件来复原。

## 3.2.4　数据仓库技术

数据仓库技术是数据库技术的进一步发展。传统的数据库技术主要面向事务性应用，称为联机事务处理，寻求的目标是时效性，对业务活动能够及时响应。传统数据库技术十分成熟，很好地支持了应用系统中数据的各项管理需要，配合应用系统能够满足用户在业务活动中对有关数据的及时操作的需求。但是，在无损检测集成数据处理时，需要面向宏观决策，传统的数据库技术则不太适应。

无损检测集成数据处理就是直接使用数据库中的检测数据，即利用关系数据库的数据进行联机分析处理，这种操作往往是针对单一或局部的问题进行统计和数据分析。但对于整个系统或行业的宏观决策，则需要涉及整个行业范畴的数据和信息，这就要同时启动大量的数据库表，并且要将众多表中的数据按一定的规律拟合起来，形成针对某一主题的数据内容。这是一个十分复杂的过程，且耗费大量资源，并且由于所需的数据可能分布在若干个系统中，这样的数据整合过程难以完成。除此之外，在一个数据库表中的每条记录也并不是某项决策都需要的，这要按决策支持的需要编制专用的数据筛选程序。

因此，关系型的数据结构虽然能完美地执行联机业务处理，但不适应较大规模的决策支持数据分析，为适应这一需求，应运而生的就是数据仓库技术。目前，对"数据仓库"尚没有一个统一的定义。一般认为，数据仓库是面向主题的、集成的、相对稳定的，并且是反映历史变化的，用于支持管理决策的一种数据集合。首先，数据仓库的目标是为制定管理的决策提供支持信息，数据仓库用于面向分析型数据处理，它不同于操作型数据库；其次，数据仓库是对多个异构的数据源的有效集成，集成后按照主题进行了重组，并包含历史数据，而且存放在数据仓库中的数据一般不再修改。这种基于主题的模式从用户角度来看就是多重的数据重组结构。

数据仓库具有以下四个特点：

（1）面向主题　传统的数据库是面向应用而设计的，它的数据是为了处理具体应用而组织在一起的，即按照业务处理流程来组织数据，目的在于提高数据处理的速度，各个业务系统之间各自分离。而数据仓库中的数据是按照一定的主题进行组织的。主题是一个抽象的概念，主题是一个在较高层次上将数据进行归类的标准，是指用户进行决策时所关心的重点方面。每个主题应对应于一个宏观的分析领域，满足该领域分析决策的需要。一个主题通常与多个操作型信息系统相关。数据在进入数据仓库之前必须进行加工和集成，将原始数据做一个从面向应用到面向主题的转变。

（2）集成　由于数据仓库的来源特性，数据仓库的数据主要用于分析决策，因此要对细节进行归纳、整理、综合。数据仓库中的数据来自多个应用系统，但并不是对这些数据的简单汇总或复制，因为人们不仅要统一原始数据中的所有矛盾，如同名异义、异名同义、单位不统一等，而且要将这些数据统一到数据仓库的数据模式上来，还要监视数据源的数据变化，以便扩充和更新数据仓库。数据仓库中的数据是在对原有分散的数据库数据抽取、清理的基础上经过系统加工、汇总和整理得到的，必须消除原有数据中的不一致性，以保证数据仓库内的信息是全局信息。应该说数据仓库是对原有数据的增值和统一，数据集成是数据仓库技术中非常关键且非常复杂的内容。

（3）具有时间特征　数据仓库的时间特征表现在标明了数据的历史时期。数据仓库中的数据通常包含历史信息，系统记录了从过去某一时点到目前为止的各个阶段的信息。随着时间的推移，数据仓库要不断增加新的内容，即不断跟踪所关心的主题，将有关的数据变化追加到数据仓库中，同时也可以删去过于陈旧的数据内容。由于数据仓库保留了足够长时间的历史数据，反映了所关心主题的历史变化，可以对事物的发展历程和未来趋势做出定量分析和预测，因此这个特性对于疲劳裂纹发展的检测和工程设备的健康监测是十分有用的。

（4）相对稳定　数据仓库是相对稳定的。数据仓库中的数据主要供用户做分析决策之用，决策人员所涉及的数据操作主要是数据查询，某个数据一旦进入数据仓库，一般情况下将被长期保留。数据仓库的数据反映的是一段相当长时间内的数据内容，是不同时间点数据库的快照的集合，以及基于这些快照进行集成、综合而导出的数据，而不是事务型数据。尽管数据库内的具体事务处理过程是变化的，但进入数据仓库的数据则是相对稳定的。一般情况下，对于数据仓库有大量的查询操作，但很少进行修改和删除操作，通常只需要定期的加载。

## 3.3　电磁无损检测集成的网络技术

### 3.3.1　网络化的无损检测集成

1973 年，美国学者约瑟夫·哈林顿针对企业面临的市场激烈竞争的形势提出了组织企业生产活动的两个基本观点：一是企业的生产活动是一个不可分割的整体，各个环节彼此紧密相关；二是就其本质而言，整个生产活动可以看作一个数据采集、传递和加工处理的过程，因此，最终形成的产品可被视为 "数据" 的物化表现。哈林顿的观点得到了社会的广泛认可，成为企业信息化的重要依据。

多种无损检测方法的综合应用及检测数据的二次融合用来提高检测结果的置信度，增加检出概率，成为近年来无损检测领域的研究热点。作为常规无损检测手段之一的电磁无损检测也是如此。一方面，任何一种电磁无损检测技术都存在固有的优缺点和适用范围，比如单频涡流无损检测对于物体表面裂纹的检测精度较高，对近表层以及深层缺陷的检测效果不好，而脉冲涡流对多层结构中的深层裂纹检测有优势，但是对缺陷的定量能力不如交流磁场检测等。因此，在飞机的现场原位检测维修中，就需要两台以上不同种类的电磁检测仪器结合使用，相互验证，才能完成一次检测工作。这就存在着仪器种类多、体积庞大、移动不方便、对操作人员的技能要求高等缺点，并且由于反复使用多种不同种类的电磁检测仪器，容易造成操作者失误，产生误检情况，降低了系统检测数据的可信度和可靠性。另外，为了增加检测结果的检出概率，提高无损检测结果的可靠性，针对同一被检测部件需要采用两种或者两种以上的无损检测手段综合应用，采用神经网络和数据融合算法等对不同的传感器的检出数据进行数据融合，这就不仅需要检测仪器包含多种电磁无损检测方法，而且需要提供统一的数据接口，方便不同传感器检测数据的二次应用，此外还需要系统具有小型化、集成化、模块化的硬件结构，在一定范围内具有通用性、可互换性、可复用性和模块组合性等特点。

无损检测的集成创新方式主要有将各种无损检测方法进行集成，如涡流、漏磁和磁记忆等电磁方法的集成，如声阻抗、声脉冲、声振和超声等声学方法的集成；再到机电一体化的集成，如空心轴超声、涡流、磁记忆检测集成技术；进一步到网络化技术与无损检测集成技术的集成，通过以太网、互联网、物联网或云平台，把数据送入无损检测服务中心或云端，进行储存、分析和处理。

**1. 网络化是一种必然**

随着计算机网络应用的深化和普及，人们对信息的需求越来越大，这种情形使得网络覆盖范围的扩大和入网机器的增加成为必然，导致以下几种变化：

1）集中式向分布式过渡。在不浪费原有软硬件资源的前提下，扩大整体数据容量和连接数，分担负荷，提高可缩放性。

2）网络服务层面不断提高。对象技术、中间件概念、组件化软件开发，使得公共服务（如名录服务、事件服务、查询服务、并发控制、消息通信服务和安全服务等）和具体业务功能相分离，提高了软件的复用和跨平台的互操作性。

3）Web 技术被普遍接受。Web 技术对人类社会的影响比因特网本身更大，正是由于这种网络化的多媒体数据表现能力，才使得网络的使用走出实验室。如今浏览器、服务器和数据库这种三层模式，较好地解决了用户端应用的轻型化，提高了系统整体的可靠性和可维护性。

4）网格思想和技术的认同和使用。网格的目标是把网络上的资源进行按需整合，实现计算资源、存储资源、信息资源、知识资源等的按需获取和安全共享，消除信息孤岛和资源孤岛。

上述变化意味着电磁无损检测集成系统必将伴随着信息技术和应用需求的发展而发展，电磁无损检测集成不仅仅是纵向地将不同历史阶段的信息资源和计算资源加以整合和再利用，还包括横向地将以往单独运行的分离系统进行关联和重组，以满足更高层次的管理目标。

**2. 无损检测集成技术的信息化建设历程**

从信息化建设的发展历程来看，电磁无损检测集成技术需要经历从初级向高级的发展过程，这是信息积累和人们认知发展的必然过程，其发展可以归纳为以下三个阶段：

（1）无损检测集成技术的局部应用阶段　该阶段往往起始于购置第一台检测仪器，其应用经常仅限于对特定检测对象的检测处理，其目的仅限于检测数据的获取和存储。此阶段的特征是，检测数据均以静态的、孤立的状态存在，还没有进行有目的的内部信息整合。

（2）无损检测信息整合阶段（或信息集成阶段）　电磁无损检测集成技术的深入应用，可以体现技术应用的优势。该阶段的特征包括：无损检测集成系统信息沟通和数据交换基于统一的标准，不存在任何障碍；工作流管理系统维护着信息流动的规范化。但是，无损检测资源的整合局限在单位内部，缺乏和外部资源的及时互动。

（3）与外部的无损检测信息整合和互动阶段（或跨行业信息集成阶段）　处于该阶段的电磁无损检测集成系统实际上已成为一个开放的集成系统，能够按其核心能力提供模块化的对外服务和内部能力的灵活重组，以创造价值为中心，对产品实行跨越整个生命周期的跟踪管理。

**3. 系统的开放趋势**

高技术下典型电磁无损检测集成系统，通常包括网络环境下多种硬件和软件平台，运行各种无损检测、计算及工程应用程序，这些平台还可能是不兼容的。用户希望把所有不同的系统连接起来（不管这些系统运行在哪些供应商平台上），构成一个完整的企业级系统，或以统一的用户操作和管理视图来使用系统，使得多个平台之间具有可互操作性。为了把这些异构的系统连接起来，并且把应用程序从一种系统移植到另一种系统上，现存的专有系统必须使用标准的接口，进而向开放系统过渡。

## 3.3.2　实现无损检测集成的网络技术

### 1. 网络通信基础设施

网络通信基础设施是实现无损检测集成的网络技术中最底层的基础设施。网络通信基础设施可形象地称为"信息高速公路"。正如公路系统由国道、省道、辅道等共同组成一样，信息高速公路也由骨干网、区域网、末端网这样的不同功能的网络通信资源组建而成。从工程建设的角度，骨干网和区域网通常由国家和行业机构统一建设，而末端网由最终用户自主建设。因此，骨干网和区域网可看成是连接末端网的桥梁和通道，构成国家信息基础设施的框架，具有共享、演进、开放、标准和支持异构系统接入的属性。

涉密的数据应由数据拥有者建立自己的局域网或者由数据拥有者认可的局域网来处理。

网络通信基础设施的主要功能是传输与交换，因此主要的资源是传输线路和交换设备。由于各种传输介质的频谱特性和信道通频带理论的限制，传输介质决定了网络的通信能力和质量，从而也直接影响到网络协议的控制机制。

目前主要的传输机制分为有线和无线两大类。其中，有线包括光纤、同轴电缆和双绞线；无线包括无线电波、微波、红外线等。光纤具有 $10^{15}$ bit/s（即 kT 级，$1T = 10^{12}$）数量级的高传输速率潜能，但实际的传输速率还与信号编码、衰减等技术相关，但目前基于 DWDM（密集波分复用）技术的光传输带宽已达到 10Tbit/s。

交换设备包括光交换设备和电交换设备，通常按"核心级""企业级""部门级"和"接入级"划分。前三级的设备主要指不同交换能力的交换机和路由器，而接入级设备种类较多，包括路由器、交换机、网桥、集线器和无线访问点等。对远端站点和个人用户而言，接入级设备可以提供访问主干网或互联网的服务，如综合业务数字网（ISDN）或模拟调制解调器、帧中继和租赁数字数据线路、卫星信道接入设备和无线网络接口等。从交换技术来讲，主要有电路交换、报文交换、分组交换和混合交换几种。而对用户而言，桌面网络终端大都采用基于"电"的分组交换技术，经由部门级或接入级的交换设备与广域网互联。因此，从集成系统的角度，网络集成首先要解决异质传输介质、异构交换设备和不同交换技术的互连互通，平滑光电之间的速度差异，提供一个统一的"传输服务平台"。

### 2. 基于网际协议 TCP/IP 的网络融合

在网络层以上，用户（含应用程序）不再关心底层传输和交换技术，无损检测集成的目的是希望使用统一的网络端到端寻址、文件传输、数据访问和资源共享方法。所谓的"三网融合"，是指以电话业务为主的电信网、以数据业务为主的互联网和以电视业务为主的有线电视网，其业务相互交叉，任何一个运营商都能提供语音、视频和数据传输服务，且资源可以共享。因此，对运营商来说是共建共享网络基础设施；对用户来说，就是通过同一个终端和接入方式能同时使用电话、电视和互联网服务。

TCP/IP 是互联网使用的代表性协议，也是被事实证明是具有生命力和普适性的设计理念。它采用分组交换（packet switch）和存储转发（store-and-forward）设计原理，提供高容错性的数据网络服务，强调异构网络的互联互通。一方面，当两个端系统进行通信时，只要通信双方是可达的，不管某些网关暂时的失效，端到端的通信不必在对话双方重建高层状态，其内部机构可以保证传输任务的完成。另一方面，网络的传输要屏蔽端系统（主机或其他网络）的差异。在这种模式下，有关端到端的控制信息被存放在端系统主机上，而在网络中间节点，仅仅依靠有限的信息来计算和选择路由，网络传输状态与端到端服务状态完全分离。因此，计算机网络采用的是"哑网络、智能终端"的结构，网络的传输控制由终端和交换节点共同分担。

光纤骨干网、不同体系结构的区域网和不同标准的局域网，其关键技术就是通过"网关"（gateway）实现互联，对用户端呈现一致的网络访问方式。网关是一种能将不同协议的网络互联在一起的网络设备，具有协议转换功能，网络层的"网关"又称为路由器。互联网中的路由器，既支持 IP 与不同协议转换，又支持 IP 与下层传输实体的接口，将网络层通信机制统一到分组交换技术上，实现异构计算机网络的互联互通。业界将支持和运行 TCP/

IP 协议簇的网络统称为 IP 网络，它是目前网络融合的关键技术，由此实现不同商业网络在数据业务上的统一与互操作。

### 3. 多样化网络应用服务提供

传统的计算机网络体系结构仅为传输计算机数据所设计，没有将支持无损检测集成服务作为典型的数据通信系统功能被描述进应用层，在运输层和网络层也不存在对数据流的分类服务。因此，利用目前的计算机网络，在计算机端系统之间传输对时间不敏感的数据，是完全能够胜任的，而当传输实时性很强，且必须保证一定的服务质量的检测数据时，现有的 IP 分组网络就显得力不从心了，需要增加新的控制机制和服务支持。

### 4. 互联网应用服务

随着网络研究的深入和应用的普及，全球广域网（World Wide Web，WWW）成为互联网典型应用的代表，不仅促进了电子商务的蓬勃发展，也催生了众多 Web 服务提供商。像腾讯、新浪、阿里巴巴等公司，从搜索引擎到云计算，都为 Web 应用甚至网络计算技术的发展做出了重要贡献。从用户观点，Web 是众多世界范围内的 Web 主页的集合，每个页面包含到其他页面的链接，沿着一个链接可无限地走下去。从技术观点，Web 由用户端（浏览器）、Web 服务器及一组协议和规范组成。

## 3.4 设计和应用

### 3.4.1 集成系统设计

无损检测集成系统有不同的类型，如网络化无损检测集成系统、非网络化无损检测集成系统、通用型无损检测集成系统、专用型无损检测集成系统。目前，非网络化无损检测集成系统仍然有着相当大的应用市场，它的结构与网络化无损检测集成系统的结构相比要简单得多。网络化无损检测集成系统是无损检测集成系统的发展方向。关于网络化无损检测集成技术的内容，详见第 3.4.3 节。通用型无损检测集成系统和专用型无损检测集成系统几乎是同时发展起来的，并且也都在不断地进步。专用型无损检测集成系统目前更受业界青睐。不同类型的无损检测集成系统的设计是有所差别的，但是基本要点是相同的。下面简单介绍专用型网络化无损检测集成系统的设计。

由 3.2 节可知，网络化无损检测集成系统的特点和要点可以概括为五个字：检、网、库、链、理。这五个字也贯穿于网络化无损检测集成系统的设计中。检，是指一切可以使用的无损检测技术和方法。理，是指对无损检测过程中获取的数据的最终分析处理。无损检测是无损检测集成系统的出发点，也是系统的终结点。新建一个无损检测集成系统，首先需要充分了解用户的检测对象和对检测结果的质量要求，其次要充分了解已经有的可以使用的无损检测技术和方法。网、库、链这三个方面都涉及计算机技术、网络技术、网络连接的无损检测平台以及无损检测数据库和资源库。需要根据用户的业务需求和质量要求，规划、设计、整合基础硬件平台、系统软件平台、支撑软件系统、应用软件系统、安全防护体系及其他相关功能，构建跨厂商、多协议、面向各种应用的互联、互操作的计算机和网络系统。

因此，无损检测集成系统的设计，大致有需求管理和规划设计两个方面。规划设计包括无损检测技术和方法选择、网络连接无损检测平台设计、数据管理设计、管理机制设计等方面。设计完成后，进入项目实施。项目的整个设计和实施工作流程如下：综合各方面的设计后，确定初步设计方案；对初步设计方案进行反复论证，确定集成系统的执行方案；然后根据执行方案构建无损检测集成系统；新设计的无损检测集成系统构建成功后，需要进行详细的性能测试和试运行；根据试运行发现的问题，修订设计并修正已经建成的无损检测集成系统。

### 1. 需求管理

充分了解需求是设计的基本出发点。无损检测用户的需求通常包括四个方面：①需要解决的问题，包括检测对象、希望检出的缺陷种类和对检测结果的质量要求；②检测能力和检测结果可靠性，包括检测概率指标和置信度指标等；③便于管理，包括易于操作、规范化的管理、远程通信、方便的数据存储和调用等；④费用低廉，包括一次性投资的费用、日常使用的费用、维护修理的费用以及系统的寿命等。这些需求，可以用简单的四个字来概括，即能、好、易、省。

有些用户或许会指定必须使用的无损检测技术和方法。当然也有些用户对自己的需求很不明确，十分模糊。因此，必须与用户进行充分沟通和讨论，包括功能、性能、安全性、可靠性、健壮性、业务流程和目标、环境、投资效率、进度等各方面的需求，分析所有需求的关联性、合理性和可行性，分析和确认各个需求的主次层次，澄清和理顺模糊的需求，充分理解用户的业务流程和建设目标，是否需要和可能降低需求以规避风险，以及所涉及的标准和规范、项目建设的质量控制目标、总体拥有成本的可能、建设风险等，确认可以明确的需求、不明确但有实际目标的需求、潜在的业务需求，基于电磁无损检测集成的技术成熟程度，确认建设项目的整体目标和建设范围，应达成建设方与用户方的共同理解。在双方认为必要时，可以形成《用户需求说明书》《需求确认说明书》《需求变更说明书》《需求变更确认说明书》等文档，《需求变更确认说明书》是当项目实施过程中需求发生变更时所必需的。为实施科学、规范的管理，这些文档应存档保存。

### 2. 规划设计

（1）无损检测方法规划　确定选用的无损检测技术和方法，大致有三种方式：①根据检测对象和检测质量要求确定无损检测技术和方法，检测质量要求包括希望检出的缺陷种类、检测的灵敏度和可靠性、检测的环境条件等；②用户指定所要使用的无损检测技术和方法；③选用无损检测集成系统开发商熟练掌握的无损检测技术和方法。这三种方式各有其优缺点。

（2）资源规划　应根据电磁无损检测集成系统需求分析确定的需求，分析、识别用户的信息资源，明确信息资源规划的目标、原则、内容和实施规范。在信息资源识别和整合的基础上充分考虑环境因素，设计系统整体框架、功能要求、质量目标、安全目标等，制定项目管理预案，保证系统的高可用性、可靠性、安全性、健壮性和可扩展性。

电磁无损检测集成系统整合了用户管理、业务、技术、设备、人员等相互关联的各类资源，按照系统整体设计原则，划分资源类型和分布，确定资源整合技术，制定资源配置、管理规划。根据需求管理和信息资源规划设计的结果，规划、设计网络连接无损检测集成系统的硬件基础平台、系统软件平台、支撑软件；确定构建电磁无损检测集成系统基础平台的技术策略、产品性能要求和选择策略；配置和部署方案。

（3）数据管理规划　　根据需求管理和信息资源规划设计的结果，规划、设计电磁无损检测集成系统数据存储平台，如服务器设备、集群系统、存储阵列、存储网络等，以及支撑数据存储平台运行的支撑软件平台；数据存储管理的技术策略、产品性能要求和选择策略；配置和部署方案。

根据需求管理的结果，规划、设计电磁无损检测集成系统数据管理方案，包括数据完整性、安全性，备份、冗余策略和数据恢复策略。应规划、设计数据安全交换平台，保证网络之间数据交换的完整性、可靠性，制定数据交换事件恢复策略。

（4）应用系统规划　　根据需求管理和信息资源规划设计的结果，规划、设计电磁无损检测集成应用系统整体架构、标准设计、功能模块、技术路线、开发手段、安全性、配置和部署方案、调试和维护、研发团队等。

（5）业务融合规划　　根据需求管理和信息资源规划设计的结果，改进电磁无损检测集成业务流程，提高业务水平。

（6）信息安全规划　　应在需求管理、信息资源规划设计中，识别、分析评估潜在的风险因素（威胁、漏洞、脆弱性、系统健壮性及安全管理等），制定风险应对策略，采取风险管理措施，消除、弱化风险，并将残余风险控制在可接受范围内。

应根据需求管理、信息资源规划设计和信息安全规划与设计，制定无损检测集成系统信息安全策略，包括物理环境、基础平台、数据管理、应用软件、事件管理等。定义不同的安全机制，如加密机制、访问控制机制、身份认证机制、数据完整性机制、数字签名机制等。

**3. 项目实施管理和集成系统性能测试**

无损检测集成系统设计完成后，就进入项目实施阶段。在根据设计方案构建无损检测集成系统以及对新建成的无损检测集成系统进行性能测试和试运行的过程中，一般需要关注以下九个技术和管理方面的问题。

（1）质量控制　　应根据电磁无损检测集成系统需求，明确质量控制目标，制定全面质量管理方案，采用 PDCA（计划-执行-检查-行动）管理模式，保证项目优质高效。

（2）管理机制和职责　　应根据电磁无损检测集成系统质量控制目标，确定项目组织和管理机制，明确项目参与人员的职责。

（3）团队管理　　无损检测集成系统应确立良好的服务能力管理制度，建设高效的项目管理团队，主动协作、沟通，互相学习，共同达成项目目标。

（4）进度计划和管理　　应合理调度资源，确定电磁无损检测集成系统项目时间，制定经济、有效的进度计划。在项目执行期间，适时调整、优化项目进度。

（5）物资和资金管控　　应在电磁无损检测集成系统项目实施现场，加强设备、物资、材料进场检验、使用管理，根据进度计划和工程需要，确定资金需求，控制资金使用。

（6）协调沟通机制　　在电磁无损检测集成系统项目实施过程中，应重视与业主、监理及项目团队自身的协调、沟通、交流，优化项目管理，保证项目顺利实施。

（7）文档管理　　应在电磁无损检测集成系统项目实施的需求调研分析、系统总体和详细设计、系统调试测试、系统试运行等阶段，实施严格规范的文档管理。

（8）测试与试运行　　电磁无损检测集成系统项目实施完成后，应测试系统的性能指标、各项功能，以及系统的可靠性、稳定性、安全性，并在试运行过程中，测试系统整体运行状态，解决试运行发现的问题，有时需要修正已经建成的无损检测集成系统。

（9）验收　应在电磁无损检测集成系统项目实施过程中分阶段验收，并在系统试运行结束后，组织竣工验收。验收应提供项目实施报告、测试和试运行报告、资金使用情况报告，以及项目实施过程中形成的所有文档；应根据合同要求确定验收流程和验收内容，形成最终的验收报告。

上面讲述了新建无损检测集成系统的设计，对于改、扩建的电磁无损检测集成系统，要根据既有系统的现状，结合业务需求和质量要求，构建新增集成系统功能。构建时，需要保证新增系统与既有系统的充分融合。很显然，改、扩建电磁无损检测集成系统的集成服务具有很大的难度，通常需要作为一个专门项目实施项目管理和规划设计。

### 3.4.2　检测仪器集成

随着数字电子技术的发展，现场可编程门阵列（FPGA）、精简指令集微处理器（ARM）、数字信号处理器（DSP）等集成电子器件的大量应用，使得研制和开发全新的无损检测集成技术产品成为可能。分析不同检测方法的检测设备可知，由于检测原理不同，它们有不同的信号提取与处理的方法。但作为电子仪器来说，各种检测仪器又都具有一些共性，比如在信号发生、数据采集、信号放大、信号显示、数据存储和记录等硬件电路，以及部分处理软件是相似甚至相同的。人们可以充分利用这些共同的部分，把信号发生的控制、放大、数据采集、系统软件、可视化等几个关键部分组合起来，组成开放式的共享数字信息处理平台，再加上各自独立的完成不同检测原理的信号产生、接收与处理的部分，即可实现无损检测技术的集成。

**1.集成方式举例**

下面以超声检测与涡流检测技术的集成为例，说明集成系统的形成。超声检测系统的主要组成和工作原理如图 3-1 所示，可简单地描述为：信号发生器产生一脉冲信号，经驱动电路产生高压脉冲，激励发射探头产生超声波发射到被测试件中，从被测试件中返回的超声波被接收探头接收并转换成电信号，该电信号经前置放大和信号调理后由 A/D 采集送至计算机系统进行数据管理、显示和分析，可以外接打印设备和报警电路。

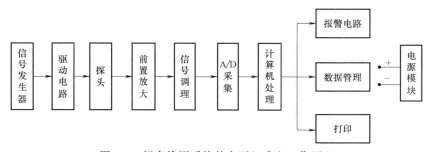

图 3-1　超声检测系统的主要组成和工作原理

涡流检测系统的主要组成和工作原理如图 3-2 所示，可简单地描述为：由信号发生器产生一定频率的信号，经过驱动电路后产生正弦波或脉冲波激励探头线圈，在被测试件中产生涡流，接收探头接收到经工件返回的信号经前置放大后，由相敏检波模块、平衡滤波模块进行处理，处理后的信号经过增益放大并由 A/D 采集送至计算机系统进行数据管理、显示和分析，可以外接打印设备和报警电路。

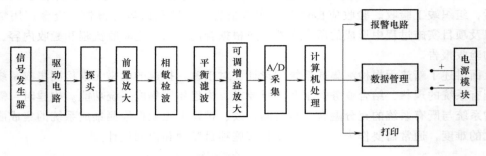

图 3-2　涡流检测系统的主要组成和工作原理

由图 3-1 和图 3-2 可以看出，超声检测系统和涡流检测系统既有各自不同的信号转换、提取及处理单元，又具有一部分相同的模块，如信号发生器、前置放大、A/D 采集、数据存储管理、记录、报警、打印和可视化显示等。通过设计切换开关，进行硬件和软件上的合理分配，充分利用其共有资源，将两种检测方法整合为一台具有综合检测功能的产品，便可为用户提供很大的方便，更为重要的是，其检测数据的集中管理能方便用户进行综合比较分析。实践证明，实现这种整合的无损检测集成技术是完全可行的。

**2. 发展情况**

在国外，德国托马斯（Thomas H. M.）等人于 2007 年在铁路检测系统中同时使用超声和涡流检测技术，分别用于检测不同部位、不同缺陷和不同构件，也可以两者相互佐证检测同一部位的缺陷。

无损检测集成技术的研究已开始得到重视并付诸实际应用，各种综合型、一体化检测仪纷纷推向市场，主要分为大型在线检测系统和便携式一体机两大系列。如美国彪维公司（Bowing International Company）研制的超声+漏磁组合式无损检测系统就是一款在线检测系统，主要应用于钢管质量检测，该系统结合了超声检测技术与漏磁检测技术，有很强的互补性。目前，各钢管生产企业为了有效地控制钢管质量，均倾向于采用组合式检测系统，这也是目前钢管行业无损检测的一个趋势。但该设备体积庞大，若根据前文无损检测集成技术的定义划分，只能算一款综合型检测系统，而非一体化检测设备。

再如加拿大 R/D Tech 公司生产的 TC5700 型管材轻便型检测仪（如图 3-3 所示，检测时需要一台计算机配套使用，AC 220V 供电），集成了涡流、远场、漏磁和超声技术。该仪器不仅可对任何材料制成的换热器管实施有效的检测，还可以使用旋转超声探头检测管材。

此外，奥林巴斯公司（Olympus Corporation）研制成功的 Work station 2000（图 3-4a）和 Power station（图 3-4b）两款模块式多技术检测仪，集成了涡流和超声检测技术。该类仪器主要由三个

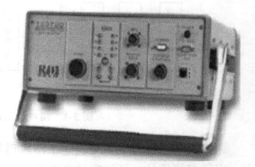

图 3-3　TC5700 型管材轻便型检测仪

部分组成，即基础部件、控制面板和前端标准组件。用户只需更换前端模块即可方便地实现超声与涡流检测之间的切换。Power station 还允许用户同时在两种技术下运行使用。该公司

研制的用于管材检测的 MultiScan MS5800 型检测仪，也是一种集合多种检测技术的一体化仪器，包含有涡流、漏磁、远场涡流和超声检测功能。

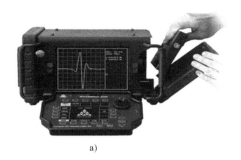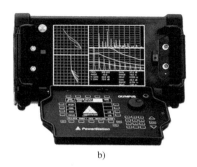

a)　　　　　　　　　　　　　　b)

图 3-4　涡流、超声一体化检测仪

a）Work station 2000　b）Power station

瑞士 ABB 公司也推出了基于无损检测复合或集成技术的工业应用产品，开发了涡流/超声（C 扫描）一体化系统，集成了涡流成像及超声 C 扫描，可以选择两者之一进行检测，充分发挥无损检测集成技术的优点。

在国内，对涡流及超声联合检测技术和无损检测集成技术的研究与应用也有突破。北京有色金属研究总院及中国科学院金属研究所在 20 世纪 90 年代中后期采用过两种检测方法实现小口径金属管材的在线检测，但使用了不同厂家生产的台式无损检测仪，而非一体化检测设备。直至 1996 年，爱德森（厦门）电子有限公司推出的 EEC-96 型多功能电磁检测成像仪，才初步具备了无损检测集成技术的特征，即集成了多频涡流、远场涡流、频谱分析、涡流成像等功能，如图 3-5 所示。

图 3-5　EEC-96 型多功能电磁检测成像仪

电磁/超声一体化综合检测仪（图 3-6 和图 3-7）已成功应用于空军对军用飞机的无损检测、电站焊缝检验及部分高校、科研单位的项目研究等。

图 3-6　便携式电磁/超声一体化综合检测仪　　　图 3-7　视频/涡流子系统检测界面

### 3.4.3　基于网络化的无损检测集成技术

#### 1. 实现方式

基于网络化的无损检测集成技术可以简单地概括为功能模块化，利用不同检测仪器中的共同部分，组成以以太网为传输手段的开放式数字信息处理平台，可以把信号发生的控制、数据采集、系统软件、可视化等通用部分共用。

基于网络的无损检测集成技术可以实现数据采集、分析等多平台同时运作；可以实现软件、硬件及数据等资源的共享；可以实现原始数据、应用分析软件、文件档案资料（如检测报告）等的实时远程快速传递；可以及时对仪器设备进行网上软件更新升级换代；可通过网络开展检测技术人员的远程培训服务、技术支持和现场应用的安装、调试指导等。系统的投入使用，大大提高了检测准确度和现场检验效率，尤其方便了检测数据库的建立，对于重要部件健康状况的监测与评估具有重要意义。系统能够完全满足实际检测的需要，检测结果可靠，检测速度快。网络与无损检测设备的结合具有巨大的潜力和发展优势。

无损检测集成技术对各种信号的综合性要求较高，故应为各种信息传输提供高速的连接方式。

#### 2. 连接方式举例

基于网络化的无损检测集成技术连接方式主要有两种，分别是使用高速 USB 接口和采用工业以太网方式进行连接。

1）使用高速 USB 接口。接口支持的传输速度高达 480Mbit/s，支持即插即用和热插拔功能，USB 设备的连接电缆最长可达 5m，可以通过 USB 集线器进行层式星型拓扑连接，一台主机最多可连接 127 个 USB 设备，且可实现最多 5 级的拓扑连接，因此其非常适合作为主机和检测仪器之间的通信接口。采用基于 USB 总线方式，集成多台不同性能的检测仪器，每台仪器又可以有多个通道，组成多通道检测数据采集系统。

2）采用工业以太网方式。工业以太网在技术上与商用以太网兼容，但材质的选用、产品的强度和适用性方面应能满足工业现场的需要。以太网技术应用广泛，为所有的编程语言所支持，软硬件资源丰富，易于与因特网连接，实现办公自动化网络与工业控制网络的无缝连接，可持续发展的空间大。将多块检测板以不同的主机以以太网连接在一起，每块板支持多个通道，不同的检测板之间采用网口芯片 [（100Mbit/s）/（10Mbit/s）自适应]，采用 TCP/IP 或 UDP 协议。当前正在运行的 3G 与 4G 或规划运行的 5G 通信方式将进一步改善其性能。

基于网络化的无损检测集成检测仪配有网络接口，可组成以太局域网，该网可通过交换机或路由器等通过服务器接入因特网。局域网既作为无损检测仪器的测控总线，又是互联网的一个子网。通过网线和集线器使多台检测仪器相连，监控主机既可以是局域网内的一台机器，也可以是接入互联网的一台远程主机。

#### 3. 发展情况

国内目前对网络无损检测集成技术的成功案例是由爱德森（厦门）电子有限公司开发的 EEC-2008net 检测系统。该系统以涡流检测和超声检测方法为基础，配合无损检测网络系统软件和服务器，组成一整套数字化电磁（涡流）、超声网络检测系统，可以在检测现场实现网络化管理，各个系统模块通过工业以太网连接起来，可以对检测现场实现网络化管理。EEC-2008net 检测系统示意图如图 3-8 所示。

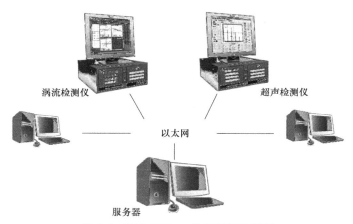

涡流检测仪　　　　超声检测仪

以太网

服务器

图 3-8　EEC-2008net 检测系统示意图

　　无损检测技术作为一种综合性应用技术。从无损探伤（NDI），到无损检测（NDT），再到无损评价（NDE），并且向自动无损评价（ANDE）和定量无损评价（QNDE）发展，这本身就需要不断地进行技术创造和创新。综合型的无损检测集成检测系统，不能以牺牲某个单项检测功能的性能指标来达到集成的目的，应能与目前普遍应用的单功能检测仪器进行互换检测，否则就失去了集成技术的实用价值。

　　无损检测集成技术将是无损检测技术发展的一个崭新阶段。该技术的出现，将带给人们更多的机遇和挑战。无损检测网络化将多种检测技术集成，达到全面评价的目的，其检测结果将从定性向定量转变，并融入设备健康状态评估和再制造技术之中，从而形成设备制造、使用、维护、再制造的绿色循环经济体系。无损检测集成技术方兴未艾，相信在不远的将来，无损检测集成技术将揭开无损检测技术发展的新的一页，成为无损检测技术发展的一个重要里程碑。

# 第4章　电磁无损检测集成技术的发展与应用

## 4.1　概述

电磁无损检测集成技术能够为现代工业的质量检测与控制提供高效迅速的技术支持，是未来无损检测技术发展的重要趋势之一。目前无损检测集成技术主要有三类。第一类无损检测集成技术，即声光机电一体化的自动化的各种单项无损检测技术，是迄今为止已经得到广泛应用的无损检测集成技术。第二类无损检测集成技术是集成了多项无损检测技术的声光机电一体化的自动化无损检测集成技术。第三类无损检测集成技术是集成了多项无损检测技术的便携式一体机形式的无损检测集成技术。除了以上三种无损检测集成技术之外，目前还出现了无损检测与其他检测方法跨界集成的方式，更有效地保障现代化装备的安全运行。

与无损检测集成技术相关的其他技术的进步，极大地促进了无损检测集成技术的发展。微电子技术、计算机技术、互联网和物联网技术等先进技术，以及机械工程、智能控制和系统管理等其他方面的新发展，推动声光机电一体化的自动化无损检测集成技术向着网络化方向发展。随着智能制造和现代机器人的发展，无损检测智能机器人也涌现出来，并且在许多工业生产领域得到应用。

无损检测集成仪器和设备使得无损检测工作实施起来变得更加简单便捷；无损检测集成仪器和设备也使人们能够执行和完成更高层次的新的检测功能，比如同时实行多种无损检测方法和技术，并进行数据融合分析；无损检测集成仪器和设备更使人们能够实现传统设备无法完成的工作任务，比如远程诊断和专家会诊。

本章将逐一介绍以上各类集成检测方法在实际中的应用案例。

## 4.2　声光机电一体化单项无损检测集成技术

第一类无损检测集成技术是采用一项无损检测技术的声光机电一体化的无损检测集成技术。目前，传统无损检测方法费时费力，且无法避免人为因素带来的干扰，容易出现漏检和误检。而随着国民经济的发展和工业水平的提高，为满足铁路、电力、航空大型设备安全运行的需求，国家更加重视对重大设备的质量监控，检测量逐年增加。如为了保证油气运输管道的接口焊缝质量，解决在油气运输过程中管道不良隐患的问题，必须对管道连接处的焊缝进行无损检测。近年来，随着我国"西气东输"和"海洋油田开发"等大型工程的建设，传统的无损检测方法已经很难满足管道焊缝检测的需要。又如，管棒材的在线检测在冶金领域有着广泛应用，其中无损检测在钢管、冷拉圆钢、钛合金管（棒）、铝合金管、铜合金管等的检测中起着举足轻重的作用。为确保产品的质量，金属管棒材在生产过程中都要通过无损检测工序。以管棒线材作为原材料的行业有核能、电力、航空、航天、兵器及机械制造等，由于这些行业的特殊性，对复验有着更高要求，同时也对目前仪器的检测效率提出了挑战。

　　基于以上因素，以计算机为重要组成单元的半智能化或智能化的机电一体化无损检测集成技术，得到了很快的发展。特别是随着精密机械、微电子器件、控制技术和其他相关技术的进步，针对某个特定目标的专用自动化无损检测系统，逐渐向着声光机电一体化的方向发展。此类无损检测集成系统的开发涉及计算机技术基础与运行环境，包括计算机硬件技术、计算机软件技术、计算机网络技术和数据库技术等。这些领域的任何发展，都会促进参与其集成的各个技术单元的进步，最终推动无损检测集成系统的飞速发展。

## 4.2.1　金属管棒材涡流自动检测系统

　　金属管棒材涡流自动检测系统，是一种第一类无损检测集成设备，即声光机电一体化的自动化涡流无损检测设备，适用于金属管棒材质量的高速在线检测，重点在于检测金属管棒材原材料中的冶金缺陷。金属管、棒材的表面或近表面检测是涡流检测的一项重要应用。该高速涡流自动检测系统的开发，得到了国家科技创新基金项目的支持。

### 1. 金属管棒材高速涡流自动检测系统的探头设计

　　有效可靠地对管棒材实施穿过式涡流检测，应解决好以下问题：检测频率与填充系数的确定、传送速度与稳定性的控制和对比试样人工缺陷的制作。对于铁磁性管棒材，还应考虑增加磁饱和装置。

　　探头性能的好坏与检测的灵敏度、可靠性密切相关。针对管棒材在线、离线检测，还可采用其他多种形式的涡流传感器，如外穿过式探头、扇形式探头、平面组合式探头、阵列式探头和旋转探头等。一般地说，采用穿过式涡流传感器在机电结构上比较简单，其形状与试件吻合，能使用高速进给装置以提高效率。穿过式线圈对试件表面和近表面缺陷有较好的检测效果。如直径较小的管材通常选用外穿过式线圈对工件进行 100%检测，且速度快、效率高。另外，对于小直径焊管在线检测，由于焊接过程中焊缝常发生偏转，严重时可超过180°。而焊管的缺陷主要发生在焊缝上，使用穿过式线圈检测时，无论焊缝偏向角度多大，都可保证不漏检。

　　直径大的管棒材用穿过式探头检测灵敏度较低，这是因为直径大的被检工件整体体积增大，需要检出的缺陷体积所占比例减小的缘故。对大直径焊管而言，焊缝不易扭曲，可采用新型平面组合式探头（具有差动和绝对方式的传感器）或只针对焊缝的平面旋转探头，以方便安装、调试，减少传感器的投资。而对氩弧焊不锈钢管的检测，因其焊缝较宽，则可用高灵敏扇形式探头予以检测。

### 2. 金属管棒材涡流自动检测系统的进给装置设计

　　进给装置主要用于自动检测，例如试件的自动传送装置，探头绕试件做圆形轨迹旋转的驱动装置，试件的自动上、下料装置，自动分选装置等。由于检测对象不同（如管、棒、线材等），检测方法也不同，如采用穿过式或机械旋转式的涡流检测装置，各种进给装置的结构型式也有差异。但为了保证得到良好的检测效果，对进给装置都有一些共同的基本的要求。

　　1）传动速度稳定。进行涡流检测时，试件和探头之间的相对运动，在检测信号中会产生各种调制频率，需要采用滤波器来抑制干扰杂波，提取有用信息。传动机构的不平稳，振动或速度不匀，不仅会产生大量各种的杂波干扰信号，而且会引起所需检出的信息发生变化，影响检测工作正常进行。因此，往往要在电动机驱动回路中接入反馈电路，以保证电动机的转速稳定。当然，检测仪器对速度也应不敏感。

2）传动速度可调。为了满足对各种型号、尺寸规格的试件进行涡流检测，要求在调换新的检测规格、品种或进行新的检测试验时，传动装置的速度可以调节，以便一机多用，扩大系统设备的使用范围。调速可由简单的齿轮机构来完成，也可以采用变速器装置。但较多采用的是可控硅调速，它具有调速简单、方便，可以实现无级调速等多种优点。

3）试件与探头的同轴度稳定。在传送过程中，保持试件和线圈的同轴度与检测灵敏度有着直接的关系。当采用穿过式线圈时，试件和线圈的不同轴会使线圈阻抗发生不应有的变化，特别是试件上的缺陷离线圈的距离影响会使检测灵敏度忽起忽落，因此，必须要求传送装置能保持试件和线圈之间的同轴度稳定。这往往需要增加定心导套等机械辅助装置。

**3. 金属管棒材高速旋转涡流自动检测系统的耦合装置设计**

对一些表面要求严格的小直径管棒材料的检测，往往采用机械旋转式涡流点探头检测装置。由于涡流探头需要围绕管棒材外部做高速旋转，需要解决探头和仪器之间的信号传输问题。也就是说，在采用旋转探头的涡流仪中，探头和涡流仪之间需要配备信号耦合装置。

目前，耦合装置采用的耦合方式有以下几种：

（1）电刷耦合　利用电刷和集电环直接接触来传输信号。这是早期采用的一种方法。这种方式结构简单、制造方便、容易实现多路耦合。其主要缺点是电刷和集电环的接触电阻不稳定，特别是在高速时，由于接触不良会给仪器带来很大的背景噪声，甚至产生跳动引起假信号，造成误检。另外，电刷和集电环容易磨损，寿命短，需要经常维护或更换。

（2）电感耦合　利用线圈之间的耦合来传输信号的耦合方式，克服了电刷耦合方式中接触不良的缺点，且体积较小、结构可靠、失真度也小。但是，这种方式存在着线圈之间的阻抗匹配问题，有一定的选频特性，只能在一定的频率范围内工作，因而效率较低，为了提高耦合效率，常常在互感线圈外面加铁氧体磁罩。

（3）电容耦合　利用电容进行耦合。这种耦合方式噪声很小；但只适用于高频率的检测设备（为了减小耦合电容），频率响应较差，而且体积大、阻抗匹配难，不容易实现多路耦合，应用较少。

（4）导电液耦合　利用旋转电极和固定电极之间的导电液来传输信号。这种耦合方式的耦合效率很高（可达95%），噪声小、频带宽，不需要阻抗匹配，对探头的适应性强，容易实现多路耦合。其主要缺点是制造比较困难，寿命相对较短。

**4. 金属管棒材高速旋转涡流自动检测系统的实际应用**

目前国外主要有德国 FÖERSTER、加拿大 R/D Tech 和美国 MAC 三家公司有旋转涡流检测产品，国内有少数企业采用。其中以 FÖERSTER 公司的产品最为典型，旋转头最高转速可达 12000r/min（标称可达 18000r/min），棒材直线检测最高速度可达 2m/s，在机械旋转式涡流检测领域处于世界领先水平。

金属管棒材高速旋转涡流自动检测系统的核心技术难点在高速机械旋转、高稳定性机械传动、大动态信号检测、低噪声高速涡流信号采集、缺陷信号幅度相位动态跟踪补偿以及旋转涡流传感器装置中的信号非接触耦合传送等问题。

国内爱德森（厦门）电子有限公司开发的金属管棒材高速旋转涡流自动检测系统如图 4-1 所示。针对高速、大动态、低噪声涡流信号采集问题，采用数字电子技术与计算机技术融合，减少系统自身的噪声。同时，通过嵌入控制逻辑、FIR（有限长单位冲激响应）数字滤波和激励接收法则与数学算法等涡流技术，有效抑制干扰信号的影响。即在高速旋转检测过程中，由于周期性振动和检测对象偏心会使涡流检测信号幅度与相位发生变化，偶尔会造成系统误报警或漏报警，而应用了林俊明等独创的旋转涡流检测干扰信号抑制及提离增益补偿方法后，可有效地对涡流旋转检测信号进行补偿，确保检测的误检率和漏检率降至最低。

爱德森（厦门）电子有限公司的金属管棒材高速旋转涡流自动检测系统的信号耦合传送，克服了以往国内厂家通常采用的集电环接触耦合方法的缺点。其性能基本达到国外同类设备的技术水平，可满足广大金属棒材、管材和线材生产厂家的检测需要，填补了国内不能制造生产这类检测设备的空白。

需要补充说明的是，一般管棒线材表面检测采用这种机械旋转式涡流点探头进行在线检测，只能保证其表面裂纹的检出，而对其内部的缺陷或不连续性，则需要增加外穿过式涡流检测技术方法。此外，随着电子技术的不断进步，用电子旋转式的金属管棒线材检测取代机械旋转式检测，将成为未来的主流检测方式。有关该技术将在本书第 6 章予以介绍。

图 4-1　金属管棒材高速旋转涡流自动检测系统

## 4.2.2　大管径铝基复合材料自动检测系统

在铝基复合材料制造过程中，由于难以对各种工艺参数进行精确控制，导致复合材料结构质量不稳定，缺陷的存在不可避免。在设备的使用过程中导致材料的损伤产生、扩展、积累，将加速材料的老化，造成性能的严重下降，影响使用寿命，还有可能造成灾难性的后果。因此不仅要对铝筒的选材提出要求，而且要对铝筒裂缝、裂纹等缺陷进行精确的检测，是否已达到规定要求显得尤为关键。高质量的无损检测，对改进工艺、保证产品的质量具有重要意义。目前德国 FÖERSTER 公司和国内爱德森（厦门）电子有限公司等都开发了大管径铝基复合材料自动检测系统。

### 1. 系统的基本组成

以爱德森（厦门）电子有限公司开发的大管径铝基复合材料涡流自动检测系统为例，该系统主要由涡流检测主机、触摸屏、机械控制按钮、PLC、伺服电动机驱动器、交流伺服电动机及减速电动机组成，整个系统结构紧凑并具有良好的抗干扰性。操作人员通过电动机触摸屏来控制电动机做出相应的运动，以实现探头的三维扫查。大管径铝基复合材料涡流自动检测系统的组成框图如图 4-2 所示。

电气控制系统的交流伺服电动机具有低惯量、大力矩输出和良好的控制性能等优点，驱动器采用全闭环控制，内置过流、过压、过载等报警及自动保护功能，具有较高的安全性能。选用 MEGMEET 公司生产的 PLC 作为电动机控制系统，PLC 在自动检测过程中，具有可靠性高、维护容易，能够在线修改程序等特点。系统选用触摸屏作为上位机来控制 PLC 发送脉冲信号。

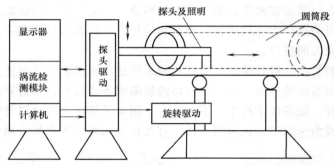

图 4-2　大管径铝基复合材料涡流自动检测系统的组成框图

## 2. 系统的机械结构

大管径铝基复合材料涡流自动检测系统的机械结构部分主要有圆筒段自动旋转及控制装置和探头三维运动及控制装置，其整体布局示意图如图 4-3 所示。

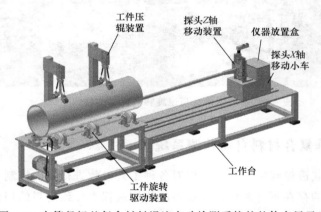

图 4-3　大管径铝基复合材料涡流自动检测系统的整体布局示意图

检测时将工件放置在工件驱动滚轮上，通过同步带与调试电动机相连接，可根据检测需要设定工件的转动速度。在检测过程中，发现有缺陷信号后，可通过控制滚轮的正反转来复查缺陷报警区域，结合视频检测，判定工件是否存在缺陷。

为了防止工件在检测时跳动，在工件上方装有压辊，压辊表面与工件接触部位为聚氨酯材料，防止在工件转动过程中表面受损。压辊装置带有手柄，检测完成后，扳动手柄，可将压辊提离工件，同时可以将其摆向一边，防止损伤工件。

探头三维运动控制装置由伺服电动机、滚珠丝杠座、滑轨、齿条、探头杆及相应位置传感器构成。通过伺服电动机的驱动，可以精确地控制探头的位置，防止探头与工件表面距离偏大或偏小。同时，可以精确反馈探头在工件轴线上的位置，在检测到缺陷时，可以根据提

供的位置准确判定缺陷位置。仪器放置盒里
装有数据采集卡，可以随着探头的移动而移
动，这样可以减少因数据传送距离大而造成
的信号干扰，同时方便日后设备的检修、
维护。

**3. 系统的实际应用**

该系统已经应用于大管径铝基复合材料
内壁的自动化检测，显示方式直观易懂，便
于检测人员对被检铝管做出判断。检测中计
算机系统对检测结果进行实时存档记录，以
便回放分析、比较，如图 4-4 所示。

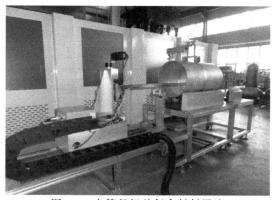

图 4-4　大管径铝基复合材料涡流
自动检测系统的实际应用

在检测时，铝管以 360° 不间断旋转，
旋转速度可调。探头可三维平移，适合多种规格的大直径复合铝管的检测。随着铝管在转动
装置中的转动，设定特定的转速和探头的移动速度，就实现了对铝管的检测。

精简的主机工作模式，极大地简化了布线，确保了设备的美观和可靠运行。软件设计在
检测设备中具有核心地位。利用系统控制模块中人性化的软件设计，可实现涡流检测模块参
数的设置、整体调节、参数工艺文件的制作与读取等。

经实际应用验证，该系统的检测灵敏度：能够发现大于 5mm（长）×0.1mm（宽）×
0.15mm（深）的纵向人工刻槽缺陷（该指标与工件表面状况相关），现场使用性能稳定，
检测效果明显，能够发现不低于 0.1mm 深度的缺陷，且具有较高的信噪比；频率范围：
64Hz~5MHz；检测频率及通道数：同频 8 通道；探头数：可同时连接 8 个涡流探头；圆筒
段旋转：以 360° 不间断旋转，转动速度可调；探头三维平移：$X$ 方向（水平）、$Y$ 方向（水
平）和 $Z$ 方向（垂直）的有效行程分别不小于 2500mm、500mm 和 250mm；水平移动速度
和工件旋转速度可调，最大水平移动速度不小于 1500mm/min，最大旋转速度可达 300r/
min；探头接触方式：探头与内表面保持恒定间隙；探头前端装有照明装置，并能通过视频
采集模块在计算机屏幕上显示图像。

## 4.2.3　小管径锆管多频涡流检测系统

小管径锆管是核工业中重要的材料，其生产质量要求很高，绝不允许有任何的缺陷。小
管径锆管化学成分、物理性能和几何形状都必须是连续的、单纯的和均匀的。如果这三方面
存在不足或者受到破坏，该小管径锆管即为缺陷材料。为了确保管件生产的质量，及时检测
区分出不合格产品，国内爱德森（厦门）电子有限公司研发了小管径锆管多频涡流检测系
统对其进行检测。

**1. 小管径锆管的缺陷**

小管径锆管的制造一般采取拉拔工艺，将圆管坯经穿孔机或挤压机加工成毛坯管，再经
轧管机压延成形，小直管和薄壁管还要进行反复的冷轧退火工艺。小管径锆管的常见自然缺
陷有折叠、结疤（管表面的条状或块状折叠）、直道缺陷（管内外表面呈纵向的凹陷或凸
起）、凹坑（压痕）、裂缝、导板划痕、横裂或分层等，见表 4-1。裂纹是最常见的自然缺
陷，它是由于材质不良、加热不当、内应力、热处理不当或皮下气泡暴露于表面等因素造成

的。折叠大都是轧制过程造成的缺陷。夹渣则是冶炼或加热时带入炉渣或耐火材料造成的。夹渣或氧化皮脱落则形成麻点或凹坑。

表 4-1　小管径锆管的常见缺陷

| 起因 | 缺陷名称 | 形状特征 | 产生原因 | 检测效果（穿过式线圈） |
|---|---|---|---|---|
| 坯材 | 裂纹 | 纵向裂纹较为多见 | 坯材裂纹经轧制延伸而成 | 裂纹很长时，检测困难 |
| | 重皮（鳞状折叠） | 局部折叠 | 坯材浇注时由于冷却不均匀产生的表面缺陷经轧制所致 | 好 |
| | 夹杂 | 散布在材料内的杂质 | 可能产生于坯材中的去氧化物或渗入的硫 | 局部过分集中有反应 |
| | 坑泡 | 表面上的凹坑和凸泡 | 坯材中气泡经轧制为表面缺陷 | 好 |
| 轧制 | 折叠 | 轧制的上下辊错位引起的搭接，多数遍及全长 | 轧辊调节不良 | 若纵向很长，检测困难 |
| | 咬边（耳子） | 以遍及全长的对称磨边形式为多见 | 由材料沿上下轧辊的间隙中挤出形成 | 若纵向很长，检测困难 |
| | 轧辊缺陷 | 由轧辊留下的擦伤痕迹 | 轧辊调节不良或粘有杂物 | 好 |

**2. 检测系统的设计**

小管径锆管容易形成条状缺陷，如折叠、重皮、裂纹等，在对比试样上加工制作纵向人工槽对于自然缺陷更具有代表性。因此，首选对纵向缺陷较为敏感的涡流旋转式检测方式，同时配套涡流穿过式检测，兼顾检测横向缺陷。与穿过式涡流不同，涡流旋转式检测技术要求高，结构复杂，涡流信号处理方法困难，设备造价昂贵，一些企业在用的这类设备多为进口检测系统。

小管径锆管多频涡流检测系统中的机械构件一般包括传动系统、调速系统（如可控硅调速）、控制系统（如光电控制上、下料）等部分。装置具有自动上下料、自动传送、自动分选、自动停车及进给速度可调等功能，必要时可配备自动报警、自动记录及缺陷部位自动标记的设备，采用头尾信号自动切除（消除末端效应）和缺陷信号记忆延迟（供标记）等自动化措施。在检测过程中，传动装置应能使进给平衡，无打滑、跳动和冲击现象，不损坏试件。滚轮的高度调节应能使被检试件与检测线圈保持同轴。

其基本流程是：上料进给部分将试件由滚轮等速同轴地送入检测线圈，检测部分的线圈拾取涡流信号至多频涡流检测仪器，分选下料部分根据检测结果将试件分为合格品、次品和废品（也可以分为合格品和不合格品两类），并分别送入各自对应的料槽。

在信号处理及软硬件设计方面，小管径锆管多频涡流检测系统的设计中需要解决以下几方面的重点技术问题：

（1）高速数据采样处理模块　针对速度问题研发涡流信号的高速采集模块。该模块包括高速 A/D 转换器和相关在线的控制电路，使数据采集的速度提高了一个数量级，以满足高速检测的要求。

（2）动态程序滤波模块　为解决高速工作机制对涡流检测信号造成的影响，从硬件和软件着手设计新颖的动态程序滤波功能模块，该模块接受来自线上速度传感器的信号，及时计算并修正相应的滤波参量，以满足变速检测要求。

（3）缺陷标记装置　灵敏准确的检测装置必须配备高精度的标记系统，配备分辨力达到毫米级的在线测速装置，并将这一信号反馈给专门设计的高精度延迟打标模块（安装于主机内的单片机控制子系统），最后根据检测结果送达气动打标器。

（4）标记长度控制器　由于管材是高速运动的，为获得相应的标记长度，打标机喷标时间的长短应随速度与缺陷大小而改变。这一功能的实现，主要由涡流主机根据即时生产线速度确定打标时间，达到统一缺陷标识长度的目的。

**3. 系统的实际应用**

国内爱德森（厦门）电子有限公司开发了核工业用小管径锆管多频涡流检测系统，主要由上料架、传送辊、检测台、分选下料架、检测仪器和机械控制系统等几部分组成，可实现锆管自动上料、旋转涡流检测、穿过式涡流检测、打标和分选下料等功能，如图 4-5 所示。

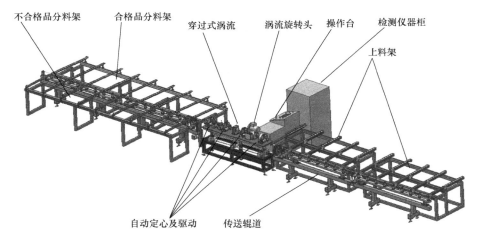

图 4-5　小管径锆管多频涡流检测系统

（1）上料架及上料输送辊道　初始管材批量放在平面料槽内，将管材平铺排列，在自重作用下，管材逐根滚到辊道旁的备料架上，根据检测节奏，拨料杆将管材拨进输送辊道上，并将管材向检测台传送。

（2）自定心夹送辊及检测装置布置　通过现场控制系统对三组输送辊进行控制。同时，输送辊的速度与进、出口传输控制系统相匹配。穿过式检测装置和旋转涡流检测装置放置在每两个夹送辊之间，各检测装置可以上下独立电动调整，前后左右还可以人工调节。

（3）自动打标系统　检测仪器检测到超标缺陷后向 PLC 发出信号，由 PLC 控制电磁阀，驱动气缸毛毡笔对工件画笔打标。缺陷定位误差为 ±10mm。

（4）缺陷分拣　对不合格管材，系统自动提供分拣信号与报警信号，并自动分拣。由于锆管表面粗糙度为 $Ra0.8\mu m$，且质地相对较软，要求检测过程不能对锆管有任何损伤，因此在上下料架、传送机构、自定心驱动导套等与管材会发生接触的部件均采用聚氨酯板或聚氨酯材质进行覆盖保护，避免了传动机构对锆管的损伤。

（5）操作台　系统设置专门操作台，上面放置触摸屏、操作按键、控制按钮和联锁装置等。显示屏除了显示检测信号外，还可提示系统具体部位运行状态，异常时发出报警信号，触摸屏内有良好的人机对话界面，可以设置参数、调试功能、指示报警部位等。所有动作都可以在操作台上实现。

（6）导轮驱动机构　采用小型减速电动机，造型小巧，重量轻。电动机由变频器驱动。导轮采用聚氨酯材质。

（7）料架结构　料架结构主要用来存放待检测的管材，由矩形方钢焊接而成，结构强度高。所有与管材接触的地方都镶有聚丙烯或聚乙烯板防止划伤。挡料装置保证每次只上一根管材，配合挑料机构可以实现自动上料。与管材接触的地方都为聚丙烯或聚乙烯材料。挑料装置利用翻板装置将管材从料架挑至辊道上。下料架与上料架基本相同，由料架钢结构、角度调整装置、挑料装置等组成。辊道装置用来传送管材，由机架、托轮装置、辊道压轮等组成。

该系统带有自动信号幅度、相位测量及涡流监测信号慢速（可调）回波扩展分析功能；具有阻抗平面图和带式时基扫描同屏显示功能；可设置非等幅相位/幅度报警域。当工件静止，探头旋转检测时，可以 C 扫描显示。该系统具有声光报警、自动测长和打标功能。旋转头上有两个具有绝对或差动线圈的点式探头，采用穿过式双频检测。当旋转和穿过式联合检测时，可同屏显示阻抗平面图和条带状图，可以进行相位幅度分析，带状图上能显示管材长度和缺陷位置，具有动态检测自动平衡功能。

### 4.2.4　飞机轮毂自动检测系统

飞机轮毂一般采用铝合金铸造或锻造工艺制成，使用中的轮毂表面涂有一层较厚的防护涂层。在飞机着陆时，轮胎将承受的巨大冲击力传递给毂体，特别是毂体外缘。同时，飞机在急速制动过程中，制动盘与飞机轮毂之间的剧烈摩擦产生大量的热量，使轮毂材料可能因过热而发生相变，导致性能下降。轮毂在飞机着陆、滑行过程中承受巨大的冲击力和摩擦力作用，容易产生缺陷，是飞机定期安全检查的重点检测部位。

在飞机维修养护过程中，轮毂拆解清洁以后要进行检测，一般采用涡流检测法扫查。目前国内飞机修理维护厂家主要采用人工手动扫查方法，仅少数企业采用国外进口的自动检测设备。人工检查存在一些缺点：受检测人员技术水平的影响大，同时检测结果受检测人员当时的身体条件和工作情绪等因素的影响，增加了扫查漏检和误判的可能性；由于飞机轮毂表面形状不规则，属于非规则形状材料和零件，因此检测量较大，工序复杂，增加了检测人员的劳动强度，检测人员的检测效率低，检测过程无法形成规范的流程，检查的重复性较差。

为了满足国内企业的需要，减轻人工检测的劳动强度和减少人为因素对检测结果的影响，提高检测效率，爱德森（厦门）电子有限公司研发了飞机轮毂自动检测系统。

#### 1. 系统的设计

（1）检测传感器的选择　飞机轮毂表面形状不规则，属于非规则形状材料和零部件。相对于具有规则形状并适合采用外通过式或内穿过式线圈检测的管棒材，非规则形状只适合采用放置式线圈检测。放置式线圈检测既能够检测形状复杂的零部件，也能够检测管棒材等形状规则的零部件。

放置式线圈是涡流检测中使用最为广泛的一种线圈，也称为探头式线圈。由于零件形状、结构多种多样，因此放置式线圈的形式也多种多样。要采用涡流方法完成飞机维修手册所规定的全部检查项目，配备各式各样的检测线圈所需花费往往是一台涡流仪器价格的数倍，甚至数十倍。根据用处、结构、形状等的不同，放置式线圈构成的探头可分笔式探头、钩式探头、平探头和孔探头等。

采用放置式线圈检测的效果在很大程度上取决于线圈外形与被检测零件型面的吻合状况，良好的吻合是保证检测线圈平稳扫查、与被检测零件形成最佳电磁耦合的重要前提。待检的飞机轮毂表面形状不规则，但具有确定的外形，为了实施快速自动化的检测，需要设计专用的异形探头。异形探头是为检测特殊形状零件而设计、制作的专用探头，探头检测面的外形和尺寸与被检测零部件或结构的表面形状相同或相近。其目的是保证探头与被检测面之间形成最佳的、稳定的、一致的耦合，最大限度地减小"提离"信号的影响。

（2）放置式线圈的阻抗分析　在实际的涡流检测中，提离、电导率、磁导率、频率、缺陷以及工件厚度等的变化都会对放置式线圈的阻抗产生影响，但它们的变化方向各不相同，因此可以采用相位分离法分离干扰因素。飞机轮毂表面检测时，电导率、磁导率等参数是恒定的，对检测结果影响较大的是提离效应、边缘效应、覆盖层厚度和相变引起的电导率变化。

提离效应是指应用点式线圈时，线圈与工件之间的距离变化会引起检测线圈阻抗的变化。由于检测频率通常较高，很小的提离变化会产生很大的阻抗变化，这是由于线圈和工件之间距离的变化会使到达工件的磁力线发生变化，改变了工件中的磁通，从而影响线圈的阻抗。涡流检测中提离效应影响很大，在实际应用中必须用适当的电学方法予以抑制。对检测而言，提离效应是影响检测灵敏度的重要因素，但也可以利用提离效应测量金属表面涂层或绝缘覆盖层的厚度。

当线圈移近工件的边缘时，涡流流动的路径会发生畸变，造成干扰信号，这种现象称为边缘效应（在两种不同金属的接合处也会有边缘效应）。边缘效应导致的干扰信号很强，一般会远远超过所要检测的信号，因此，在涡流检测中，应利用一些电子的或者机械的方法来消除边缘效应的干扰。

无论是轮毂主体部位，还是轮毂的外缘部位，在实施涡流检测时都要考虑涂层对检测的影响。涂层的存在同样会影响涡流检测的准确性，影响程度的大小与所使用的涡流电导仪的提离补偿性能有关。随着导电材料表面非导电覆盖层厚度的增大，涡流响应信号的幅度和相位都发生了较显著的变化。如果期望准确地测定可能出现的疲劳裂纹的深度，首先要确定漆层的厚度，需要在涡流检测时进行非铁磁性基体表面非导电覆盖层厚度的测量。不过在飞机轮毂表面检测中，涂层厚度一般为恒定值，相对于提离效应的变化可以忽略不计。

由于轮毂采用铝合金制成，飞机制动过程产生的高温可能引起轮毂局部区域材料发生相变。铝合金的高强度、高硬度是通过将材料加热至一定温度使之发生相变，并迅速进行淬火，然后通过人工时效或自然时效方式获得的。轮毂过热或过烧部位的铝合金在发生相变后，因没有经历迅速冷却的淬火过程而导致这些部位硬度和强度大大降低，形成"软点"。由于"软点"部位的组织发生了变化，导电性能也随之改变。因此在涡流检测中，通过电导率检查，可以确定飞机轮毂是否存在因飞机轮胎与机场跑道剧烈摩擦产生的热量而导致铝合金材料出现过热或过烧的情况。

（3）自适应探头扫查机构　由以上分析可知，采用放置式线圈检测飞机轮毂，线圈外形与被检测零件型面良好的吻合是保证检测线圈与被检测零件形成最佳电磁耦合的重要前提。为实现全自动化的飞机轮毂检测，需要专门设计探头的自适应扫查机构，如图 4-6 所示。自适应探头扫查机构由两组丝杆机构和可转动的探头杆组成，探头具有三个自由

图 4-6　飞机轮毂自适应涡流扫查探头

度，可以在 $XZ$ 竖直平面上平动，同时还可以随探头杆的转动，进行 360°转动。扫查时，根据待检测飞机轮毂的外形尺寸参数的设置，探头自动升到起始高度，做水平移动并紧贴轮毂表面，按自上而下或自下而上移动扫查，到达终点高度时停止检测。在扫查过程，探头会随着轮毂表面凹凸起伏而起伏，并通过转动探头杆随时调整探头与轮毂表面的接触部位，确保扫查过程中保持探头上的检测最灵敏部位与轮毂表面接触。

**2. 系统的实际应用**

（1）轮毂自动检测系统的组成　为了减轻人工检测的劳动强度和减少人为因素对检测的影响，提高检测效率，国内爱德森（厦门）电子有限公司开发了飞机轮毂自动检测系统。图 4-7 所示为其生产的 ETS-LG 型飞机轮毂自动检测设备。该系统由轮毂升降旋转机构、探头自适应自动扫查机构、涡流检测处理系统和操作控制系统等部分组成。飞机轮毂自动检测系统的检测过程如图 4-8 所示。检测时，飞机轮毂放置于检测台上，在仪器上直接设置或从存储器中读取被检轮毂设定参数，传送至控制系统。检测人员操作主控制台的触摸屏，轮毂提升机构起动，一边转动一边提升轮毂，升到设定的检测高度后停止上升。此时旋转驱动机构驱动轮毂以设定的转速匀速缓慢地转动。在标样块读取标准缺陷信号后，探头升到扫查的起始高度，并向轮毂靠近。当探头接触到轮毂表面后停止水平移动，开始自上而下或自下而上移动扫查。当感应到轮毂表面凹凸变化时，探头自动向外或向内微动，直到扫查到终点。轮毂表面扫查完毕后，探头离开轮毂，返回到探头停放位置。

该系统除了具有涡流实时检测性能外，还具有扫查位置记录功能，仪器显示方式除了常规阻抗平面和时基扫描方式外，还可以显示 C 扫描方式。此外，该系统不仅可对轮毂进行自动涡流扫查，还可以配备超声扫查。

图 4-7　ETS-LG 型飞机轮毂自动检测设备

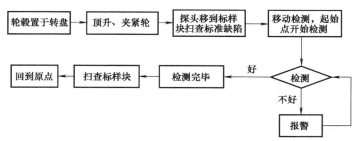

图 4-8　飞机轮毂自动检测系统的检测过程

（2）轮毂顶升定位旋转和探头双轴移动装置　飞机轮毂自动检测的实现主要由轮毂顶升定位旋转装置和探头双轴移动装置实现，如图 4-9 所示。传送线将飞机轮毂传送到检测工位后，轮毂顶升装置将轮毂顶升，直至底面离开工作台，然后对轮毂进行定心夹紧，带动轮毂旋转。此时，探头双轴移动装置开始动作，带动探头先行扫查标样块，检测标样伤，然后移动探头到轮毂的起始检测点，开始顺着轮毂的边缘进行检测扫查，探头沿着轮毂的边缘曲线移动，由于探头是安装在一个随动测量装置上，因此可以适应轮毂边缘的各种曲线而不用事先编程输入轮毂边缘曲线。当检测完成后，探头在移动装置的带动下，再一次扫查标样块，检测标样缺陷，然后返回原点。

图 4-9　轮毂顶升定位旋转和
探头双轴移动装置

（3）飞机轮毂自动检测系统技术参数　飞机轮毂自动检测系统采用专用飞机轮毂涡流检测仪，该仪器除检测功能外还具有与控制系统网络通信的功能，在仪器端可以将被检的各种轮毂的几何尺寸、扫查工艺参数等预先设置存储在仪器内，检测时提取，并发送到操作控制系统，设备即可按设置参数进行检测扫查。该仪器能够进行双频双通道信号处理，频率范围为 100Hz～5MHz，有 X、Y 或 X/Y 等显示模式。系统还提供周向和轴向编码信号，仪器可将检测数据展开成 C 扫描方式显示，可以精确判别检出缺陷信号和对缺陷在轮毂表面进行周向、轴向坐标定位，具备涡流检测信号的回放记忆功能和检测结果的分析功能。此外，该仪器还具有检测数据管理功能，系统可以将被检的所有轮毂编号存储，可海量存储各种检测工艺参数和检测数据，自动形成检测报告等。

（4）检测实验　为验证检测系统的准确性和可靠性，在某飞机修理维护厂进行了检测实验。实验选取 3 组不同型号尺寸的飞机轮毂，每组轮毂中分别设置无缺陷对照件、人工缺陷测试件和自然缺陷件各 2 件。采用飞机轮毂自动检测系统进行现场检测。图 4-10 所示为飞机轮毂涡流扫查仪器检测界面。图 4-11 所示为自动生成的检测报告。检测结果表明，系统对不同尺寸的轮毂能够自动对中且确保安全夹紧，扫查速度快，对缺陷无误检和漏检，能够满足现场检测的要求。

集涡流检测与机械传动为一体的自动化飞机轮毂检测系统，具有自适应轮毂探头扫查方式和检测仪器显示模式等独特技术，其性能指标与进口设备相当。该设备的应用可以提高飞机轮毂的检测效率，减少人为操作对涡流检测的影响，具有显著的经济效益和社会效益。

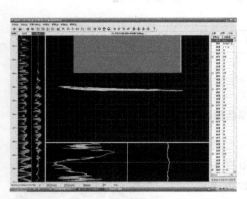

图 4-10　飞机轮毂涡流扫查仪器检测界面

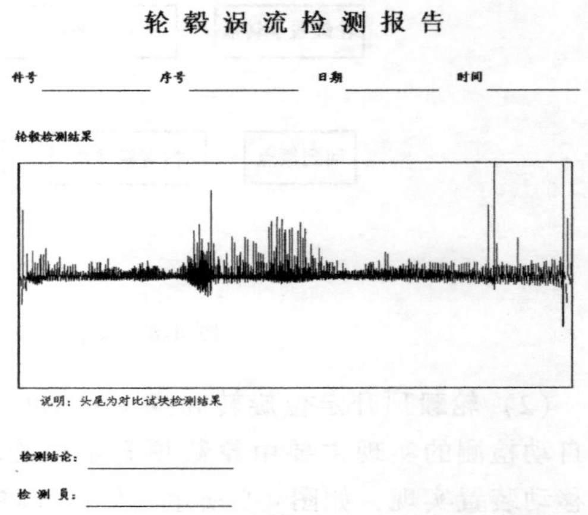

轮 毂 涡 流 检 测 报 告

| 件号 _____ | 序号 _____ | 日期 _____ | 时间 _____ |

轮毂检测结果

说明：头尾为对比试块检测结果

检测结论：_____

检 测 员：_____

图 4-11　自动生成的检测报告

### 4.2.5　其他声光机电一体化专用自动检测系统

　　声光机电一体自动化的、半智能化或智能化的无损检测集成系统，一般是针对某个特定目标专门设计研发的。由于经过了专用设计，检测系统的扫查速度快，降低了对缺陷的误检和漏检率，效率高，综合性能优越，在工业自动化生产的不同领域都得到了快速发展。

　　以下介绍的声光机电一体化专用自动检测系统是近年来国内应用效果良好的实例。

#### 1. 金属螺钉涡流影像自动检测系统

　　金属螺钉涡流影像自动检测系统专用于检测骨科特种金属螺钉。这种螺钉由于用于接骨器材，其质量要求很高。该系统的检测仪器是四通道涡流检测仪器。被检测金属螺钉的规格为M3.5~M12，长度为 10~100mm，螺钉头型有球形头、沉头、平头、六角头等。该系统如图 4-12所示。

　　金属螺钉涡流影像自动检测系统检测金属螺钉的速度可达到 20 件/min，具有 100%检测出零件轴向上深度大于 0.125mm 的裂纹的能力。

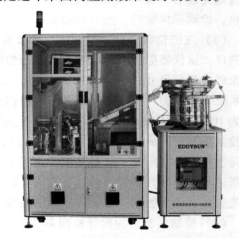

图 4-12　金属螺钉涡流影像自动检测系统

#### 2. 某类弹壳多通道超声自动检测系统

　　弹壳多通道超声自动检测系统专用于某类弹壳质量的检测。该系统利用多通道超声检测仪器，进行弹壳的超声横波、纵波检测。该系统如图 4-13 所示。

　　该系统主要用于 $\phi16$~$\phi40$mm 的弹壳的检测。被检测的弹壳壁厚为 0.6~3mm。检测速度可达到每分钟 30 个以上，能够自动上料和分选下料。

#### 3. 活塞杆多通道涡流自动检测系统

　　活塞杆多通道涡流自动检测系统专用于某型发动机活塞杆的快速自动化检测。此型号发动机的活塞杆是 $\phi12$~$\phi30$mm 的短棒材，长度不大于 450mm，材质为普通碳素钢或合金钢。

对于深度为 0.10~0.15mm、长度 ≥3mm、宽度为 0.05~0.15mm 的槽伤，检测信噪比大于 10dB。此型活塞杆的检测按照国家标准 GB/T 11260—2008《圆钢涡流探伤方法》实施检测，在满足标准要求的情况下，测速度可达 4500mm/min。该系统如图 4-14 所示。

图 4-13　弹壳多通道超声自动检测系统

图 4-14　活塞杆多通道涡流自动检测系统

## 4.3　声光机电一体化的多项无损检测功能集成技术

第二类无损检测集成技术是集成了两种或者两种以上无损检测技术的声光机电一体化的无损检测集成技术。如前所述，数字电子技术的发展，FPGA、ARM、DSP 等集成电子器件得到的大量应用，使得研制和开发全新的声光机电一体化的多项无损检测功能集成技术产品成为可能。将不同检测方法的检测设备共同具有的硬件电路和软件组成开放式的共享数字信息处理平台，再匹配上按照这些检测方法各自的不同检测原理所决定的各自不同的信号产生、接收与处理的硬件电路和软件，即可实现这些无损检测方法的一体化便携式集成。共用平台通常包括信号发生的控制、信号放大、信号显示、数据采集、可视化以及数据存储和记录、系统软件等硬件和软件。

### 4.3.1　电磁及声学网络化集成无损检测系统

电磁及声学网络化集成无损检测系统实现了多种无损检测手段（常规超声、常规涡流、机械阻抗、TOFD、远场涡流、阵列涡流、金属磁记忆、漏磁等）的集成化和系统化等功能；并且解决了电磁、声学等多种无损检测手段集成中的电路相容性等关键技术难题；为多种无损检测技术的综合应用和多信息融合搭建了技术平台；可在工业以太网环境下，实现远程采集数据，分析同步以及中央数据库管理。国内爱德森（厦门）电子有限公司设计开发了电磁及声学网络化集成无损检测系统，已成功应用于核能、电力行业在役检测工作中，操作人员可远离辐射、污染等恶劣环境进行远程检测。

**1. 系统网络的组成**

该系统基于 Windows NT 平台，用以太网总线结构连接，采用单根传输线作为传输介质，所有的计算机都采用相应的硬件接口直接连接在总线上。这种结构的主要优点是组网容易、可靠性高、易于扩充。

服务器是指为网络用户提供共享资源的计算机，它作为中央服务器，储存所有数据、资料文件，这些存储在其硬盘上的文件均能被所有的检测仪器和分析仪器所调用，因而对其稳定性、可靠性和处理速度都有较高的要求。

检测仪器及分析仪器是指充当工作站的计算机，它们可以申请服务器上的信息，所有检测仪器和分析仪器都通过网络接口卡与局域网或广域网连接，可以支持局域网或广域网上每个用户使用电子邮件或同步信息交流，允许共享安装在任何计算机上的打印机、绘图仪和其他设备，如 CD-ROM、光存储器、磁-光存储器、调制解调器和扫描仪等，提供对应用程序的文件共享支持。

检测、分析数据均可存放在服务器中，便于局域网内的每台工作站调用。为防止网络故障时单机不能工作，还可同时将检测、分析数据存储在本机上，待网络恢复正常后，由系统自动复制数据到服务器中，这样保证了数据的共享性和不可破坏性。

该系统不需要在局域网内的每一台工作站上分别安装检测程序，可将检测程序的安装软件放在服务器上。当软件升级或局域网内的工作站的检测程序有错误时，该工作站重新启动后，软件会自动从服务器调用安装软件进行升级或修复安装，这使得检测应用程序的版本升级换代和更新变得简单易行，且安全可靠。同时，网络文件服务以及用户备份功能也大大降低了对每台工作站的硬盘空间需求，此外打印机和其他设备的共享服务减少了资源的浪费，电子邮件或同步信息交流服务提高了局域网或广域网内的信息沟通效率。

### 2. 检测信号处理系统的组成

涡流检测信号网络处理系统由无损检测服务器、数据采集子系统、数据分析子系统、信号传输分配子系统、检测计划报告子系统、数据库管理子系统以及各种配套软件等组成。

无损检测服务器是智能检测信号网络处理系统的核心部分，由当前最先进的硬件和软件组成，具有大容量、高速、可靠和安全的特性，其硬盘存储了各种检测程序和应用程序。

数据采集子系统可根据现场检测对象选择不同设备，如涡流检测仪器、超声检测仪器、金属磁记忆诊断仪或声脉冲检漏仪等。

数据分析子系统由多种配套软件组成，如检测信号混频处理软件、检测信号数字滤波（包括高通滤波、低通滤波和带通滤波等可选）软件、检测信号成像软件等。各个工作平台可通过服务器实时地提取采集的检测信号，进行实时分析处理。信号传输分配子系统应用先进的网络传输分配技术，选择先进的网络传输设备，是连接各子系统的软硬件设施，确保数据信号传送的快捷、可靠和安全。

检测计划报告子系统可根据不同项目制定或调用检测计划和总结报告的条款，该程序已设置好若干种检测计划和报告模式，用户可直接调用或在此基础上进行修改，系统将根据软件的设定自动按计划开展检测和输出报告内容。

数据库管理子系统对所有检测数据进行分类管理，以便查阅、调用，是存档、跟踪和研究的基础资料。

服务器是整个系统的重要组成部分，检测仪器实时地将采集的数据传输并存储在服务器中，分析仪器从服务器中调用数据并进行分析处理。

### 3. 系统结构

EEC-2008net 检测系统由 EEC-81 采集主机和 EMnet 与 UTnet 软件系统等组成。EEC-81采集主机可以作为单机进行检测使用，也可以作为前端采集器通过以太网口经交换器与其他计算机工作站连接，组成局域网。

　　EEC-81 采集主机包含了两大部分（EEC-2008net 检测系统示意图见图 4-15）：一部分是多种检测方法专用模块，有常规涡流检测模块、漏磁检测模块、远场涡流检测模块、低频电磁场检测模块、磁记忆检测模块、超声检测模块和声阻抗检测模块等；另一部分是共用模块，包括信号发生模块、触摸型切换开关、A/D 转换与采集、计算机信息处理单元、系统软件、图像显示模块、键盘模块、通信接口和电源模块等（该仪器内嵌二维坐标卡，支持多种检测方法的扫描成像）。

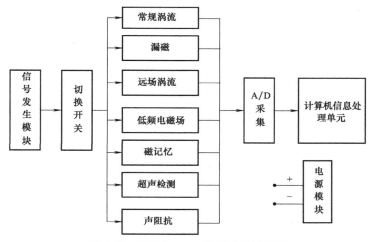

图 4-15　EEC-2008net 检测系统示意图

　　工作时，信号发生模块通过切换开关，选取常规涡流检测模块、漏磁检测模块、远场涡流检测模块、低频电磁场检测模块、磁记忆检测模块、超声检测模块或声阻抗检测模块中的一个或两个模块进行工作；而后由工作模块得到的输出信号接至 A/D 转换器的输入端；经 A/D 转换后输至计算机信息处理单元；最后由计算机信息处理单元输出至显示器。在外形上，采用模块化设计，可根据需要组成便携式或台式仪器。在软件操作系统方面，用户可以对分时或同时获取的检测数据进行相互验证、综合分析，从而得出更为完整可靠的检测结论。

　　EEC-2008net 检测系统的采集主机如图 4-16 所示。该检测系统采集数据时人机对话的界面如图 4-17 所示。

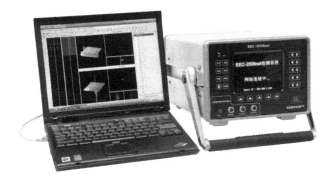

图 4-16　EEC-2008net 检测系统的采集主机

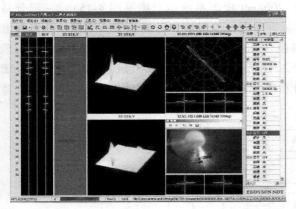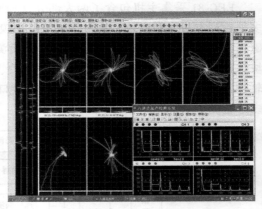

图 4-17　　EEC-2008net 检测系统采集数据时人机对话的界面

　　目前，该检测系统已经在大亚湾核电站与岭澳核电站进行了现场应用，经检测实验室检测及管道现场实际检测，结果表明，该系统的功能与技术指标与使用说明书所述相吻合，并取得了良好的使用效果。该系统的投入使用，大大提高了检测准确度和现场检验效率，检验效率提高约 30%，并且方便了检测数据库的建立，对于重要部件健康状况的监测与评估具有重要意义。该系统能够完全满足实际检测的需要，检测结果可靠，检测速度快。该系统在大亚湾核电站检测现场的应用如图 4-18 所示。

图 4-18　　电磁及声学网络化集成无损检测系统在大亚湾核电站检测现场的应用

## 4.3.2　大型空心轴超声电磁自动检测系统

　　为了便于检测，同时减轻设备重量，多数大型旋转装备的轴系均采用空心结构，如电力设备中的大轴中心孔和轨道交通中动车组的动轴与拖轴的中心孔等。此类轴系的完整可靠是装备安全运行的重要保证。因此大直径空心轴类必须定期进行在役无损检测，及时发现内部存在的裂纹、腐蚀及异常应力集中等缺陷，以有效预防断轴事故发生。爱德森（厦门）电子有限公司研制的 EUT-I 型动车空心轴超声电磁自动检测系统，曾经获 2014 年度福建省科技进步二等奖。

**1. 新一代大型空心轴专用超声电磁自动检测系统**

目前，国外大直径空心轴类检测设备主要有德国、日本和意大利等国的产品。我国引进了德国和日本产的两种不同型号的空心轴检测设备，在铁路动车维护检查中使用。进口检测设备主要部件是由国外进口的，价格昂贵，一般一套设备可达几百万人民币。同时，国外设备的售后服务受生产地距离遥远的影响，配件供应周期较长，一旦出现问题，检测系统有可能数月内无法工作，从而影响被检测设备的正常运行。

国内爱德森（厦门）电子有限公司设计开发了大型空心轴超声电磁自动检测系统，是基于我国现有的大型空心轴实际检测需求独立研发而成的新一代大型空心轴专用检测设备，它可实现对大型空心轴的快速、全面自动化检测，同时检测结果明了，易于检测人员对车轴的健康状况进行判断。在检测时，系统可实现对大型空心轴的快速、全面集成检测，其集超声、涡流、金属磁记忆检测功能于一体，可实现内部与表面缺陷的精确定量、准确定性与可靠定位。其创新的超声信息引导技术及探杆推进方式，使系统工作稳定可靠。其设计的万向对接吊装模式机械结构，可使操作更简便，减少因碰撞跌落对仪器的损伤。对标准空心样轴上的人工缺陷，该系统都可有效地检出，并可显示出所有缺陷信号和缺陷位置，兼具 A 扫描、B 扫描和 C 扫描功能，可永久记录检测数据。

国外同类产品多数仅具有单一超声检测功能，德国 GMH-Prüftechnik GmbH 的 2011 年款空心轴检测系统可同时实现超声、涡流检测，但其开发成功的时间较晚。与国内外同类产品相比，大型空心轴超声电磁自动检测系统可以同时实现超声、涡流与金属磁记忆三项检测功能；可根据空心轴轮廓图自动设定超声检测闸门和可实现对空心轴内表面和浅表面的涡流和金属磁记忆（E-SCAN）三维成像；其所有功能集成在一块板卡上，采用单网线完成机械装置及电子设备的操控。与进口的超声检测系统相比，其增加了涡流和金属磁记忆一体化检测功能，可实现涡流、磁记忆同时检测与同屏实时显示，可准确判断工件的缺陷、早期疲劳损伤与应力集中状态，实现空心轴的综合全面分析，总体技术已达到国际先进水平。

**2. 检测系统的基本原理**

大型空心轴检测系统由旋转探头、超声检测系统、机械控制系统、探头推拔系统、油路耦合系统以及工业用计算机系统等子系统组成，如图 4-19 所示。

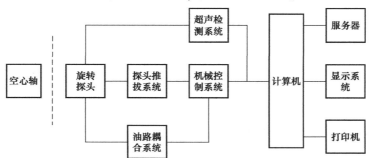

图 4-19　大型空心轴检测系统的结构示意图

（1）机械控制系统　机械控制系统主要对空心轴检测系统中的机械部分进行控制，并与主计算机进行通信。受该系统控制的部分主要有探头旋转机构、探头推拔机构、油路耦合机构等。多组控制器之间采用 CAN 总线级联。

（2）超声检测系统　超声检测系统部分是"空心轴超声检测系统"的核心部分之一，其主要用于激励旋转探头产生超声波，并对接收到的超声波信号进行前置放大、模-数转换、滤波处理等，并通过网络接口与主计算机进行数据传输和通信。其结构框图如图 4-20 所示。

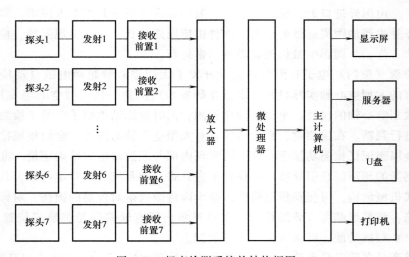

图 4-20　超声检测系统的结构框图

（3）主计算机　检测系统的主计算机装有必需的软件系统，用于操作者对机械控制系统、超声检测系统等进行控制，并将超声检测系统所获得的检测数据进行进一步处理和显示，可显示所有通道的 A 型回波数据、B 型扫查结果以及 C 型扫查结果。软件中内置有各种空心轴检测的工艺文件等。当操作人员使用此系统进行空心轴超声检测时，首先需要记录检测的条件、对象以及操作人员等信息，然后由软件自动调入相应的工艺文件实施自动检测，检测的结果可存储于本机中。由于采用了网络化技术，空心轴超声检测的软件系统可接入装备信息管理系统中，也可与专用的服务器进行数据传输，实现远程数据管理。

**3. 机械控制系统及其原理**

　　机械控制系统主要由系统电源、工控工作站及操作系统、超声波信号的发射和接收控制、探头送进机构的控制、探头位置检测系统及系统状态检测等几部分组成。其结构如图 4-21 所示。

（1）旋转探头设计　考虑到空心车轴的结构形状，充分利用其通孔，将超声探头从通孔中导入，通过超声检测机的探头在通孔中移动同时对车

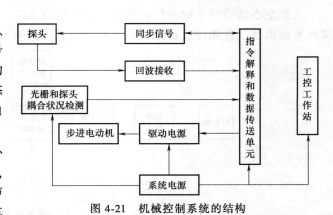

图 4-21　机械控制系统的结构

轴进行旋转扫查检测，从而完成对空心车轴全轴的检测。置于超声检测系统内的超声探头是检测系统的核心部分，其尺寸形状及其相关参数选择得合理与否将直接影响到检测的成败。为确保检测时探头检测面与孔壁的良好接触，将探头检测面加工成外凸形的圆弧面，其曲率与孔壁的曲率相等，以保证检测时的最大透射声能。探头采用斜探头，其折射角的选择也将影响检测的效果。一般折射角选择过大或过小都会影响超声波声程，从而影响检测灵敏度，使车轴上径向疲劳裂纹的检出率降低。为此，通过各种不同折射角的探头对空心车轴进行对比试验，并参照空心车轴疲劳裂纹的特点确定超声探头的折射角为 40°。此外，超声探头的频率也是一个相当关键的参数，恰当地选择频率，不仅能保证超声波声束的指向角，有利于检出小缺陷；而且能有效地阻止超声波能量的大幅衰减。通过对空心车轴实轴试块的大量试验和分析，确定超声探头的频率为 4MHz。

图 4-22　旋转探头实物图片

EUT-I 的旋转探头的检测模式发展了德国和日本在空心轴检测中的技术特色，做了进一步的改进。考虑到工艺方面的因素，超声探头由 45°前向、45°后向、70°前向、70°后向、63°顺时针方向、63°逆时针方向和 0°双晶直探头共 7 个中心频率为 4MHz 的探头组成，可对车轴内部及外表面的纵向缺陷、横向缺陷等进行检测。旋转探头具有 2~7 个探头同时工作的模式，可设置不同的检测速度和灵敏度。这种方法兼顾了德国空心轴七通道检测设备的高精度优点与日本空心轴双角度检测设备的高速扫查特点，实现了不同检测需求下最优检测方案的灵活选择。旋转探头实物图片如图 4-22 所示。

（2）探头推拔系统　检测时，探头在空心车轴的轴孔中沿轴向自动行走扫查，由于是车轴的在役检测，推拔系统必须随着车轴的不同位置移动，旋转探头自动送进装置由电动机驱动，探头旋转进入车轴，这就决定了检测主机体积不能过大。该检测主机的探头推拔系统可以实现推进检测和拉回检测，即具有双向检测的能力，其最大推送范围为 2.7m，完全可以满足空心轴单次完成整根轴检测的需求。系统的直线运动速度为 3~12mm/s，根据不同的工作模式而选择不同的运动速度。装置上还装有传感器及光栅编码器，分别进行车轴起始点和轴上缺陷位置的定位。检测推进速度和探头旋转速度可调，推进速度范围为 0~500mm/s，旋转速度范围为 0~75r/min，设置有安全限位开关、末端位置信号开关、停放位置信号开关、起始位置信号开关等。

（3）油路耦合系统　超声波在传播过程中遇到不同的介质时，会发生反射和折射。两种介质的声阻抗相差越大，超声波的反射率也越大，透射率则越小，不利于检测。为保证足够的透射率，超声检测必须在介质的界面上涂覆耦合剂，以尽量减少超声波能量的损失。耦合剂的种类很多，针对空心车轴的材质和实际的检测状态，采用具有一定黏度的机油作为耦合剂，可以保证良好的声耦合。

耦合剂储存箱容积为 5L，在检测过程中能够做到实时监测、循环利用，系统中的过滤网也可定期拆卸清洗，以避免因长期工作而造成油路堵塞。供油系统供油量为 30~40mL/min，采用具有自动回收油液功能的探头，测定了现行检测装置与新开发检测装置的用油量，以及车轴上的残油量。测定结果表明，现行检测装置每一次检测作业约有 400mL 的残油量，而新开发的装置车轴上的残油大体上可全部回收。结果表明，无需在现行检测作业后进行手工回收车轴上残油的作业，也可省去随之而来的附带作业，因此缩短了回收油液的作业时间，作业时间只需手工油回收作业的 60% 的时间。

（4）万向对接吊装系统　在检测过程中，将检测主机拉至空心轴的轴端，使其固定在轴端，装置采用了自平衡的技术，当位置不合适时，可以轻松地推至适当的位置进行检测，当处于工作状态时，系统会自行加锁，固定住主机，避免检测时的晃动干扰，也防止主机掉落。万向对接吊装系统可实现在 360～1500mm 范围内任意调整探头适配器的高度和方向，以方便对接空心轴。

### 4. 大型空心轴超声电磁自动检测系统的特点

大型空心轴超声电磁自动检测系统也是集成系统设备的典型实例，其主要特点如下：

1）集成了超声、涡流和金属磁记忆三种超声和电磁检测功能。该系统集成超声与涡流和金属磁记忆电磁检测功能，可同时实现涡流与金属磁记忆检测功能，可实现对空心轴内表面及浅表面的缺陷检查，并对车轴体内可能存在的应力集中区域进行检查。

2）多角度检测探头的多工作模式。该系统中的旋转探头配备有不同角度的检测探头，使系统具有两种技术设备的工作模式，实现了不同检测需求下最优检测方案的灵活选择。

3）超声信号引导技术及探杆推进方式。其研制了具有 8 通道的高信噪比的旋转探头超声信号引导耦合器，并采用槽型链条作为检测探杆的推拔机构，使得整机做到结构简洁紧凑，系统工作稳定可靠。

4）万向对接吊装模式和自动平衡技术。系统设计的万向对接吊装模式机械结构精巧，操作简单易用，系统稳定可靠，可满足复杂应用，并采用了自动平衡技术，当处于工作状态时，系统自动加锁，避免检测主机发生掉落的可能性。

5）数字式杂波抑制技术。其采用的数字式杂波抑制技术可用来抑制杂波信号（噪声），提高信噪比。

6）人性化的软件设计。在系统控制模块中，可实现超声检测模块各通道参数独立调节、整体调节、参数工艺文件的制作与读取等，各通道波形数据可以进行 A、B、C 扫描显示，并进行数据的存储和回放，还可以经互联网远程查询调用等。

7）优化的油路耦合技术。系统选用机油作为超声检测的耦合剂，在检测过程中能够做到实时监测油位、油温，在探头部分具有自动回收油液的功能，实现油液的循环利用。

图 4-23 所示为 EUT-I 型大型空心轴超声电磁自动检测系统的工作场景。图中间下方是检测机械系统的主机，它悬挂在万向对接吊装系统的横梁上，在图的左侧可以看出检测机械系统主机已经与空心轴正确对接，它的旋转探头已经插入空心轴。图 4-24 所示为回放的检测结果，同时显示了 A、B、C 三种扫描检测方式的图像。图 4-25 所示为该系统的涡流/磁记忆 E-Scan 三维成像效果图。所有的显示方式可以在系统的人机对话界面由用户根据需要随时切换。

图 4-23　大型空心轴超声电磁自动检测系统

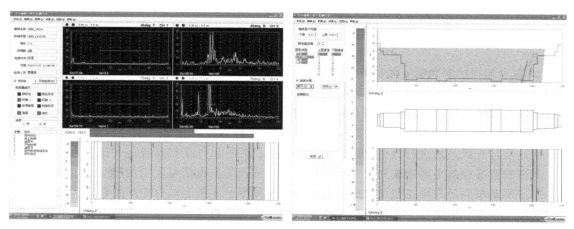

图 4-24　空心轴超声检测（A、B、C扫描）与结果回放

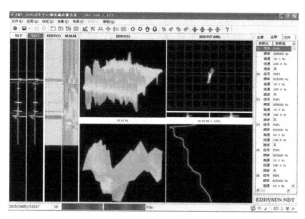

图 4-25　空心轴涡流/磁记忆 E-Scan 三维成像效果图

## 4.4　多项无损检测功能一体机集成技术

第三类无损检测集成技术是将两种或两种以上的无损检测技术集成到一台仪器中。基于第三类集成技术的仪器是综合多种无损检测方法的一体化便携式无损检测集成仪器。多种无损检测方法一体机可为用户提供很大的方便，而且能使用户对检测数据迅速进行综合比较分析，或实施数据融合分析，提高检测的可靠性。此类无损检测集成技术的仪器多数是通用性仪器。

如前所述，成熟发展的数字电子技术，导致 FPGA、ARM、DSP 等集成电子器件得到大量应用，这使得研制和开发第二类集成技术产品成为可能。同样，数字电子技术的这些发展，也使得研制和开发全新的综合多种无损检测方法的一体化便携式无损检测集成仪器成为可能。建立开放式的软硬件共享数字信息处理平台，再匹配上按照不同检测方法各自的不同检测原理所决定的各自不同的信号产生、接收与处理的硬件电路和软件，即可实现这些无损检测方法的一体化便携式集成。共享平台通常包括信号发生的控制、信号放大、信号显示、数据采集、可视化以及数据存储和记录、系统软件等硬件和软件。

## 4.4.1　智能涡流/超声检测仪

### 1. 多项无损检测功能一体机的原理

超声检测系统的主要组成和工作原理可简单地描述为：信号发生器产生脉冲信号，经驱动电路产生高压脉冲，激励发射探头转换成超声波发射到被测试件中，从被测试件中返回的超声波被接收探头接收并转换成电信号，该电信号经前置放大和信号调理后由 A/D 数据采集模块送至计算机系统进行数据管理、显示和分析，并可以外接打印设备和报警电路。

涡流检测系统的主要组成和工作原理可简单地描述为：由信号发生器产生一定频率的信号，经过驱动电路后产生正弦波或脉冲波激励探头线圈，在被测试件中产生涡流，接收探头接收到经工件返回的信号，该信号经前置放大后，由相敏检波模块、平衡滤波进行处理，处理后的信号经过增益放大，由 A/D 数据采集模块送至计算机系统进行数据管理、显示和分析，并可以外接打印设备和报警电路。

由这两种检测方法的组成可知，它们既有各自不同的信号转换、提取及处理单元，又具有一部分相同的模块，如信号发生、信号放大、A/D 采集、数据存储管理、记录、报警、打印和可视化显示等。如果通过设计切换开关，进行硬件和软件上的合理分配，充分利用其共有资源，将两种检测方法整合为一台具有综合检测功能的产品，便可为用户提供很大的方便，更为重要的是，其检测数据的集中管理能方便用户进行综合比较分析。目前的实践证明，实现这种整合的无损检测集成技术是完全可能的。

### 2. 智能涡流/超声检测仪的设计

国内爱德森（厦门）电子有限公司设计开发了智能涡流/超声检测仪，是基于无损检测集成技术，针对我国某新型飞机研发的第二代综合无损检测设备。该仪器独创的非等幅相位报警等涡流检测能力以及采用 12 位 A/D 的 80Mbit/s 高速采样，集成了涡流检测功能、超声检测功能、数字信号处理技术、表面安装技术（SMT）等，具有功能强大、技术超前、可扩展性好、携带方便等特点。智能涡流/超声检测仪是一套多功能、多信息、便携式的电磁检测系统，该系统的多种检测功能各有特色，相辅相成。多种检测信息相互融合，同一检测对象通过多种方法的检测，可较好地避免漏检和误检，确保部件运行的安全、可靠。

智能涡流/超声检测仪由新型固态锂电池供电，电子模块集成化、智能化程度很高，可实现"傻瓜"操作，即根据所需要的检测任务，由专业人员预先设定最佳的仪器参数，如频率、增益、相位、滤波、场强等工艺参数，现场检测时，操作人员随时调入所需的检测参数即可开展工作。设备软件界面友好，操作简便、快捷，具有菜单操作、热键提示帮助等功能，方便人机对话，技术人员无须经长时间的特别培训就能上岗开展工作。

（1）检测功能

1）多频涡流检测功能：具有多个独立可选频率，可同时采用多频率进行检测。该仪器具有 64Hz~5MHz 的可选频率范围，该功能特别适用于核能、电力、石化、航天等部门在役铜、钛、铝、锆等各种材质管道（裂纹、壁厚减薄、腐蚀坑等）的检测及壁厚测量，并能有效抑制在役检测中由于支承板、凹痕、沉积物及管子冷加工所产生的干扰信号，去伪存真，提高了涡流检测信号的评价精度。由于采用了全数字化设计，能够在仪器内建立标准检测程序，方便用户现场检测时调用。该仪器适用于一般缺陷评估（叶片、轮毂、起落架等飞机构件的表面检测）；各种金属焊缝检测；原位检测紧固件铆钉孔或螺栓孔的内裂纹；检测薄板的厚度变化（擦伤、锈蚀、机械磨损等）；导体上非导电涂层或镀层的厚度；检测复合材料层间腐蚀（如对飞机多层结构、铝蒙皮和机身机翼接头等的检测）；监控热处理状态的变化和材料分选等。

2）高灵敏度超声检测功能：由强发射、宽频带、高灵敏度、低噪声回波信号放大器，大容量 FPGA 和高速 CPU 组成的通用型超声检测模块，具有检测灵敏度高、穿透力强、功能完备、适用面广的特点，可以根据被检工件的情况和检测要求设置仪器条件，配备不同的探头来达到最佳的检测效果。该仪器的强发射、高穿透力与高灵敏度、窄频带结合，特别适用于大型厚重工件（如大锻件、铸件）和复合材料的检测；而弱发射、高分辨力与宽频带结合，再配上窄脉冲探头，又可获得极高的分辨力，方便发现工件中的微小缺陷。此外，仪器的数字功能完善齐备，操作简便，存储量大，可预先存好不同工件检测条件的仪器参数和距离-幅度曲线供现场调用，也可将现场检测回波记录存储并同计算机通信，方便分析研究和存档管理。该仪器属于通用型超声检测仪，可配用不同探头以完成不同的检测任务。如配用直探头做纵波检测，配斜探头做横波检测，配表面波探头做表面波检测，配高频窄脉冲探头做高分辨力检测等。

该仪器配有多种不同形式的传感器及长度计测器，可适应不同形式的检测需要。

（2）检测特点及参数　智能涡流/超声检测仪具有涡流/超声检测功能和涡流实时多踪图形显示功能。该仪器采用人机对话、菜单提示和热键帮助。开机后仪器直接显示五种功能主菜单，选定功能后进入相应检测模块，随后即自动调入上次正常退出时的检测工艺参数，并进入检测状态。该仪器采用电致发光平板显示技术（美军标），以满足宽温、抗振、宽视角、高亮度、高对比度的现场检测要求，电致发光还有清晰、快速响应和无需背光等特性。金属缺陷的位置可在检测过程中即时确定。随机配套软件可对所采集的信号进行回放、分析或打印等。涡流/超声检测参数、图形、文件均可存储于仪器内并随时调用。可通过 RS232 通信接口与台式计算机或同类仪器通信，传输图形、文件、仪器参数等数据，实现检测结果的计算机管理。

智能涡流/超声检测仪具有涡流检测频率 2 个，检测通道 1 个，阻抗平面 2 个，自动混频单元 1 个。其检测频率范围：64Hz～5MHz；增益：0～90dB，每档 0.5dB；自动/手动幅度和相位测量；阻抗平面图及时基扫描曲线显示；报警域：8 个（一个阻抗平面中）；独创的非等幅相位/幅度报警；快速模拟/数字式电子平衡；滤波方式：3 种；滤波点数：1～100；实时操作提示，热键帮助；可与同型仪器或计算机进行参数、图形传输等。

智能涡流/超声检测仪具有超声检测功能，工作频率范围：1～5MHz、0.5～15MHz、3～16MHz 三档，增益调节：0～110dB，分 0.5dB、1dB、2dB、6dB 步进；增益微调：-2～+2dB，共分 40 档，每档 0.1dB；检波方式：正/负向检波和双向检波，可射频输出；探测范围：0～9999mm（钢纵波）连续可调，最小显示范围 5mm；脉冲移位：-10～1000mm（钢纵波）；探头零点：0～200μs；材料声速：1000～9999m/s；阻尼：高、中、低三档；抑制：0～80%，线性抑制；垂直线性误差：≤3%；检测灵敏度余量：≥64dB；测量分辨率：0.03mm；距离-幅度曲线：最多能记录 10 个回波参考点，可改变距离-幅度三线间距离，可修正回波参考点；闸门：a、b 两个独立报警闸门，a 闸门还可设定为跟踪闸门模式；测量点选择：可选闸门内第一回波的前沿或峰值；回波评价：可选择显示声程、水平距离、垂直

距离、回波幅度、dB 差值；存储：可存储 1000
组数据和参数；A 型回波冻结：可冻结 A 型检
测界面。改进型的便携式电磁/超声检测仪
SMART 2005KK 的外观如图 4-26 所示。

## 4.4.2　超声/涡流/漏磁集成检测仪器

在核能、电力和石油化工等领域，某些装置
（如核反应堆蒸汽发生器、冷凝器等）中都有许
多金属管道，包括铜管、钛管、奥氏体不锈钢管
以及无缝钢管等，在使用过程中由于高温、高压
和强腐蚀介质的作用，管壁容易受到损伤和腐蚀

图 4-26　改进型便携式电磁/超声
检测仪 SMART 2005KK 的外观

破坏，产生裂纹、点蚀或减薄等，严重威胁着设备的安全运行。采用检测仪对这些管道系统
进行定期的检测、检查，称为在役无损检测。管道在役检测是无损检测的重要应用之一。

如冷凝器传热管在常规火电厂和核电站中都是蒸汽侧与冷却水侧的分水岭，由于传热管
本身比较薄，经历一段时间运行后，传热管会出现各种形式的泄漏现象。一旦出现泄漏，电
厂将被迫降低功率停机堵管，以免影响蒸汽侧水的品质。为了尽可能避免出现这种情况，电
厂一般都会在停机检修期间检查传热管，目前的常规检测法有多频涡流检测法、声脉冲检测
法、超声检测法、漏磁检测法和相控阵涡流检测法等。

**1. 在役金属管道常见缺陷**

由于环境、应力、材质共同作用引起的应力裂纹，主要发生在晶粒界面，这种裂纹通常
窄而深；管道的冷热交变有时会导致热疲劳裂纹；管壁与流体杂质的化学反应，与流体内固
体颗粒的碰撞，或与振荡物体的接触引起磨损等，会引起管道内壁局部锈蚀、变薄，甚至点
蚀穿透。在役金属管道常见的缺陷形式如下：

（1）凹陷　主要为内凹，产生原因是传热管在安装时的磕碰以及冷凝器在检修时因人
为或工具等造成管道的碰伤或砸伤。

（2）裂纹　管道在制造过程中不可避免地存在材质或工艺方面的微小缺陷，在使用过程
中，微小缺陷会逐渐发展成危险性的缺陷，例如在胀管区受胀管工艺的影响而产生的裂纹。

（3）冲蚀凹坑　通常在在役运行期间形成，正常情况下内壁的腐蚀凹坑相对危害比较
小，而外壁的腐蚀凹坑对传热管的危害比较大。这主要是因为冷凝器蒸汽侧工作介质是来自
低压缸末级叶片所甩下来的湿度较大的蒸汽，在离心力的作用下，湿蒸汽中的小液滴沿叶片
圆周的切线方向飞出，集中对传热管的某些区域造成正面冲击。因而这些区域会呈现集中减
薄的特点，而减薄区域中由于制造时遗留下的气孔、夹渣、划痕等微小缺陷很容易发展为贯
穿性缺陷。

**2. 超声/涡流/漏磁集成检测仪器的设计及应用**

金属换热器在役检测可人工推拉探头，也可配备探头半自动推拉装置或探头自动定位推
拉装置（机械手）。核电站核岛中的金属管道在役检测时，由于环境中充满射线污染，必须
配置探头自动定位推拉装置。检测前应对仪器设备进行调试。检测探头的频率特性和灵敏度
是用主检频率来测试的，而用辅助低频与主频混合以消除支承板附近的缺陷的涡流信号的
影响。

国内爱德森（厦门）电子有限公司设计开发了 EEC-508 型超声/涡流/漏磁集成在线检测仪，它集成了 8 通道超声、8 通道涡流和 8 通道漏磁三种在线检测方法，可以实现材质为铜、钛、铝、钢等的 $\phi5 \sim \phi100mm$ 管棒材的一体化检测。该检测仪外形如图 4-27 所示。

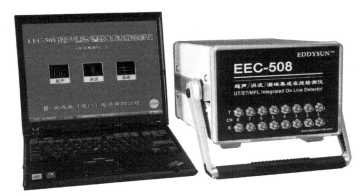

图 4-27　EEC-508 型超声/涡流/漏磁集成在线检测仪的外形

目前，国家质量监督检验检疫局苏州培训基地已将 EEC-508 型超声/涡流/漏磁集成在线检测仪指定为培训考核专用仪器。图 4-28 所示为其培训考核现场。

图 4-28　EEC-508 型超声/涡流/漏磁集成在线检测仪在培训考核现场

## 4.5　跨界检测与无损检测集成技术

第四类集成检测技术不再局限于采用无损检测技术，它是一种将无损检测技术与其他检测或者监测技术集成为一体的跨界检测集成技术。无损检测在保证重大装备安全的工作中起到了举足轻重的作用，然而一些装备、结构无法利用一般的无损检测技术进行监控，比较常见的是各类建筑结构。钢筋混凝土结构具有整体性、耐久性、耐水性等诸多实用性的优点及造价低廉等优势，一直被用作工程结构设计的材料。自从通用硅酸盐水泥问世以来，钢筋混凝土结构就在桥梁、大坝、高速公路、工业与民用建筑等结构中得到了广泛应用，是土建工程中不可缺少的材料。但是随着全球工业化进程的逐步提高，人类活动对环境造成了严重的污染，气候变暖、大气污染、酸雨等现象越来越严重，钢筋混凝土结构长期暴露在恶劣的环

境当中，酸性物质通过混凝土的空隙和
毛细孔道剥蚀了钢筋的钝化层，钢筋腐
蚀情况严重，进而使钢筋混凝土的整体
结构和稳定性受到影响。钢筋混凝土结
构腐蚀引起混凝土结构的破坏，造成的
后果是十分严重的，长期腐蚀下会出现
钢筋减薄断裂，进而会出现混凝土断裂
坍塌的危险。图 4-29 所示为钢筋混凝土
腐蚀导致工程结构破坏的实例。

为了确定钢筋混凝土的安全性和耐
久性是否满足要求，需要对钢筋混凝土
结构进行检测和鉴定，对其可靠性做出
科学评价，然后进行维修和加固，以提
高钢筋混凝土结构的安全性，延长其使

图 4-29　钢筋混凝土腐蚀导致工程结构破坏的实例

用寿命。实际应用中，通常采用人工定期抽样方法来检测钢筋混凝土腐蚀，由试验结果来评
定钢筋混凝土的质量，对于大型钢筋混凝土设施，检测效率低，易出现漏检。

基于钢筋混凝土的腐蚀机理，为全面、准确地反映原位钢筋混凝土的质量状况，可将电
磁涡流与电化学集成监测装置预埋到被检钢筋混凝土中，采用无线信号传输及无线充电方
式，实现对在用钢筋混凝土的腐蚀与减薄程度的远程、长期原位监测，并进一步预测被检钢
筋混凝土的使用寿命。

**1. 钢筋混凝土的腐蚀机理**

混凝土空隙中的水分通常以饱和的氢氧化钠溶液形式存在，pH 值为 12.5。在此强碱性
环境中，钢筋表面形成钝化膜，阻止钢筋进一步腐蚀。因此，在没有裂缝的混凝土结构中钢
筋基本上也不会发生腐蚀。但是，当钢筋混凝土结构存在裂缝时，钢筋表面的钝化膜就会受
到破坏，其表面成为活化态，就容易发生腐蚀。

呈活化态的钢筋表面所发生的腐蚀反应的电化学机理是：当钢筋表面有水分存在时，发
生铁电离的阳极反应和溶液态氧还原的阴极反应，反应式如下：

阳极反应 $\qquad\qquad\qquad Fe-2e^-\rightarrow Fe^{2+}$

阴极反应 $\qquad\qquad\qquad O_2+2H_2O+4e^-\rightarrow 4OH^-$

腐蚀过程的全反应是阳极反应和阴极反应的组合，在钢筋表面析出氢氧化铁，反应式
如下：

$$2Fe+O_2+2H_2O\rightarrow 2Fe^{2+}+4OH^-\rightarrow 2Fe(OH)_2$$
$$4Fe(OH)_2+O_2+2H_2O\rightarrow 4Fe(OH)_3$$

该化合物被溶解氧化后生成氢氧化铁 $Fe(OH)_3$，并进一步氧化成红锈和黑锈，在钢筋
表面形成锈层。红锈体积可大到原来的四倍，黑锈体积可大到原来的两倍。铁锈体积膨胀，
对周围混凝土产生压力，将使混凝土沿钢筋方向开裂，进而使保护层成片剥落，而裂缝及保
护层的剥落又进一步导致钢筋发生更剧烈的腐蚀。

在生产实践当中，$Cl^-$ 的存在不仅会影响混凝土的抗渗性能，而且会直接破坏混凝土中
钢筋的钝化膜，形成原电池，加速原电池的反应速率。

当钢筋混凝土结构层出现横向裂缝时，裂缝处的钢筋表现为阳极，未开裂处的钢筋为阴极。根据电化学原理，钢筋腐蚀须具备以下四个条件：

1）钢筋表面要有电势差。

2）阴极和阳极之间要有电介质联系。

3）在阳极，金属表面要处于活化状态。

4）在阴极，钢筋表面要有足够数量的氧气和水分。

对裂缝处的钢筋，在一般大气条件下，条件1）、2）已经具备；从客观上讲，裂缝处的钢筋是阳极，混凝土未开裂处的钢筋是阴极，由于裂缝处钢筋暴露于空气中，钢筋失去混凝土的保护，钝化膜受到破坏而处于活化状态，因此，条件3）也具备；至于条件4），氧气的扩散速度越快，钢筋腐蚀越快，因此腐蚀的速度取决于混凝土的密实度及保护层厚度，混凝土密实度越差，腐蚀速度越快。

**2. 钢筋混凝土腐蚀集成检测技术——无损检测+电化学检测**

（1）涡流检测　　无损检测是获得原位钢筋混凝土真实质量的有效方法，早在20世纪30年代，人们就开始研究钢筋混凝土无损检测技术。涡流检测是一种应用较广泛的无损检测技术，是一种建立在电磁感应原理基础之上的检测方法。将受检钢筋混凝土接近通有交流电的线圈，由线圈建立的交变磁场与受检钢筋混凝土发生电磁感应，在受检钢筋混凝土内感生出涡流，此时，受检钢筋混凝土中的涡流也会产生相应的感应磁场，并影响原磁场，进而导致线圈电压或阻抗的改变。当受检钢筋混凝土中的钢筋表面发生减薄等变化时，会影响涡流的强度和分布，并引起线圈电压或阻抗的变化。因此，通过仪器检测出线圈中电压或阻抗的变化，即可间接判断受检钢筋混凝土中钢筋的减薄程度。

（2）电化学检测　　钢筋混凝土腐蚀是一个电化学过程，电化学测量是反映其本质过程的有力手段。电化学方法通过测定钢筋混凝土腐蚀体系的电化学特性来确定钢筋混凝土的腐蚀程度或速度。电化学方法具有测试速度快、灵敏度高、可连续跟踪和原位测量等优点。钢筋混凝土腐蚀的电化学检测方法主要有自然电位法、交流阻抗谱技术和极化测量技术等。本书中采用电化学实时监测钢筋混凝土的 pH 值、$Cl^-$ 浓度、极化电阻、腐蚀电位等参数。图 4-30a 所示为电化学多参数腐蚀监测传感器实物；图 4-30b 所示为电化学多参数腐蚀监测测量及分析系统示意图，通过观测电化学腐蚀检测信号间接判断受检钢筋混凝土的腐蚀量，多参数综合评价受检钢筋混凝土的腐蚀倾向性、腐蚀速度、安全性及服役寿命。

**3. 钢筋混凝土原位监测的实现方案**

图 4-31 所示为本书提出的钢筋混凝土原位无损检测+电化学检测集成监测装置，在灌注混凝土之前，将标准钢筋试块①（与被检钢筋⑨材质结构相同）与涡流检测传感器②、电化学腐蚀检测传感器③、无线信号传输装置④、磁感应式充电电源⑤一同预埋固定在被检钢筋⑨周围，其中电磁涡流检测传感器②、电化学腐蚀检测传感器③都固定在标准钢筋试块①上，通过无线信号传输装置④，涡流检测传感器②与涡流检测仪⑥无线连接，电化学腐蚀检测传感器③与电化学腐蚀检测仪⑦无线连接。磁感应式充电电源⑤与涡流检测传感器②、电化学腐蚀检测传感器③、无线信号传输装置④连接，检测人员定期通过磁感应充电器为预埋在钢筋混凝土内的磁感应式充电电源充电，确保磁感应式充电电源为无线信号传输装置、电磁涡流检测传感器、电化学腐蚀检测传感器提供充足的电能。

钢筋混凝土在用过程中，由于标准钢筋试块与被检钢筋在相同的混凝土环境中，标准钢

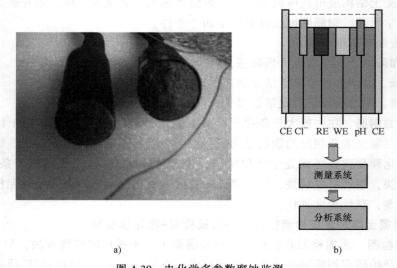

a)　　　　　　　　　　　　　　　　b)

图 4-30　电化学多参数腐蚀监测

a）电化学多参数腐蚀监测传感器实物　b）电化学多参数腐蚀监测测量及分析系统

筋试块与被检钢筋将具有相同的腐蚀变化，通过监测标准钢筋试块腐蚀变化，即可间接监测被检钢筋的腐蚀变化，监测方法如下：

1）钢筋混凝土在用过程中，通过无线信号传输装置，涡流检测仪定时激励涡流检测传感器检测标准钢筋试块，涡流检测传感器将采集的涡流检测信号通过无线信号传输装置传输至涡流检测仪，涡流检测仪处理、存储涡流检测信号，涡流检测仪以涡流检测信号幅度大小为纵坐标、以涡流检测信号的采集时间为横坐标，制作涡流检测信号监测曲线，当标准钢筋试块腐蚀减薄后，涡流检测信号幅度将变小；检测人员通过观测涡流检测信号监测曲线间接判断被检钢筋的减薄程度。

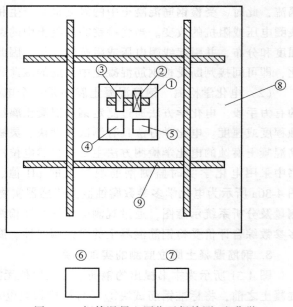

图 4-31　钢筋混凝土原位无损检测+电化学
检测集成监测装置

2）钢筋混凝土在用过程中，通过无线信号传输装置，电化学腐蚀检测仪器定时激励电化学腐蚀检测传感器检测标准钢筋试块，电化学腐蚀检测传感器将采集的电化学腐蚀检测信号传输至电化学腐蚀检测仪，电化学腐蚀检测仪处理、存储电化学腐蚀检测信号，电化学腐蚀检测仪以电化学腐蚀检测信号大小为纵坐标、以电化学腐蚀检测信号的采集时间为横坐标，制作电化学腐蚀检测信号监测曲线；检测人员通过观测电化学腐蚀检测信号监测曲线间接判断被检钢筋的腐蚀量。

3）检测人员通过比对涡流检测信号监测曲线与电化学腐蚀检测信号监测曲线，从而预测被检钢筋的使用寿命。

进一步地，对于大型钢筋混凝土设施，可以将多个监测装置预埋到大型钢筋混凝土设施中的多个监测点中，通过对多个监测点实施涡流检测与电化学集成监测，实现整个大型钢筋混凝土设施的安全状态及使用寿命的评估。

# 4.6　智能无损检测机器人

## 4.6.1　机器人

机器人综合了许多学科的发展成果，代表了高技术的发展前沿，是当代最高端的技术集成。现在，机器人已经是一个人们十分熟悉的名词。然而实际上，机器人的概念在不断地变化，机器人所涵盖的内容越来越丰富，机器人的定义也不断充实和创新。

20 世纪 50 年代，美国橡树岭国家实验室开始研究能搬运核原料的遥控操纵机械手。美国在机械手和操作机的基础上，采用伺服机构和自动控制等技术，研制出有通用性的独立的工业用自动操作装置，并将其称为工业机器人。1962 年，美国生产出商用工业机器人出口到世界各国，掀起了全世界对机器人研究和开发的热潮。

1965 年，美国开始研究第二代带有传感器的"有感觉"的机器人，1968 年，拉开了第三代机器人——智能机器人研发的序幕。1969 年，日本研发出第一台以双脚走路的机器人。日本专家以研发仿人机器人见长。1973 年，小型计算机开始与机器人携手。1978 年，通用工业机器人问世。1984 年，综合服务机器人问世。1999 年，日本推出娱乐机器人。机器人具有各种各样的外形和功能。

在 1967 年日本召开的第一届机器人学术会议上，提出了两个有代表性的机器人的定义。但是，机器人的定义是多种多样的，其原因就是机器人的概念具有一定的模糊性。一些人认为"机器人就是一种具有自动控制的任何高级的自动机械"，这样，那种由一个人操纵的机械手也属于机器人的范畴。实际上，人形机器人并不是目前机器人领域的主要研究方向，它常常作为一种展示机器人研究成果的方式。

国际标准化组织采纳了美国机器人协会给机器人下的定义："一种可编程和多功能的操作机；或是为了执行不同的任务而具有可用计算机改变和可编程动作的专门系统。"我国科学家对机器人的定义是："机器人是一种自动化的机器，所不同的是这种机器具备一些与人或生物相似的智能能力，如感知能力、规划能力、动作能力和协同能力，是一种具有高度灵活性的自动化机器"。

机器人技术综合了多学科的发展成果，代表了高技术的发展前沿，是当代最高端的自动化技术。从世界工业发展的潮流看，发展机器人是一条必由之路。现在，我国机器人产业已经开始进入爆发式增长期。并且，作为机器人增长最快的市场，到 2012 年，我国已成为仅次于日本的全球第二大机器人市场。自 2013 年起我国成为全球第一大工业机器人应用市场。2018 年我国工业机器人销量连续六年占据世界首位，从装机量来说，我国占全球市场的 36%。机器人代替传统机器将成为全球趋势，无损检测机器人也不例外。

我国的机器人专家将机器人分为两大类，即工业机器人和服务机器人。所谓工业机器人就是面向工业领域的多关节机械手或多自由度机器人。而服务机器人则是除工业机器人之外的、用于非制造业并服务于人类的各种先进机器人。

2016 年 4 月 27 日，工业和信息化部、国家发展改革委、财政部三部委联合发布了《机器人产业发展规划（2016—2020 年）》。该规划指出，机器人既是先进制造业的关键支撑装备，也是改善人类生活方式的重要切入点。无论是工业机器人，还是服务机器人，其研发及产业化应用是衡量一个国家科技创新、高端制造发展水平的重要标志。我国机器人产业与工业发达国家相比还存在较大差距，主要表现在关键技术受制于人，核心技术创新能力薄弱，低水平重复建设，企业"小、散、弱"问题突出，产业竞争力低，机器人标准、检测认证等体系亟待健全等问题。随着我国劳动力成本快速上涨，生产方式向柔性、智能、精细转变，构建以智能制造为根本特征的新型制造体系迫在眉睫，对工业机器人的需求将呈现大幅增长。与此同时，老龄化社会服务、医疗康复、救灾救援、公共安全、教育娱乐、重大科学研究等领域对服务机器人的需求也呈现出快速发展的趋势。由此，该规划提出的主要任务是推进工业机器人向中高端迈进，促进服务机器人向更广领域发展。

### 4.6.2　通用无损检测机器人

将无损检测技术与微电子技术、计算机技术、机器人技术等集成起来，从而形成功能更强、精度更高、使用更方便的无损检测机器人检测系统，这是无损检测集成技术的主要发展趋势之一。

在无损检测工作中，操作人员常会遇到难以进入或接近被检测区域的情况，例如管道内部、空间狭小的场所、高大的建筑物等，也会遇到恶劣或有害的环境条件，如水下、海底、高温和低温环境、有毒容器内部以及放射性环境等。而且，许多必须严格检测的关键部位往往就处于这些恶劣条件之下。因此，可以遥控或自主工作的检测机器人成为首选的检测设备。现在，已经有多种多样的无损检测机器人在工作着。其实，这些无损检测机器人，大都是一些具有一定感知能力的普通机器，并不神秘。

机器人与一般的自动化装备的重要区别是它对不同任务和特殊环境的适应性。这些机器人从外观上已远远脱离了仿人形体的形状，它们的外形更加符合所服务应用领域的特殊要求。总的来讲，无损检测机器人大致由主机、驱动系统、控制系统和无损检测系统几个基本部分组成。下面以常见的可以执行多种任务的通用型可行走无损检测机器人为例进行说明。

通用型可行走无损检测机器人的主机主要由机座、行走机构和执行机构组成。机座是所有装置的支架。行走机构负责无损检测机器人的空间位移，有的也称为爬行器。而执行机构负责无损检测机器人所要完成的检测工作。执行机构包括无损检测传感器的夹持装置和使夹持装置移动的部件。夹持装置通常具有 3~6 个运动自由度，包括平动和转动。自由度的数量和质量常常是机器人功能强弱的重要标志。无损检测机器人的传感器有两类，一类是无损检测传感器，另一类是环境条件状态传感器，为无损检测机器人提供视觉、听觉、温度感知等信息。行走机构和执行机构的动作由控制系统控制，由驱动系统驱动。控制系统可以由事先输入的程序对驱动系统和执行机构发出指令信号进行控制，也可以用遥控的方式由操作人员发出指令信号。环境条件状态传感器产生的信号则为智能和半智能的无损检测机器人提供发出指令信号所需要的信息。驱动系统包括动力装置和传动机构，用以使执行机构产生相应的动作。无损检测系统包括无损检测传感器、信号接收处理电路和相应的软件。

日本某公司开发了一款自动行走视觉检测机器人，其视觉检测是一种十分有效的无损检测方法。该机器人匹配有行走机构、操作机构、微型高质量 CCD 彩色摄像头、照明装置、监视电视、录像系统及异物回收装置。其行走机构由履带、齿轮和微型电动机组成，通过缆线和控制器可控制行走机构实现机器人的远程自动行走。视觉检测装置设置在行走机构的前部，包括两个照明灯和一个微型高质量 CCD 彩色摄像头。检测装置在两个微型电动机的驱动下，可以上下和左右转动，分别可扫查 65°和 75°。操作人员操纵该摄像机器人能对被检测对象进行全面细致和快速的监视和录像，实现视觉检测。摄像镜头备有标准、超广角和望远镜头，以适应不同目的和不同场合的检测需要。

该机器人备有若干附件，用以清除或摄取被测对象表面的异物。

该自动行走视觉检测机器人可用于直径 60mm 以上管道的内部检测，高层建筑物的维护，发电厂和其他工厂的各种埋设管道的检测，也能用于观测狭小场所的内部结构。

无损检测机器人的自动行走结构，除了履带式行走结构以外，常见的还有磁轮式行走结构和真空吸附式行走结构。磁轮式行走结构适用于磁性材料物体的检测，对于工业上常见的钢铁材料对象是很方便实用的。磁轮行走车下面有两排并列的磁轮，或者采用游星方式布置的磁轮。磁轮用永久磁钢制成，能吸附在钢板或钢管上。同时，磁轮能够在电动机的驱动下旋转并滚动行走。磁轮的行走速度可达 5m/min。

真空吸附式行走结构不受被检测材料的限制，采用真空吸附式行走机构的检测机器人利用真空吸盘将机器吸附在被测物体上并进行行走。工作时先向吸盘下的物体注水，以增加吸盘的吸附力。真空吸附式行走结构的形式比较多，下面介绍三种典型形式。第一种形式与上述的磁轮行走车相似，在真空吸附式行走车的下面有两排并列的真空吸盘。工作时，一半吸盘被抽真空，它们将检测装置吸附在被测物体上，另一半吸盘按要求移动位置。如此交替进行，就好像人的双腿走路一样行走。第二种形式是将多个真空吸盘，分成两组，分别均匀布置在内外两个圆形骨架的周线上。工作时，内外骨架上的真空吸盘依次交替被抽真空和按指定方向移动，实现将检测装置吸附在被测物体上并同时进行移动。这种形式的检测机器人有点像蜘蛛。第三种形式是真空吸盘只负责将检测装置吸附在被测物体上，而检测装置的移动采用其他运动机构，比如履带式行走机构。真空吸附式履带式行走无损检测机器人可以在垂直的弯曲表面上行走和检测。图 4-32 和图 4-33 所示分别为该类真空吸盘无损检测机器人的全部装置系统和无损检测机器人爬行在风力发电机的立杆上的状况。

自动行走无损检测机器人携带的无损检测设备，除了前文介绍的微型 CCD 摄像头之外，常见的还有超声传感器和电磁传感器及其检测系统。例如，有一种外形尺寸较小（约为400mm×250mm×200mm）的磁轮式行走无损检测机器人，在装置的顶部架设有一个 CCD 摄像头，但这个摄像头不是作为视觉检测传感器使用，而是作为机器人的"眼睛"使用。摄像头对被测物体表面状况摄像。操作人员按照监视器上的图像情况指挥无损检测机器人行走和检测。机器人装备的探头有超声检测探头和涡流检测探头两种。超声探头用于被测对象的厚度测量和内部检测；涡流探头用于被测对象的表面涂层厚度测量和表面检测。蜘蛛形真空吸附式无损检测机器人携带有超声检测系统，该系统被安置在两个圆形骨架的中间。这种检测机器人主要用于大型球形罐焊缝的维护检测，检测时用六个超声探头同时对焊缝进行扫描检测。

图 4-32　真空吸盘无损检测机器人的全部装置系统

图 4-33　无损检测机器人爬行在风力发电机的立杆上

这些无损检测机器人的检测能力，包括检测灵敏度、检测分辨率等指标，主要取决于该机器人身上所装备的无损检测仪器设备的检测能力和机器人自身运动的自由度种类、数量和精度。一般来讲，无损检测机器人的检测能力很强，它们可以达到比较高的检测指标。

### 4.6.3　航空工业用无损检测机器人

无损检测机器人在汽车、铁路车辆、核电、航空、航天等工业领域的应用十分广泛。

在航空工业中，随着复合材料在航空结构件上应用比例的不断提高，监控复合材料结构的内部质量受到越来越广泛的关注。在航空复合材料结构成形、装配、试验、维护和使用的全过程中，利用声、光、电、热、磁和射线等技术来探测材料、构件内部的孔隙、夹杂、裂纹、分层等影响其使用的缺陷及其缺陷位置的无损检测技术得到越来越多的应用。

美国红外热波检测（TWI）公司的技术中心开发了先进的机器人式超声无损检测系统，用来检查飞机机翼等具有比较大曲率的部件。该机器人检测系统还采用了其他先进技术，如实时全矩阵捕捉（FMC）和虚拟源光圈（VSA）等手段，使得检测系统能够对具有复杂几何形状的部件实施精确和细致的自动检测，能够检查由复合材料和添加剂制造的具有复杂曲率和各向异性的部件。该无损检测系统提供 B 扫描、C 扫描和 D 扫描的可视化检测结果。图 4-34 所示为无损检测机器人检测机翼的示意图。

### 4.6.4　核电用无损检测机器人

2015 年，我国成功研发了六款核电智能机器人，反应堆压力容器无损

图 4-34　无损检测机器人检测机翼的示意图

检测机器人是其中之一。由中国广核集团牵头，众多科研机构、高等院校参与的国家 863 计划 "核反应堆专用机器人技术与应用" 课题，以 "优秀" 的成绩通过国家科技部专家组的验收。经过 4 年多的研究攻关，课题组掌握了相关应用技术，部分产品已经于防城港核电站做工程示范应用。

2015 年，由中科华核电技术研究院联合国内核电企业、高等院校、科研院所、装备制造企业等共同发起并组建的核电智能装备与机器人技术创新联盟，也在国家科技部和深圳市科技创新委员会的指导下揭牌成立，为特种机器人的长远发展奠定了基础。

### 4.6.5　桥梁斜拉索无损检测机器人

2016 年，全国首个桥梁结构健康与安全国家重点实验室依托中铁大桥局在武汉落户。这个国家级实验室在中国桥梁发展史上具有里程碑的意义。近 20 年来，我国建造的桥梁数量比世界上任何国家都要多。我国已成为名副其实的桥梁大国。然而，在役桥梁中有 40% 已超期服役 20 年以上，30% 被划分为技术等级三、四类的带病桥梁，15% 被鉴定为危桥。近年来，不断发生的桥梁垮塌事故，使桥梁安全问题受到全社会的关注。10 万座危桥拉响了安全警报，桥梁安全事故的发生有加速趋势。中铁大桥局落户桥梁结构健康与安全国家重点实验室，具有特别重要的意义。

该实验室目前拥有桥梁健康监测云计算中心、桥梁结构试验大厅、桥梁减振抗震阻尼器装配中心等研究基地。该实验室内的安全监测系统与许多大桥的监测设备实时对接，能实时监测全国 40 座特大型桥梁和上千座中小型桥梁的安全健康状况，甚至远在非洲坦桑尼亚的基甘博尼大桥也在监控范围内。许多新建的大桥也将装上健康监测系统。云计算桥梁结构健康诊断只是其中一个研究方向，该实验室还将结合国家重大桥梁工程项目实践，逐步形成具有自主知识产权的桥梁健康与安全成套关键技术。

桥梁斜拉索全自动无损检测机器人就是该实验室的一个重要研究项目。图 4-35 所示为安装在中铁大桥科学研究院国家重点实验室桥梁结构试验大厅内的第四代桥梁斜拉索智能检测机器人 "探索者Ⅳ"。"探索者Ⅳ" 在 20min 内就可以完成一根斜拉索的检测。

图 4-35　桥梁斜拉索全自动无损检测机器人 "探索者Ⅳ"

"探索者" 系列桥梁斜拉索无损检测机器人是基于漏磁检测原理和目视检测原理对斜拉索钢缆实施无损检测的，通过脉动电流励磁产生磁场，当拉索内部钢缆发生断丝或锈蚀时就会产生漏磁场，释放出异常信号。"探索者Ⅳ" 可以准确发现并判断斜拉索钢缆内部的断丝或锈蚀的具体部位，其检测灵敏度能够达到 3‰ 的截面损失。"探索者Ⅳ" 桥梁斜拉索无损检测机器人配备有 5 个摄像头，用来视觉观察斜拉索表面及其周边的状态。"探索者Ⅳ" 能够稳定地在斜拉索上自动攀爬。控制信号和检测数据使用 WiFi 模块用无线方式传输。

2013 年 11 月，第三代桥梁斜拉索智能检测机器人 "探索者Ⅲ" 曾用于武汉长江二桥维修现场的斜拉索检测，成为国内首个对桥梁斜拉索进行全自动无损检测的机器人。该机器人匀速爬升检测完一根 200m 长度的斜拉索，只需要 25～30 分钟。图 4-36 所示为"探索者Ⅲ"智能检测机器人在工作时的情形。

图 4-36 "探索者Ⅲ"智能检测
机器人在工作时的情形

"探索者Ⅲ"的工作方式为无线遥控。因此，它分为两个主要部分，智能检测机器人主体和地面操作终端。智能检测机器人主体工作时串在钢索上爬行，边爬行边采集检测数据并用无线方式将数据发送到地面操作终端。智能检测机器人外形尺寸大致为长 50cm、宽 60cm、高 60cm，为减轻重量，机身主要采用钛合金、碳纤维复合材料制造。机器人质量约为 50kg。地面操作终端完成接收、存储、处理和显示检测数据，以及发送工作指令等任务。地面操作终端遥控装置与智能检测机器人主体联系，使用 WiFi 模块用无线方式传输控制信号和检测数据。

智能检测机器人具有漏磁检测和目视检测两项无损检测功能。机器人上安装有多个高分辨率数字式摄像头，分别用于斜拉索护管的外观损伤的目视检测和机器人周边环境的观察。机器人上安装有缆索断丝漏磁无损检测系统，用于检测斜拉索内部钢丝的锈蚀、断丝等缺陷。检测方式为全自动无损检测。

为适应斜拉索的检测环境，智能检测机器人内置陀螺防翻转系统，检测人员可实时控制机器人的运行姿态、纠正其偏转角度。机器人体内还有内置视频和雷达系统，检测人员可以在地面遥控机器人的爬升和返回。

"探索者Ⅲ"是智能机器人，依靠电池供电，提供爬升的动力和检测、通信的能源，可持续检测工作 5 小时以上。我国研究人员通过自主研发，打破了国外的垄断。

以前用挂载吊篮方式的常规技术人工检测桥梁斜拉索，需要在桥梁主塔顶安装卷扬机和滑轮，装上可承载两名检测员和检测设备的吊篮，将吊篮缓慢拉升，检测员悬空进行检测作业，劳动强度高、安全性差、检测效率低。桥梁斜拉索智能检测机器人使无损检测工作的操作更简单，效率更高，检测结果更精确，工人劳动强度降低、工作更安全，并且大大节省人力成本。

由于我国的桥梁数量庞大，超期服役的情况也很多，因此，对桥梁斜拉索智能检测机器人的需求在全国各地都十分迫切。因此，研究和开发桥梁斜拉索智能检测机器人的院校、研究所、工程单位等非常多。有许多单位也研制和应用了他们自己的智能检测机器人。这些桥梁斜拉索智能检测机器人的外形、功能和性能各有千秋。

例如，柳州欧维姆工程公司自主研发的桥梁斜拉索智能检测机器人，曾在广西柳州市壶西大桥、广西桂林市南州大桥、江西赣东大桥等工地实施现场检测。该智能检测机器人携带有视频采集单元、漏磁检测单元、拉索张力采集单元等无损检测装置，能够全自动无损检测桥梁斜拉索保护层的外观损伤、拉索的张力、拉索内部钢丝的断丝和锈蚀情况等缺陷，准确定位缺陷位置。检测数据实时传回地面的上位机。操作人员则通过地面监控设备实时指挥和监控智能检测机器人的工作。图 4-37 所示为欧维姆工程公司的桥梁斜拉索智能检测机器人主体在工作中。一些小型的桥梁斜拉索智能检测机器人以检测斜拉索的聚乙烯护管外观为主要任务，用于对斜拉索进行经常性的检测、清洁和养护等日常工作。

图 4-37　欧维姆工程公司的桥梁斜拉索无损检测机器人主体在工作中

# 第 5 章　无损云检测/监测技术及应用

## 5.1　概述

21世纪是全球信息数字化、网络化的时代，各种信息的网络化处理成了该时代的重要特征，网络深刻地影响着人们的生活和工作。无损检测设备与互联网的结合，吸收了计算机技术与电子技术发展的优秀成果，是顺应历史发展的必然。

现代无损检测设备与互联网相结合，可以实现数据采集、分析等多平台同时运作；可以实现软件、硬件及数据等资源的共享；可以实现原始数据、应用分析软件、文件档案资料（如检测报告）等的实时远程快速传递；可以及时对仪器设备的软件在网上进行更新升级换代；可通过网络开展检测技术人员的远程培训服务、技术支持和现场应用的安装、调试指导。

随着5G技术的成熟和人工智能的发展，数据的无线传输和智能处理速度将越来越快，成本将越来越低。最近几年，很多无损检测领域已经从检测向监测转移；从有线的监测系统向无线的监测系统转换；从无线的监测向远程的基于物联网的无损云检测/监测的方向发展。回顾无损检测集成技术和无损云检测/监测的发展历程，基于云计算和检测集成技术的无损云检测概念是在检测技术集成和云计算的发展中产生的。这是一个全新的、广义的检测概念，它包括各种物理与化学的检测方法，在无损检测集成技术的基础上，充分利用计算机技术、网络技术、通信技术与电子技术发展的成果，将各种无损检测设备接入互联网、物联网，实现信息共享和远程控制，给用户提供更加便捷、高效、低成本的服务，将会导致无损检测工程化应用的一场革命。

无损云检测新概念最早见于爱德森（厦门）电子有限公司林俊明研究员于2008年发表在《无损检测》杂志上《NDT集成新技术时代的到来》的论文中，并于同年在第17届世界无损检测大会上的报告中再次提及。之后，2011年11月11日在厦门、金门两地召开的全球华人无损检测高峰论坛上首次以论文报告形式正式发表。而后，在2012年第18届世界无损检测大会上，林俊明教授就无损云检测做了专题报告，对此进行了全面阐述，率先在国际上提出无损云检测新概念。无损云检测新概念随之得到国内外业界同仁的热烈响应与认同。做任何事情都需要天时、地利、人和。

### 5.1.1　无损云检测的发展历程

早在1993年，爱德森（厦门）电子有限公司研发推出的EEC-40型全数字化涡流检测仪就是第一类无损检测集成技术的雏形，它是以阻抗平面分析方法为基础，部分采用集成电路技术的数字化二维显示的仪器，包含了单频、多频、多通道、频谱分析等涡流检测功能，属于声光机电一体化的自动化的各种单项无损检测技术类的仪器。该全数字化仪器虽然一推出就实现了集成功能，但是还不够成熟。

1993年，针对电力、石化行业在役管道涡流检测信号分析处理需求（后来在大亚湾核电站现场检测也遇到同样的需求），爱德森（厦门）电子有限公司与清华大学合作开始了神经元网络在涡流检测信号分析时的应用研究。当时，虽然限于采集的检测数据量少，只取得了部分阶段性成果，但以计算机为重要组成单元的半智能化或智能化的机电一体化无损检测集成技术，大大提高了检测效率和数据处理能力，有效地提高了涡流检测的准确性和可靠性，显现出了工程应用前景。

同年，爱德森（厦门）电子有限公司开发出了基于数字涡流在役绝对/差动通道原理的无损检测设备并应用于焊管在线生产，该设备综合了早期的无损检测集成技术的精髓和思想，不仅能够对缺陷进行检测、分析判断，而且能够通过其他技术方法的辅助检测，验证其结果的正确性。

回顾我国核电及电力、石化在役管道涡流检测技术的发展历程，大略可见无损云检测的发展步伐。

在众多工业部门中，核工业的重要性与安全性是不言而喻的。核工业领域的无损检测技术是"金字塔的塔尖"。原子能既可以造福人类，也可以危害甚至毁灭人类，如苏联切尔诺贝利核电站事故及日本福岛核电站事故的灾难。故全世界各有核国家，都倾其国力，研究其安全保障措施和方法，采用最先进的无损检测技术。

通过对大亚湾核电站早期的无损检测应用案例，可以清晰地看到四个方面的前沿技术的进步和应用，即全数字化检测、大数据与数据库管理、远程通信和人工智能。可以得出一个明确的启示，即需求推动创新。

在核电领域的运行设备中，在役换热器管道占有很大的比例。每个换热器都有数千甚至上万根管道，而在役检修过程中，其完好性主要依靠涡流法进行检测与评估。

1994 年，大亚湾核电站引进的英国常规岛换热器钛合金管发生泄漏事故并引起外界恐慌。在事后检测时发现，该事故产生的原因仅仅是 4 万根钛合金管中有一根管端部因冲刷和本身材质夹杂造成一个 $\phi0.1mm$ 左右的通孔，导致泄漏。

当时大亚湾核电站已采购有美国最先进的 MIZ-18 型全数字式四频八通道涡流检测仪（当时价值超过 56 万美元），由于检测用探头是易耗品，且业主方缺乏涡流检测技术的相关人才，求助美国方面，得到的答复是最快需要一个半月的准备时间。按当时发电机组评估，每天停电损失高达 135 万美元。情急之下，业主联系了全国无损检测学会。因为爱德森（厦门）电子有限公司在 1993 年已推出业界第二套全数字化多频涡流检测仪，故全国无损检测学会推荐爱德森（厦门）电子有限公司应急解难。大亚湾核电站金属监督总监当即携美方之前提供的钛合金样管及在美国涡流仪器上检测的标准缺陷参数及检测图形，火速赶到爱德森（厦门）电子有限公司做对比试验，最终爱德森（厦门）电子有限公司的 EEC-39 型四频八通道全数字涡流检测仪测试结果合格，获得业主认可。

由于事情紧急，业主要求三天内提供两套仪器及 20 支内穿式探头到现场，并同时负责现场操作人员的培训取证工作。爱德森（厦门）电子有限公司一方面加班加点完成仪器和探头的生产，另一方面又紧急聘请专家组织人员编写专项培训教材，同时为现场操作人员举办涡流新技术培训，保证业主及时完成对常规岛换热器钛合金管的在役检测。在泄漏原因找到后，逐步平息了外界对核电安全的恐慌。在事件处理的过程中，爱德森（厦门）电子有限公司优异的仪器性能、高效专业的工作态度，让业主非常认可。为此大亚湾核电站特意颁发了合格供应商资格确认书（当时唯一获得该证书的国内供应商），并由此开启了双方长达二十多年的合作。图 5-1 所示为当时参加涡流新技术培训班成员的合影。图 5-2 所示为合格供应商资格确认书与大亚湾核电站在役冷凝器管道涡流检测现场。

图 5-1　参加涡流新技术培训班成员的合影

图 5-2　合格供应商资格确认书与大亚湾核电站在役检测现场

　　笔者之一林俊明在和大亚湾核电站的合作过程中，了解到该核电站技术控制规范，数万根管道检测数据必须全部存档，并保存 15 年以上。这些数据的管理，是为了与将来每次检测结果进行比较分析，评估其逐年腐蚀速率。在 1994 年的时候，这些数据是通过磁带进行保存的，当时在大亚湾核电站有一个房间里面存放的全是当年引进美国仪器附带的磁带，每个磁带只能记录 30 根换热器管的涡流检测数据。磁带除了占地大和查询不方便之外，其寿命也是一个问题。为此，笔者（林俊明）提议在检测仪器上增加刻录机，将检测数据通过光盘进行保存。当时刻录机的价格高达三万多元，业主对此也有犹豫，投资这么多改成光盘存储是否有必要。笔者（林俊明）说，如果大亚湾核电站都舍不得投入，那么全中国更没有人会用了。我们要想想，如果不能方便地调取检测数据，如何才能方便地评估逐年腐蚀速率？现在技术进步给我们提供了新的选择，我们应该从长远的角度来看待数据存储问题。在大亚湾核电站领导的支持下，建立了我国第一套无损检测数据库并使用了光盘保存相关数据，这也使得现在的技术人员仍然可以方便地查询和回放二十多年前的涡流检测数据。

　　为了便于大亚湾核电站对涡流检测数据的分析和管理，爱德森（厦门）电子有限公司着手开发了蒸发器管道在役涡流检测数据库管理系统，当时国内根本没有这方面的技术和经验，爱德森（厦门）电子有限公司的技术人员与大亚湾核电站的工作技术人员经过深入调研分析和不断探索，终于成功研发出 EEC-2001net 智能检测数据网络处理系统。该系统基于无损检测技术、数字电子技术、网络技术，将涡流传感器、推拔步进控制、数据采集分析处理诸多模块网络化、数字化、一体化，形成了多种技术的有机整体，并随着技术发展不断加以改进和完善。

在全数字化、大数据、网络化的支持下，在大亚湾核电站和爱德森（厦门）电子有限公司之间，实现了无损检测工作的远程诊断。这是在我国涡流检测技术发展史上，第一次实现远程数据传输存储和分析。

图 5-3 所示为 EEC-2001net 智能检测数据网络处理系统的两个操作界面。

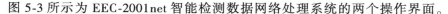

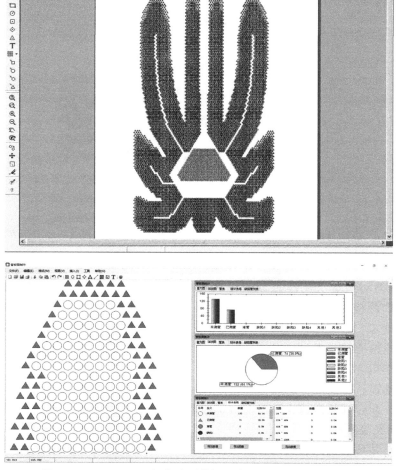

图 5-3　EEC-2001net 智能检测数据网络处理系统的操作界面

核电换热器管道需要测量管壁的腐蚀减薄程度。20 世纪 90 年代中期，核电系统开始分别采用差分式探头和绝对式探头，分两次完成在役管道的缺陷和壁厚测量。

而在同一时期，国内的其他行业，对于管壁的均匀腐蚀减薄这种类型的缺陷，完全没有这个概念。因此，他们的涡流检测，无论是在线检测还是在役检测，都采用差分式探头、仪器。而采用差分式探头的涡流检测方法，是不能够检测出管壁均匀腐蚀减薄的。但实际上，不仅是核电行业，而且对于化工、电力等行业，管壁减薄的检测都比探伤更为重要。核电系统的壁厚测量纠正了其他行业检测工艺的偏差，但分两次完成检测，显然大大增加了检测的工作量。

为了提高检测效率，并且能够得到精确同步的位置信息，爱德森（厦门）电子有限公司借鉴核电的无损检测概念，研制出探伤+测厚同步完成的涡流仪器和探头及推拔器，两种检测一次性完成，并且可以得到精确同步的位置信息。检测数据还同时纳入为大亚湾核电站建立的管道涡流数据管理系统。这也是国内首套用于无损检测数据管理的软件系统。

图 5-4 所示为差动通道（探伤）+绝对通道（测厚）同步完成的涡流仪器的工作界面，示出了探伤的差动通道和测厚的绝对通道同步完成的检测界面。图 5-5 所示为集成了差动线圈+绝对线圈的探头，用于视频一体化检测。

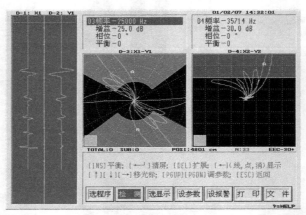

图 5-4　差动通道（探伤）+绝对通道（测厚）同步完成的涡流仪器的工作界面

基于核电检测要求而研发的数据库管理系统、差动通道+绝对通道（测厚）同步完成等技术，现在已广泛应用于冶金、化工等行业。其中，爱德森（厦门）电子有限公司作为先行者，为我国涡流检测技术的进步和应用推广起了很好的推动作用。

图 5-5　差动线圈+绝对线圈及
视频一体化检测探头

随着技术的进一步发展，涡流检测已经可以实现 512 通道阵列检测，检测信号能够实现高清成像显示，配合视频图像，可以一目了然地判断出缺陷的形态和危险程度。图 5-6 所示为视频+阵列涡流检测的工作界面。

大亚湾核电站现场检测人员在管道检测中遇到一些疑难信号的波形分析，现场人员将检测数据通过电话线传输到爱德森（厦门）电子有限公司，公司技术人员对数据回放后，对数据进行分析和处理，再将分析结果反馈给现场。当时的信号通信技术不像现在这么发达，通常是半夜十一二点，利用电话线传输数据。这是我国首次实现的无损检测数据的远程传输、存储和数据分析共享。

回顾我国核电涡流检测技术的发展历程，实际上就是针对现场检测需求，而现有技术难

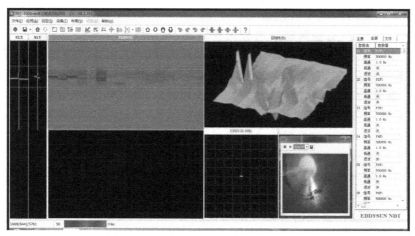

图 5-6　视频+阵列涡流检测的工作界面

以达到或现场工况无法实施有效检测时，就需要技术人员去开拓创新、主动研究，改变方法，积极寻找解决方案，解决问题的过程。

现在回头来看，这些集成检测的初步工作和全数字化、大数据、人工智能、远程分析等技术的首次应用，在涡流检测技术和无损云检测的发展历程中，具有里程碑式的意义。

人们对美好生活的向往，就是技术进步的动力。伴随着人类社会的繁荣发展，技术也将与时俱进。在完成大亚湾核电涡流检测的开拓创新工作之后，利用涡流方法实现金属零部件硬度快速分选技术的发展，从实现单个零件的硬度快速分选，到多个零件的整体组件的在线检测，也可以大略看到无损云检测的发展步伐。

涡流方法不仅可以用来探伤，而且是一种多用途的检测方法，可以实现金属材料的尺寸测量、材料分选等。实现金属零部件按硬度快速分选就是涡流方法的一种应用。

万般表象皆有规律，然"大道至简"。充分的理论依据、正确的方法论、数学之美，以物理现象作为理解数学真义的桥梁，不失为"渡海之舟筏"。

目前用于硬度检测的方法主要有布氏检测、洛氏检测、维氏检测、超声检测、巴克豪森噪声检测、涡流检测等。其中前三者属于破坏性检测，会对零部件表面造成损伤。超声检测要求被检测试件表面平整，以便于涂耦合剂，检测效率低，不适用于在线连续检测。巴克豪森噪声检测虽然能实现非接触检测，但多应用于科学研究，未能在实际检测中广泛应用。

涡流方法检测零部件硬度是利用电磁感应原理，通过测定被检工件内感生涡流的变化来无损地评定导电材料及其工件的硬度。零部件表面的硬度差异会改变表面感生的涡流，涡流变化又会引起线圈阻抗的变化，通过测量该阻抗变化的幅值与相位即能间接地测量出工件表面的硬度状况。同时涡流检测无需耦合介质，探头也不需要接触工件，因此可以实现对零部件硬度的快速分选。

20 世纪 90 年代，利用涡流方法实现金属零部件硬度快速分选的智能金属材料分选仪在国内外多家单位相继研制成功。该类仪器以电磁感应原理为基础，将频谱分析技术与概率统计分析法相结合，应用计算机技术，实现金属零部件硬度智能快速分选。

德国某公司采用单频激励，获得 1、3、5、7 次主频和谐波分量，用于金属材料特别是铁磁性材料的分选，而美国某公司则采用八种频率直接对材料进行分选。

国内爱德森（厦门）电子有限公司在 1995 年成功推出的 EEC-41 型多功能涡流频谱分选仪（图 5-7）不仅包括了以上两家仪器的功能特点，并且还具有自己的鲜明特色。该仪器的激励频率范围为 1Hz～250kHz；激励波型选择有正弦波、三角波和方波；可同时对单一传感器激励八种频率，并能显示主频与各谐波的频谱图（56 个测试频谱通道）；能在每个阻抗平面上映射二维正态分布图。即在输入一定量的不同硬度或材质的标准样件后，仪器软件自动形成选择度为 90.00%～99.90%（也可手动调节）的椭圆分选区域（该仪器可实现同时区分 8

图 5-7  EEC-41 型多功能涡流频谱分选仪

种工件，即 8～56 个椭圆报警域），特别有利于提高钢铁材料表面硬度的检测及材质分选能力。该仪器在技术上与德国、美国等国生产的涡流分选仪性能相当，其中某些功能如预八频分选功能（可达 8 个激励频率、56 个频谱检测通道）已超过国际同类产品的水平。

1995 年，东风汽车公司为解决连杆硬度的无损检测问题，在调研了多个涡流仪生产厂家的基础上，选择了以下三款仪器进行比较。

第一款是德国某公司的频谱分析仪，该仪器在同一绝对式线圈上施加饱和激励正弦波电流，使铁磁性工件表面及近表面产生涡流信号畸变，进而用频谱分析法分解出 1、3、5、7 次谐波信号的幅值及相位，提高电磁涡流法对材料的分选能力。第二款是美国某公司的仪器，该仪器采用预 8 频技术，即在同一线圈中施加 8 个不同频率，分别得出 8 个阻抗平面图，以提高分选精度。第三款是国内爱德森（厦门）电子有限公司 1993 年推出的 EEC-41 型多功能涡流分选仪，该仪器除了具有预 8 频技术外，还可实施不同的激励波形，如正弦波、三角波、方波等，并可提取涡流检测信号中 1、2、3、4、5、6、7 的偶次与奇次谐波，通过变频方式（可施加 8 个不同频率）共得到 56 个不同的阻抗平面图，采用二维高斯分布算法，实现快速、自动判断被检对象的热处理状态的分选目的。特别是可同时区分 8 种工件（即可自动形成 8～56 个椭圆报警域）。最后，通过测试样品测试验证，爱德森（厦门）电子有限公司的 EEC-41 型多功能涡流分选仪由于独特的技术优势，得到用户的青睐。

随着现代科学技术的飞速发展和进步，对产品质量要求越来越高。在工业领域，精密零部件生产制造过程中，由于工艺不完善，会导致部分零部件漏过热处理工序，从而出现不合格产品进入安装环节，给之后的使用安全埋下隐患，这就需要相应的自动化检测平台，对组合后的零部件进行快速全部分选，剔除硬度不合格的零部件。

针对上述新的需求，爱德森（厦门）电子有限公司适时研制出快速分选检测平台，在原有电磁频谱分选技术的基础上，增加机械辅助装置，实现全自动的多通道实时分选。

把该检测平台嵌入生产线中，通过升降气缸控制探头上下移动。当待检零部件托盘到达检测工位时，探头自动向下移动到与工件贴合的位置完成检测。仪器可支持 16 通道同时工作，能在 4 秒钟内完成检测平台上 16 个工位的数据采集、分析和信号图像保存，并将检测结果自动存储至本地计算机内，形成局域网，同时观察、控制多条生产线，方便用户随时查看。

目前该检测平台已在多家汽车零部件厂家获得应用。

图 5-8 所示为快速分选检测平台的外形。图 5-9 所示为十六通道涡流分选仪。

1999 年，爱德森（厦门）电子有限公司根据有关部门的需求，联合国内相关研究单位，向有关主管部门提交过检测/动态监测设想的科研报告，建议实施《航空器飞行动态监测计划》，以保证飞行安全。因多方因素，此项建议未有结果。

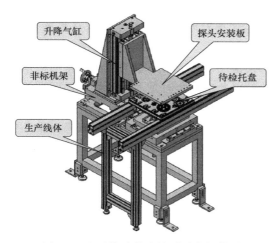

图 5-8 电磁快速分选检测平台的外形

图 5-9 十六通道涡流分选仪

2015 年，厦门市政府提出要推动大健康产业发展的构想，成立了科技兴市智囊团，有厦门大学、集美大学、厦门理工学院的院士、校长，以及厦门五大医院的院长，以及其他人员等参加。在咨询会上，林俊明教授建议，仅仅针对人体物质层面的生理健康，这个大健康概念是不完善的，应将精神层面的心理健康、物质文明的健康安全纳入，要将安全城市概念融入智慧、数字城市大系统，制定相应的法律法规及标准，保证数据安全。后来厦门市常务副市长指示厦门发展改革委，提出厦门市有关桥梁隧道建设及运行也要涉及安全健康方面的工作。之后，由爱德森（厦门）电子有限公司、厦门大学、集美大学、厦门理工学院等联合成立了"重大工程设施健康云监测工程中心（等）"。

基于上述工作，爱德森（厦门）电子有限公司于 2011 年率先提出并申请了云检测国家专利，2012 年，美国公司借鉴此概念也申请了与云检测相关的国际专利。

目前，关于云检测国家标准，有 GB/T 38881—2020《无损检测　无损云检测　总则》、GB/T 38896—2020《无损检测　集成无损检测　总则》、GB/T 38894—2020《无损检测　电化学检测　总则》等。

从检测到监测，检测是基础，首先有检测才有监测。监测的频度要根据具体的情况，进行监测采样，实施数据的积累。积累的数据可以相互比对验证，做出评估，为决策做数据支持。从检测到监测是一个过程，也是无损检测技术发展的必然趋势。

## 5.1.2　无损云检测概念

无损云检测是一个基于云计算、大数据技术的全新的、广义的检测概念。广义无损云检测的定义是：基于智慧/数字化城市构架下的云检测技术和无损检测集成技术的全新概念，它包括一切检测方法、管理方法、数据融合方法和综合处理方法。它可实现信息共享和远程控制、服务，是无损检测技术发展的趋势。而狭义的无损云检测的定义是：基于云计算、大数据、机器人、物联网和人工智能等技术的一个新的检测概念，它包容各种物理与化学的检测方法，充分利用计算机技术、网络技术与电子技术发展的优秀成果，将各种无损检测传感器终端接入云端，实现信息共享和远程控制，为用户提供更加简便、高效、低成本的服务。

云检测是一个模型，这个模型可以方便地按需访问一个可配置的计算资源（如网络、服务器、存储设备、应用程序以及服务）的公共集。就无损检测领域来说，就是由业界厂商或相关社会机构在一定的标准、规范下构建可提供无损检测服务的技术、信息共享平台，该平台给每一用户（包括在线、在役、在用）提供可靠的、自定义的、最大化资源利用的检测、评估、存储等服务，是一种崭新的分布式无损检测模式。用户端的检测设备可根据检测需要进行精简配置，可以由现场检测人员与云端的服务中心实时互动，身处遥远两端的检测人员、专家可以就检测方案、进程、结果进行全程的配合、讨论和指导；现场也可以是无人值守方式，固定安装、嵌入式的检测前端由云端的服务中心进行操控，检测结果由服务中心进行自动或人工干预评判。

无损云检测集成网络中的中枢是业界厂商或学界科研单位等社会机构建立的网络服务器集群，集合了社会上的各种相关资源，向各种不同类型的用户提供在线软件服务、硬件租借、数据存储、计算分析等不同类型的服务。提供资源的网络被称为"云"，"云"中的各类资源是动态的，处于不断地扩大、更新、升级的过程中。广义的云检测包括了更多的厂商和服务类型。

因此，云检测是聚合众人的智慧和力量，避免重复劳动，检测知识和技能可累积学习，与时俱进，提高工作质量，提升工作效率的前瞻性检测与评价技术。不仅如此，云检测还可优化目前的检测设备硬件，在获取更多检测能力的前提下，大幅度降低成本，让用户的体验更快、更直接、更好，它必将打破人们固有的传统检测思维模式。从某种角度讲，包含着多学科交叉的云检测技术将引导检测界的一场革命。

将监测任务赋予无损云检测系统，无损云检测的良好兼容性很容易使之实现无损云监测，特别是提供结构健康监测方面的服务。云监测是一种利用智能传感器和采用分布式埋入或表面粘贴的传感器群来感知和预报结构内部缺陷和损伤并进而判断结构"健康"状态的技术。其探测缺陷的方法原理和技术与无损检测技术基本一致。

云监测系统也是一种仿生的智能系统。它模仿生物的认知功能，在线监测结构的"健康"状态。它利用智能材料结构和传感器群作为感觉器官，在一个很大的空间范围内组成一个经济可靠的分布式传感网络，通过连续监测的方式获取被监测结构的应力、应变、位移、压力、温度、声性质、电磁性质等多种参数。对于得到的海量数据，系统采用模型分析、系统识别、统计分析、人工神经网络、遗传算法、优化计算等数字信号处理手段和深度学习模仿神经系统对它们进行处理。由此获取和评价被监测结构的整体与局部的变形、腐蚀、支承失效等一系列的非健康因素，以达到监测结构"健康"状态的目的。

云监测系统的工作之一是在损伤发生的初期，准确地发现损伤并定位以及确定损伤的程度，这在本质上是对材料或结构进行无损评估。云监测系统还可以提供结构的安全性评估，并能预测损伤结构的剩余寿命。在损伤发生的初期，云监测系统还能够通过定时取样系统的动力响应，抽取对损伤敏感的特征因子，并通过自动调节与控制结构的几何形态和力学状态，使整个结构系统恢复到最佳工作状态。

云监测的海量数据处理、无损缺陷和损伤探测、寿命评估等许多功能和目标与无损云检测有着天然和本质的联系，因此使无损云检测必然向着无损云监测发展，并成为无损云监测的重要组成部分。

云监测技术使耗时、费力和费用昂贵的传统监测技术得到了重大的改进。从桥梁、铁路、民用建筑、船舶、车辆到航空航天等诸多领域，云监测已经有着非常广泛的应用。与无损检测一样，无损监测在物理学和数学中，都是一个非线性的逆问题。无论是实际应用还是理论研究，在传感技术、信号采集与处理技术、集成技术等方面，发展无损云监测都有很多工作要做，是大有发展前途的事业。

## 5.2　无损云检测技术的实现

### 5.2.1　云计算概述

云计算的概念发源于互联网。到底什么是云计算有很多种说法。美国国家标准与技术研究院（NIST）认为，云计算是一种按使用量付费的模式，这种模式提供可用的、便捷的、按需的网络访问，进入可配置的计算资源共享池（资源包括网络、服务器、存储、应用软件、服务等），这些资源能够被快速提供，只需投入很少的管理工作，或与服务供应商进行很少的交互。用通俗一点和简单一点的话来说，云计算就是用户通过付费，利用服务商提供的大量在云端的计算资源来实施自己的计算，获得计算结果。

云计算在技术方面是网格计算、分布式计算、并行计算、计算网络存储、虚拟化、负载均衡等传统计算机技术和网络技术发展融合的产物。它旨在通过网络把多个成本相对较低的计算实体整合成一个具有强大计算能力的完美系统，并借助先进的商业模式把强大的计算能力分布到终端用户手中。云计算的一个核心理念就是通过不断提高"云"的处理能力，进而减少用户终端的处理负担，最终使用户终端简化成一个单纯的输入输出设备，并能享受"云"的强大计算和处理能力。

最简单的云计算技术在网络服务中已经随处可见，如搜索引擎、网络信箱等。使用者只要输入简单指令即能得到大量信息。未来如手机、GPS 等行动装置都可以通过云计算技术，发展出更多的应用服务。进一步的云计算不仅只做资料搜寻、分析的功能，未来如分析 DNA 结构、基因图谱定序、解析癌症细胞等，都可以通过这项技术达成。

稍早之前的大规模分布式计算技术即为"云计算"的概念起源。云计算时代，可以抛弃 U 盘等移动设备，只需要进入页面，新建文档，编辑内容，然后直接将文档的统一资源定位地址（URL）分享给他人，他人就可以直接打开浏览器访问，也不用担心因计算机硬盘的损坏而发生资料丢失事件。

狭义云计算：提供资源的网络被称为"云"。"云"中的资源在使用者看来是可以无限扩展的，并且可以随时获取，按需使用，随时扩展，按使用付费。

广义云计算：这种服务可以是互联网技术（IT）和软件、互联网相关的，也可以是任意其他的服务，"云"是一些可以自我维护和管理的虚拟计算资源，通常为一些大型服务器集群，包括计算服务器、存储服务器、宽带资源等。云计算将所有的计算资源集中起来，并由软件实现自动管理，无须人为参与。这使得应用提供者无须为烦琐的细节而烦恼，能够更加专注于自己的业务，有利于创新和降低成本。

有人打了个比方：云计算就好比是从古老的单台发电机模式转向了电厂集中供电的模

式。它意味着计算能力也可以作为一种商品进行流通，就像煤气、水电一样，取用方便，费用低廉。最大的不同在于，它是通过互联网进行传输的。

总的来说，云计算可以算作是网格计算的一个商业演化版。我国刘鹏教授早在2002年，就针对传统网格计算思路存在不实用问题，提出了计算池的概念："把分散在各地的高性能计算机用高速网络连接起来，用专门设计的中间件软件有机地融合在一起，以 Web 界面接受各地科学工作者提出的计算请求，并将之分配到合适的节点上运行。计算池能大大提高资源的服务质量和利用率，同时避免跨节点划分应用程序所带来的低效性和复杂性，能够在目前条件下达到实用化要求。"这个理念与当前的云计算非常接近。

云计算是听起来有点科学又带着一丝浪漫的计算机新名词，那么究竟什么是云计算呢？云计算不是全新的网络技术，而是一种全新的网络应用概念。简单地说，云计算就是将计算机计算与储存工作都放到网络上处理。原本必须在本地计算机上进行的软件计算与数据保存运作模式，在通过云计算之后，可改变成使用任何一台具备上网功能的装置，都可以连接上云计算供应商的网站，以进行软件计算、数据保存等，这一切动作都发生在云计算供应商的超级计算机内部，所有的计算结果、输出数据与应用软件设置也全部存放在云计算系统的服务器上。

完整的云计算概念如图5-10所示。

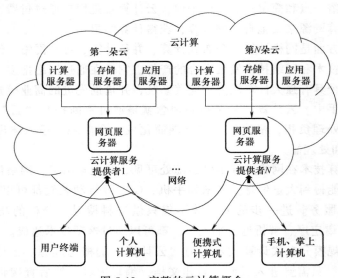

图5-10　完整的云计算概念

自从有互联网以来，在绘制网络流程图时，人们都习惯用一朵云的图形来代表互联网，因此云计算里面的云就是互联网。而在现今的互联网世界里，人人都可以浏览网站上的数据，并在网站上搜索或创建文章、图片等与他人分享。实际上，这些计算工作都不是发生在本地端的计算机上，而是全部在网络上规模庞大的服务器上进行的，这其实就是最简单的云计算概念。以互联网为中心，在网站上提供快速且安全的云计算服务与数据存储，让任何一个使用互联网的人都可以使用网络上的庞大计算资源与数据中心的想法，是云计算的核心概念。在云计算的模式下，用户所需要的应用程序并不在用户的个人计算机、便携式计算机、手机、掌上计算机等终端设备上安装与运行，而是运行在网络上大规模的服务器集群中。网络用户所处理的数据也并不保存在本地硬盘装置上，而是保存在互联网的数据中心内。

提供云计算服务的企业有能力购买数以万计的服务器，并把这些服务器串联起来，形成一个超级计算机中心与数据中心，提供庞大的计算资源与存储资源，并负责管理和维护这些数据中心的正常运转，保证强大的计算能力和足够的存储空间，供使用该云计算服务的用户使用。而用户在任何时间、任何地点用任何可以连接至互联网的终端设备都可使用这些云服务。无论是通用使用者还是软件开发者，都可以通过网络来取得数据并进行计算，即使本地端上网设备的硬件计算资源不足（如智能手机或掌上计算机等简易装置），还是可以通过云计算在网络上进行相当复杂的计算。大量的数据也可以保存在云计算的数据中心服务器上，用户只需要一组云计算服务的登录账号与密码，就可以在任何地点进行工作。

**1. 云计算的起源**

云计算的起源要先从互联网的演进讲起。图 5-11 所示为云计算的演进与由来，可以看到互联网技术（IT）从 20 世纪 60 年代开始兴起。当时，网络系统主要存在于军方、大型企业与学术机构中，网络速度相当缓慢，计算机间的网络联机服务主要是纯文字式的电子邮件或新闻集群组服务，可把它看成是第一代互联网。

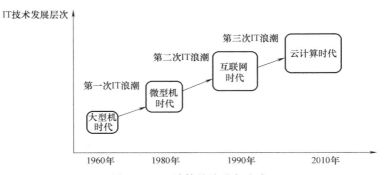

图 5-11　云计算的演进与由来

直到 20 世纪 90 年代，互联网渐渐进入一般家庭，人们可以在家中使用调制解调器拨号上网，但是当时的调制解调器的网络联机速度有限。直到 2000 年初，随着电子芯片与网络联机技术的快速发展，网络发送频宽越来越大，用户已经可以随意在家中使用 1MB 以上的互联网联机，网络联机速度比早期的调制解调器快到近 20 倍。网页技术被大量地开发与应用，可供人们在网络上进行交易的电子商务系统网站在互联网世界兴起，整个网络世界变得精彩起来。随着 Web 网站与电子商务服务的发展，人们愈发感受到寻找正确数据的困难，有力地推动了网络搜索巨头的发展，形成了主要以 Web 网页数据与电子商务应用为主的第二代互联网。

目前，网络几乎已经成为人们不可或缺的生活必需品，这就意味着在同一时间连接网站的人数激增，这些大型网站公司为了不让公司的网页联机速度变慢，而不断地在世界各地建置网页服务器。为了维持公司网站的联机速度与服务质量，服务器的数量从最初的几百台、几千台，已经发展到几万台甚至几十万台。这些大型网站为服务激增的网络人口建置了庞大的服务器集群，蕴藏了强大的计算能力与大量的保存资源，甚至远远超过了提供网站服务所需的资源。因此，这些大型网站公司开始提供庞大服务器集群的计算能力，将存储的资源共享给其他企业与一般用户。各大型网站所开发的各式各样的网页应用程序，只需要使用具备网页浏览器功能的装置，如个人计算机、便携式计算机、掌上计算机甚至智能手机联机到其网站，就可以快速地应用该公司庞大的服务器集群提供的计算与存储能力。所有的软件计算与存储动作都在网络上进行，这样的一种新型网络应用概念，就被冠以"云计算"这样一个名称，而所有的 CPU 计算能力与存储能力都取决于庞大的服务器集群，这样的组合就形成了云计算的具体概念。因此，云计算可以说是第三代的互联网，云计算的时代已经来临。

**2. 云计算的发展现状**

云计算是计算能力的整合与分发配给。在云计算的底层架构中，操作系统、数据库管理系统、中间件、办公软件等基础软件占有非常重要的地位，集中反映了云计算的整体发展水平和趋势。

21 世纪是网络经济的社会，一体化、网络化、服务化、智能化、高可信已成为引导基础软件技术发展最具影响力的因素。

一体化：软件的竞争已从产品竞争发展成体系竞争，操作系统、数据库管理系统和中间件软件呈现出相互渗透、一体化发展的趋势，软件开发平台正在日益与软件运行平台相集成，形成统一的基础软件平台。

网络化："以机器为中心"向"以网络为中心"的转变，使得基础软件技术朝网络化方向发展，网络化的软件运行环境和软件开发环境成为重要研究方向。

服务化：随着"软件即服务"概念的深入人心，如何更好地支持这种新型的软件开发、部署、运行、管理和应用模式，对基础软件提出了新的挑战。

智能化：基础软件功能越来越丰富，对应用系统功能与质量的影响愈发重要，能动地适应复杂多变的计算环境和应用需求，实现软件的自配置、自修复、自优化等能力，成为基础软件技术发展的重要趋势之一。

高可信：社会对软件的依赖程度日益增长，国防和经济支撑系统关键软件一旦被破坏或失效，将会导致灾难性的后果。以信息系统的安全性、可用性和服务质量保证为核心内容的高可信技术将是未来基础软件的重点研究内容之一。

**3. 云计算的特点**

（1）超大规模 云具有相当的规模，如某公司云计算已经拥有 100 多万台服务器。"云"能赋予用户前所未有的计算能力。

（2）虚拟化 云计算支持用户在任意位置使用各种终端获取应用服务。所请求的资源来自"云"而不是固定的有形的实体。应用在"云"中某处运行，但实际上用户无需了解也不用担心应用运行的具体位置。只需要一台便携式计算机或者一部手机，就可以通过网络服务来实现用户需要的一切，甚至包括超级计算这样的任务。图 5-12 所示为云计算管理系统，它具有虚拟化、动态化、关联性和自动化的特点。

（3）高可靠性 云使用了数据多副本容错、计算节点同构可互换等措施来保障服务的高可靠性，使用云计算比使用本地计算机更加可靠。

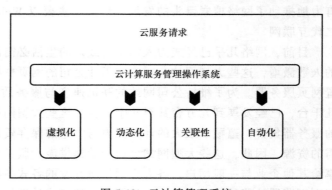

图 5-12 云计算管理系统

（4）通用性　云计算不针对特定的应用，在"云"的支撑下可以构造出千变万化的应用，同一个"云"可以同时支撑不同的应用运行。

（5）高可扩展性　"云"的规模可以动态伸缩，满足应用和用户规模增长的需要。

（6）按需服务　"云"是一个庞大的资源池，按需购买，人们可以像日常使用水电那样付费。

（7）极其廉价　由于"云"的特殊容错措施可以用极其廉价的节点来构成"云"，"云"的自动化集中式管理使大量企业无需负担日益高昂的数据中心管理成本。"云"的通用性使资源的利用率较之传统系统大幅提升，因此用户可以充分享受"云"的低成本优势，经常只要花费几百元、几天时间就能完成以前需要数万元、数月时间才能完成的任务。

云计算可以彻底改变人们未来的生活，但同时也要重视环境问题，这样才能真正为人类进步做贡献，而不是简单的技术提升。

**4. 云计算潜在的危险**

云计算服务除了提供计算服务外，还提供了存储服务。但是云计算服务当前垄断在某些私人机构（企业）手中，而它们仅仅能够提供商业信用。因此，政府机构、商业机构（特别是像银行这样持有敏感数据的商业机构）对于选择云计算服务均应保持足够的警惕。一旦商业用户大规模使用私人机构提供的云计算服务，无论其技术优势有多强，都不可避免地让这些垄断云计算服务的私人机构以数据（信息）的重要性挟制整个社会。对于信息社会而言，信息是至关重要的。另外，云计算中的数据对于数据所有者以外的其他云计算用户是保密的，但是对于提供云计算服务的商业机构来说毫无秘密可言。所有这些潜在的危险，是商业机构和政府机构选择云计算服务，特别是国外机构提供的云计算服务时，不得不考虑的一个重要问题。

**5. 云计算应用的四个显著特点**

（1）数据安全可靠　云计算提供了可靠、安全的数据存储中心，用户不用再担心数据丢失、病毒入侵等麻烦。

（2）用户端需求低　云计算对用户端的设备要求低，使用起来也十分方便。

大家都有过维护个人计算机上种类繁多的应用软件的经历。为了使用某个最新的操作系统，或使用某个软件的最新版本，人们必须不断升级自己的计算机硬件。为了打开他人发来的某种格式的文档，人们不得不疯狂寻找并下载某个应用软件。为了防止在下载时引入病毒，人们不得不反复安装杀毒软件和防火墙软件。所有这些麻烦事加在一起，对于一个刚刚接触计算机和网络的新手来说是十分痛苦的。在这种情况下，云计算也许是一个不错的选择。用户只要有一台可以上网的计算机，有一个喜欢的浏览器，用户要做的就是在浏览器中键入 URL，然后尽情享受云计算带来的无限乐趣。

用户可以在浏览器中直接编辑存储在"云"的另一端的文档，可以随时与他人分享信息，再也不用担心自己的软件是否是最新版本，再也不用为软件或文档染上病毒而发愁。因为在"云"的另一端，有专业的 IT 人员帮用户维护硬件，帮用户安装和升级软件，帮用户防范病毒和各类网络攻击，帮用户做以前在个人计算机上所做的一切。

（3）轻松共享数据　云计算可以轻松实现不同设备间的数据与应用共享。

大家不妨回想一下，使用手机或计算机时，联系人信息是如何保存的。一个最常见的情形是，用户的手机里存储了几百个联系人的电话号码，个人计算机或便携式计算机里则存储了几百个电子邮件地址。为了方便在出差时发邮件，用户不得不在个人计算机和便携式计算机之间定期同步联系人信息。买了新手机后，用户不得不在旧手机和新手机之间同步电话号码。还有用户的掌上计算机以及办公室里的计算机。考虑到不同设备的数据同步方法种类繁多，操作复杂，要在这许多不同的设备之间保存和维护最新的一份联系人信息，用户必须为此付出难以计数的时间和精力。这时，若有"云计算"，用户便可利用云计算让一切都变得更简单。在云计算的网络应用模式中，数据只有一份，保存在"云"端，用户的所有电子设备只要连接互联网，就可以同时访问和使用同一份数据。

仍然以联系人信息的管理为例，当用户使用网络服务来管理所有联系人的信息后，可以在任何地方用任何一台计算机找到某个联系人的电子邮件地址，可以在任何一部手机上直接拨通联系人的电话号码，也可以把某个联系人的电子名片快速分享给其他一群人。当然，这一切都是在严格的安全管理机制下进行的，只有对数据拥有访问权限的人，才可以使用或与他人分享这份数据。

（4）可能无限多　云计算为人们使用网络提供了几乎无限多的可能，为存储和管理数据提供了几乎无限多的空间，也为人们完成各类应用提供了几乎无限强大的计算能力。想象一下，当用户驾车出游的时候，只要用手机连入网络，就可以直接看到自己所在地区的卫星地图和实时的交通状况，可以快速查询自己预设的行车路线，可以请网络上的好友推荐附近最好的景区和餐馆，可以快速预订目的地的宾馆，还可以把自己刚刚拍摄的照片或视频剪辑分享给远方的亲友。

离开了云计算，单单使用个人计算机或手机上的客户端应用，人们是无法享受这些便捷的。个人计算机或其他电子设备不可能提供无限量的存储空间和计算能力，但在"云"的另一端，由数千台、数万台甚至更多服务器组成的庞大的集群却可以轻易地做到这一点。个人和单个设备的能力是有限的，而云计算的潜力却几乎是无限的。当用户把最常用的数据和最重要的功能都放在"云"上时，用户对计算机、应用软件乃至网络的认识将会有翻天覆地的变化，其生活也会因此而改变。

互联网的精神实质是自由、平等和分享。作为一种最能体现互联网精神的计算模型，云计算必将在不远的将来展示出强大的生命力，并将从多个方面改变人们的工作和生活。无论是普通网络用户还是企业员工，无论是管理者还是软件开发人员，他们都能亲身体验到这种改变。

### 6. 云计算带来的益处

（1）个人使用云计算的益处　过去上网为了把网络上的数据或软件下载下来并安装到自己的计算机上，就需要更快的中央处理器，更大的硬盘容量以及不断更新版本的软件。但如果进入云计算时代，就好比一下子拥有几百、几千台计算机所组成的超级计算机，它能够帮用户处理计算机配备，也能让用户享受到高速的计算能力带来的体验。

个人使用云计算时，没有一样软件是安装在用户的计算机上的，所有的一切都在浏览器中完成，所有的数据都保存在云计算系统的数据中心内。因此，用户不用烦恼复杂的视频格式转换处理，只要将视频上传到网站，视频格式转换工作就自动交由云计算系统中的计算服务器集群负责，快速的转换速度，让用户可以在 1~2 分钟内就能看到所上传的视频，这就是云计算带给个人的益处。

（2）云计算对企业的好处　企业与科研用途的云计算应用，所处理的项目通常是庞大的数据计算。例如，生产排班工作，庞大的生产线加上一堆限制条件（可能有几万条限制），需要在短时间内获得结果，所以使用者界面不再是重点，而负责计算的计算机是否快速而稳定则比较重要。借助云计算，企业只要在本地送出运算式，计算则交给远程的超级计算机，经过高速计算后得到最佳解决方案。经典的商业云计算应用有线性规划和统计分析；科研用途的分析工作，如分析 DNA 结构、基因图谱定序、解析癌症细胞等，在远程的高速服务器集群协助之下，效率胜过单机计算机百倍千倍。而对于企业与科学研究而言，云计算的导入能大幅降低成本，不必购置昂贵的超级计算机与负担后续的维护成本和设备折旧费用，只要把计算的原始数据交由市场上专业的云计算公司，然后依照处理器耗费的资源或时间付费即可。

另外，企业中的 IT 管理人员可能会更加感激云计算为他们带来的方便。对于 IT 管理人员而言，搭建并长期维护企业的网站、电子邮件系统、日程安排系统、文档共享系统等都不是一件轻松的事情。现在，有了云计算平台，IT 管理人员可以将这些繁杂的劳动业务都外包给云计算服务的提供商。管理人员再也不用操心如何创建和维护庞大的服务器，如何采购和升级系统软件、应用软件乃至创建防火墙防范黑客入侵与防毒工作。云计算科技就是要让企业不必花钱花时间来安装软件，不必买服务器，不必做硬件维修，一切都由网络上的云计算服务公司帮企业完成。

用过计算机的消费者或企业，都有这样的经验，经常要添加软硬件设备，尤其是数据流量大的企业，需要购置庞大的服务器，要聘用专人进行维修与管理，还要经常跟着软件公司的脚步更新、升级。若计算机出现状况，还要维修与更新版本或更换零件。在拥有云计算以后，新的解决方案已经出炉。无论是数据保存还是高速计算应用，一切都从网络上直接取得，这就好像用电一样，不需要每家企业都自备一台发电机，而是让提供云计算服务的公司集中管理，每家企业用多少计算与存储资源，就付多少费用，不仅免去了不必要的浪费，还能保有极大的弹性，可以随时扩大或缩减硬件规模。

在无损云检测中，云计算是以云技术为依托的一种计算模式和分析处理模式。而云技术是指在广域网或局域网内将硬件、软件、网络等系列资源统一起来的一种综合技术。这些资源是易扩展的，是动态变化的，统一起来的计算资源进入可配置的资源共享池。资源共享池包括网络、服务器、存储系统、应用软件、服务等。应用云计算，可实现数据的储存、计算、处理和共享。

## 5.2.2　无损云检测的形式

无损云检测是一种融合云检测和无损检测技术的网络化检测方式。无损云检测是无损检测+互联网的一个重要演变，它不仅是一种检测模式，更将发展出许多新的商业模式。云检测是以云计算为基础技术的网络化检测方式。云检测采用传感技术、物联网技术和云计算，将检测对象、检测工艺、检测人员、检测环境、检测仪器、检测数据、检测机构、检测和评价标准、检测用户、检测专家等信息和资源海量整合与处理，应用软硬件资源共享的云端，进行存储、信号处理、评估、预测、信息反馈等，给出检测和/或评价结果，并实现检测数据的云存储和监测管理。

云检测的分布式检测技术，让开发人员可以很容易地开发出全球性的网络应用服务，云检测可以自动管理大量标准化检测时间的沟通、任务分配和分布式存储等工作。云检测服务供应商通过互联网提供软件服务，使用者只需要通过浏览器和智能传感器就能使用，不需要了解供应商的服务器如何运作，而且云检测的资源具备动态性与易扩展性。云检测通过互联网提供用户端一切检测、存储与应用程序资源，使用者不需要了解云设施的架构细节，更不用具备相关的云检测平台建构专业知识，只需要关注自己需要何种程度的检测需求，通过网络取得云检测软件或平台服务即可。

**1. 云检测服务的一般概念**

一般来说，云检测服务有三种基本类型，即 SaaS（软件服务）、PaaS（平台服务）和 IaaS（基础设施服务）。

（1）SaaS（软件服务） 云检测服务中的 SaaS（Software as a Service），可直接翻译为"软件即服务"或意译为"软件服务"。对应于无损云检测，SaaS 为"云检测软件服务"，或简称为"云检测软件"。SaaS 使得软件应用程序不再需要安装在用户的检测机中，这些云检测软件全部在网络上，只要通过一组账号与密码，就可以使用这些云检测软件，如图 5-13 所示。每一个 SaaS 背后，都有庞大的检测与存储服务器集群在支持云检测软件的正常运作与快速检测能力。

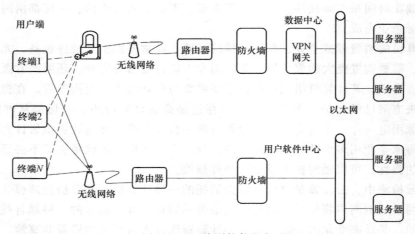

图 5-13　云检测软件服务

通过互联网提供 SaaS 联机应用程序，是云检测在商业上未来发展的一个范畴。云检测技术降低了无损检测的门槛，打破了以往由专业公司垄断无损检测工作的局面，所有人都可以在检测云上自由寻找合适的方法和技术。SaaS 可以提供各式各样的检测服务软件给所有人。因此，云检测软件服务对软件商而言，更是有莫大的帮助，因为云检测软件不用安装在用户端，所以降低了商业软件程序被破解的风险。

当未来网络上的云检测软件服务越来越多之后，也进一步会带动其他技术的进步。例如，无线网络技术的重要性会更加明显，将来无损检测工作都需要连到云端取用云检测软件服务，因此使用者随时都需要有快速的网络频宽。所以，云检测的成败与否，除了本身软件服务的发展外，网络频宽的发达也是云检测能否发扬光大的关键。

（2）PaaS（平台服务） PaaS（Platform as a service）直接翻译为"平台即服务"或意译为"平台服务"。对应于无损云检测，PaaS 为"云检测平台服务"，或简称为"云检测平台"。PaaS 也就是将提供云检测平台作为一项服务，使用者直接租用云检测平台服务公司所提供的程序开发平台与操作系统平台，使用数据中心里面的服务器、存储服务器乃至服务器资源，让散布在各地的开发人员可同时通过云检测平台检测并开发相应的检测软件。

　　厂商提供的前端检测仪器/设备具备网络连接功能，通过互联网，与位于厂商本部的服务器相连。互联后的前端检测仪器可按一定的方法、步骤从厂商得到不同程度的技术支持服务，如软件升级、参数更新、故障诊断、专家指导和结果评判。这一服务大多是免费的，它更多的是厂商售后服务的一种延伸，提高了厂商和用户合作的紧密程度。现场的检测仪器是全功能的，可脱离互联网自主地进行检测，具有网络无损检测功能，集成了检测数据库功能，与检测计划子系统、数据库管理子系统等系统共同完成无损检测、分析、统计等检测任务。

　　（3）IaaS（基础设施服务）　云检测服务的最底层是 IaaS（Infrastructure as a Service），直接翻译为"基础设施即服务"或意译为"基础设施服务"。对应于无损云检测，IaaS 为"云基础设施服务"或"云检测设备服务"。IaaS 是整个云检测概念的主要骨干，建构于云检测平台底层的硬件设备，就称为云检测设备。云检测服务供应商通过网络，直接提供检测服务器、网络运算服务器等硬件，以及网络连接点存储空间给有需要使用云检测设备服务的企业，而租用云检测设备的企业则省下了自行建置检测硬件成本与购买软件的费用，能够提供专属于自己企业的云检测软件及云检测平台服务。

　　云检测设备服务就是向提供云检测设备的公司租借硬件设备来使用，不过要注意的是，这些云检测设备都是虚拟的。IaaS 供应商提供的是一种虚拟化设备平台环境，提供硬件服务器、数据中心的存储空间与网络设备的外包服务，租用云检测设备服务的企业可以提出硬件需求，但是这些硬件设施全部在"云"上。用户所使用的是虚拟主机与虚拟服务器，这些云检测设备是看不到也摸不着的，只能通过网络浏览器联机来使用这些云检测设备资源。

## 2. 网络化检测方式

　　（1）网络化无损检测系统　图 5-14 所示为基于以太网的涡流检测和超声检测的电磁声学无损检测集成网络系统。图 5-14a 所示为网络结构示意图；图 5-14b 所示为可以网络连接的 EEC-2008net 电磁声学网络集成无损检测系统。

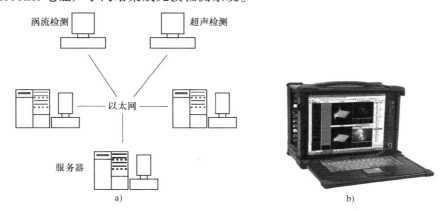

图 5-14　基于以太网的无损检测集成网络系统示意图

a）基于以太网的无损检测集成网络结构示意图　b）EEC-2008net 电磁声学网络集成无损检测系统

（2）云检测集成技术　　近年来，随着信息技术与无损检测技术的长足发展，网络化无损检测技术也发展到一个新的高度，从量变到质变，因此笔者完全可以据此提出云检测的概念和实现方法，并坚定地对无损云检测技术进行开拓和实践。

无损云检测集成网络中的中枢是业界厂商或学界科研单位等社会机构建立的网络服务器集群，集合了社会上各种相关资源，向不同类型的用户提供在线软件服务、硬件租借、数据存储、计算分析等不同类型的服务。提供资源的网络被称为"云"。"云"也称为"云端"，以与"用户端"或"检测终端"相对应。云或云端是为云检测提供数据存储、数据分析处理、仿真计算等服务的基础性服务虚拟平台，可以是在局域网中提供服务，也可以是在公共网中提供服务。云或云端中的各类资源是动态的，处于不断地扩大、更新、升级的过程中。广义的云检测包括了更多的厂商和服务类型。

检测终端是采用一种或多种无损检测技术进行检测/监测，并将检测数据按照云端要求进行标准化处理和上传的设备。检测终端可以是按照云检测要求改造的可直接上传检测数据的无损检测仪器、可导出检测数据的无损检测仪器和数据格式标准化组成模块、智能传感器及其数据传输组成的模块。

云检测的基本原理是：云端为检测终端用户提供数据存储、处理、分析的服务，使计算分布在大量的分布式计算机上，而非本地计算机或远程服务器中，数据中心的运行与互联网相似。从本质上来讲，云检测是指检测用户端的智能传感器通过近程、远程连接获得存储、计算、处理、数据库以及交互等服务。

无损云检测是利用各种无损检测方法和云计算技术相融合，可以进行某一种方法的检测，也可多方法、多参数、多信息融合进行检测和评价的一种检测方式。无损云检测系统主要由云端、检测端和通信网络组成。图 5-15 所示为无损云检测集成网络示意图。检测终端的检测数据及相关信息由通信网络加密传送到云端，云端对来自检测终端的数据进行校验、读取、存储、处理，依据对应的检测标准给出检测结果和评价，并将结果返回检测终端。可以看出，云检测节省了大量的硬件资源，用户的工作在很大程度上被简化了。用户端可以向云端提出服务请求，由云端来决定所需的检测工作如何开展和运行。从无损检测与评价系统的角度来看，仪器将不再是小而全的系统，而是"腾云驾雾"，以最少的硬件，通过无线方式，将基础检测数据传输到云端，再将处理的结果回馈至终端。

按照无损云检测计划，将目前常规的无损检测仪器，如超声、涡流、磁记忆、漏磁、声脉冲、声阻抗等检测仪器，从集成技术的角度加以分解细化，将其中专有部分设计为云检测用户终端，终端仅包含检测探头、信号发生、信号接收等调理电路等基本组件，可以是固定式，也可以是移动式，可以连续性工作，也可以间断性工作；其他组件如参数控制、信息融合、专家评估软件系统、信息反馈、传播、共享、存储、打印输出等组件集成到云端服务器和数据库中，如图 5-16 所示。用户只需一个云检测传感器终端，即可拥有类似于虚拟仪器的多种无损检测方法的能力，包括对在用设备的实时监测、预警能力。

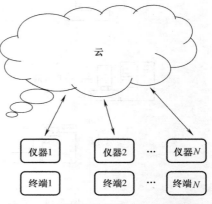

图 5-15　无损云检测集成网络示意图

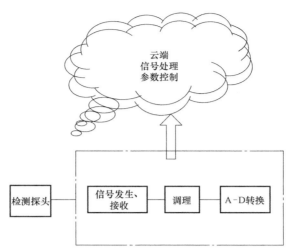

图 5-16　无损云检测网络分布示意图

## 5.2.3　无损云检测架构

完整的云检测运作体系架构如图 5-17 所示。

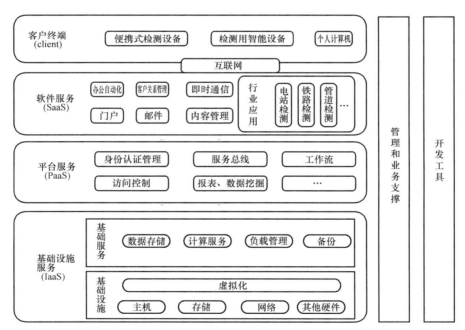

图 5-17　完整的云检测运作体系架构

### 1. 无损云检测客户终端

客户终端用于采集被检对象的相关信号，将信号传输给云检测服务器进行处理分析，它是检测系统中必不可少的重要组成部分。目前，可运用于准云检测的两款客户终端分别是爱德森（厦门）电子有限公司研发的 X3 型涡流/磁记忆检测仪和 U3 型超声检测仪。这两款终端各有两种结构型式，分别是无屏幕、无键盘的完全远场操控的客户终端机和具备独立检测能力的完整机型，初步具备了云检测终端功能。

### 2. 系统架构

无损检测云平台底层是阿里云海量弹性分布式数据存储和计算架构，在其之上构造了一个面向无损检测应用的数据接入、数据存储和数据处理的服务及相关的业务逻辑层，并提供一套基于支持各种云检测终端通信协议和数据交换协议的数据服务接口以及一系列覆盖各主流语言和平台的应用程序编程接口，包括 Linux、iOS、Android 系统和 Java、Python、C++等编程语言。无损检测云平台系统架构如图 5-18 所示。

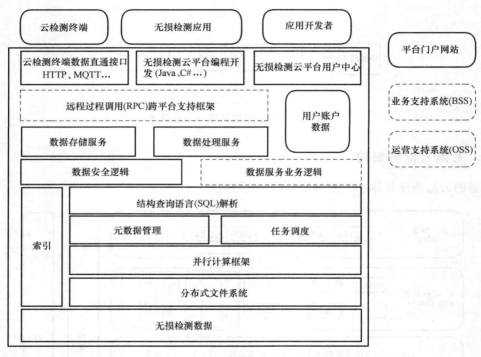

图 5-18　无损检测云平台系统架构

无损检测云平台服务按功能可分为硬件数据接入服务、数据存储托管服务和数据处理应用服务。数据接入服务是一套高性能的专为云检测终端数据上报提交而优化，支持多种数据传输和包装协议的开放式数据入库服务。数据存储服务提供海量、弹性、安全、高可用和高可靠的云存储。数据处理和应用服务提供针对 TB/PB 级数据的查询和准实时的和分布式处理能力，在平台服务和用户托管的应用服务两个不同级别上为无损检测应用的客户终端提供数据应用接口支持，并将扩展到数据分析、数据挖掘、商业智能等领域。

### 3. 接口

平台的设计思想是通过提供云检测终端的数据服务接口和丰富的后端数据应用编程接口，保障云检测终端直接数据通过开放式的数据服务协议接口完成高性能的数据提交入库，并减少和简化无损检测应用端数据应用的代码量。

（1）基于超文本传输协议（HTTP）的数据服务调用接口　构建 HTTP RESTFul 服务接口的目的主要是使无损检测应用客户端便捷地通过构造和发送 HTTP POST 请求直接访问平台大数据服务，云检测终端也可以使用这个接口向应用下用户自定义数据表提交数据（平台硬件服务接口只能向应用预定义的主数据表提交数据），基于 RESTFul 的 HTTP 协议将平台的各种数据服务资源映射成统一资源标识符（URI）以供调用，如云检测终端只要将数据包装成 JSON 格式通过访问数据插入服务的 URI 即可完成数据递交。

　　HTTP 协议服务调用接口也支持表和数据的各种基础操作，HTTP 协议的通用性保证了大数据平台对无损检测应用支持的广泛覆盖，可减少应用端的编码。通过 HTTP 调用，用户可便捷地完成表创建、表删除、获取用户名下的单表和多表信息、单行或多行数据的插入、删除和查询，以及主键范围查询，数据基本统计功能等各项服务。

　　（2）应用程序编程接口　无损检测云平台通过提供软件应用开发包的形式为无损检测应用提供针对性的数据应用服务，目的在于减少无损检测应用端的代码量。无损检测云平台和数据处理和分析应用有关的各项功能主要通过专用编程接口提供。

　　**4. 云检测终端绑定和数据提交**

　　云检测终端需要按照以下流程首先完成硬件注册，应用绑定和数据关联的步骤，才能开始数据提交。云检测终端首次接入服务前需通过平台的硬件数据服务设备注册接口提交请求（平台现也支持通过用户中心的网页界面进行硬件注册），注册成功后设备会收到设备验证码，供后续数据提交时做安全认证和数据资源定位用。如果是新开发的应用，开发者还将通过用户中心应用控制台或应用编程接口在数据平台上建表并定义数据内容。平台通过设备提交请求中所交验的设备验证码关联平台中用户应用和表资源。

　　**5. 数据安全机制**

　　用户数据安全是无损检测云数据应用的关键。无损检测云平台通过一系列多层次的安全验证和访问权限限制措施保护用户数据，防止丢失和泄露事件的发生。面对数据处理服务的请求，无损检测云平台通过使用 AccessID/AccessKey 对称加密的方法来验证发送请求的用户身份。AccessID 用于标示用户，AccessKey 是用户用于加密签名字符串和大数据平台用来验证签名字符串的密钥。平台根据对称验证结果决定接受或拒绝服务请求。无损检测云平台对用户数据加唯一标识，保证用户只能对自己用户名下的数据资源进行读取和操作。无损检测云平台内构建了基本的攻击监测及防范措施。异常的服务请求如过于频繁或参数数据超大的 HTTP POST 请求会导致服务被拒绝。云检测终端需向平台提交一系列安全信息以通过设备注册，注册成功后会收到平台派发的设备验证码。此验证码在后续数据提交时将被用于设备认证和数据资源定位。云检测终端可通过平台现已支持的 HTTP、MQTT、TCP 等服务接口协议和 JSON 数据包装协议将数据提交至平台用户应用下完成数据入库，无损检测云平台充分依靠阿里云产品的安全可靠高效的各项云数据基础服务，可确保平台提供卓越的数据存取规模和性能，支持弹性扩展，用户无须担心存储空间不足。平台具有单表 PB 级别的数据存储，并且支持表结构横向扩展。分布式系统中各存储节点副本数据实时一致，读写性能不会因数据量增加而受影响。

## 5.3　无损云检测的应用

### 5.3.1　无损云检测的实施

　　实施无损云检测的基本工作是按照前面 5.2.3 小节的描述，建立一个完整的无损云检测运作体系。其中，最重要的工作之一是建立一个面向无损检测应用的无损检测云平台。该无损检测云平台提供硬件数据接入服务、数据存储托管服务和数据处理应用服务。该无损检测云平台还在平台服务和用户托管的应用服务两个不同级别上为无损检测应用的客户端提供一套基于支持各种云检测终端通信协议和数据交换协议的数据服务接口。接口可支持各主流语言的应用程序编程。在当前，这些接口有基于 HTTP 协议的数据服务调用接口和应用程序编程接口。无损检测云平台和数据处理分析应用有关的各项功能主要通过专用编程接口提供。无损检测云平台需要给用户提供私密化的工作环境和完善的数据安全保障。用户数据安全是无损云检测推广应用的基本条件。目前，通过一系列多层次的安全验证和访问权限限制措施保护用户数据，防止数据泄露事件的发生。为确保安全，对于保密单位，只可以使用自己的局域网，不可以使用广域网。

当前，无损云检测的工作重点在提高可扩展性、降低功耗、确保性能可靠和信息安全等方面。

近年来，无损云检测的概念提出后，国内的无损检测设备生产商，以爱德森（厦门）电子有限公司为先导已开展了无损云检测前瞻性研究工作。其开创性工作如下：

**1. 研制网络化无损检测系统**

在前期，实现了无损检测系统的网络化，前端检测仪器/设备具备网络连接功能，通过互联网，与位于企业内部的服务器相连。互联后的前端检测仪器可按一定的方法、步骤从企业得到不同程度的技术支持服务，如软件升级、参数更新、故障诊断、专家指导和结果评判。这类服务大多是免费的，它更多的是企业售后服务的一种延伸，提高了企业与用户合作的紧密程度。现场的检测仪器是全功能的，可脱离互联网自主地进行检测。

典型的网络化无损检测系统有爱德森（厦门）电子有限公司出品的 EEC-2008net 电磁声学网络集成无损检测系统，该系统已在大亚湾核电站等检测现场得到良好的运用。该系统集涡流、金属磁记忆、漏磁和远场涡流等电磁检测技术以及超声检测仪器技术于一体，具有网络无损检测功能，集成了检测数据库功能，与管板图制作子系统、检测计划子系统、数据库管理子系统等共同完成电磁和超声检测、分析、统计等检测任务。

**2. 提出云检测框架结构**

按照无损云检测的理念，将目前常规的无损检测仪器，如超声、涡流、磁记忆、漏磁、声脉冲、机械阻抗等检测仪器，从集成技术的角度加以分解细化，将其中专有部分设计为云检测用户终端，终端仅包含检测探头、信号发生、信号接收等调理电路等基本组件，可以是固定式也可以是移动式，可以连续性工作也可以间断性工作；其他组件如参数控制、信息融合、专家评估软件系统、信息反馈、传播、共享、存储、打印输出等组件集成到云端服务器和数据库中。用户只需一个云检测传感器终端，即可拥有类似于虚拟仪器的多种无损检测方法的能力。

无损云检测与评价技术方案包括网络结构、终端认证激活流程、特定检测系统的搭建以及特定检测工作的实施流程，如图 5-19~图 5-22 所示。

1）在无损云检测网络中，常规检测仪器的大部分硬件与软件都已集成到云端服务器和数据库中，用户只需一个云检测客户终端，所有的检测、分析、存储等工作都在云检测网络中实施。

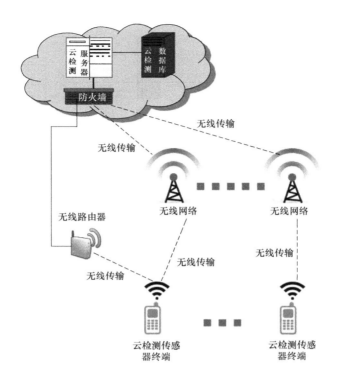

图 5-19　无损云检测设想——网路结构示意图

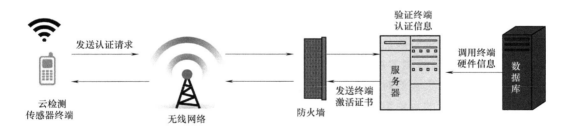

图 5-20　无损云检测设想——终端认证激活示意图

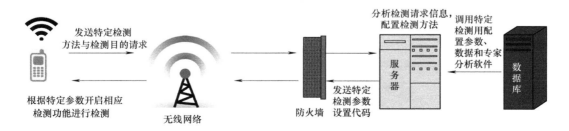

图 5-21　无损云检测设想——搭建特定检测系统示意图

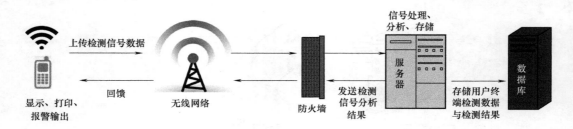

图 5-22　无损云检测设想——特定检测实施流程示意图

2）云检测客户终端类似现在的智能手机，可分类配置各种检测传感器，同时具有参数化控制的信号发生、接收、调理以及 A/D 转换，经网络向云端发送。

3）云检测客户终端在第一次使用时，需要认证激活。激活后，终端即可连入云检测网络中进行按需检测工作。终端激活后，用户可通过云检测网络在线充值系统为终端充值，用于支付按需检测费用。

4）云检测客户终端只有通过网络连接云端服务器，才能开启检测功能。

5）在实施检测工作时，用户先将云检测客户终端联入云检测网络中，而后将检测对象信息和检测方法要求发送给云检测服务器。服务器在接收到用户的检测请求后，通过智能检测设置系统，根据检测对象信息和检测方法要求，从数据库中调用检测配置参数和数据，搭建针对用户需求的实时检测系统。

6）检测系统搭建成功后，用户即可使用云检测客户终端对检测对象实施检测。客户终端将检测信号发送给服务器，服务器通过搭建的检测系统进一步处理信号，通过智能专家分析软件处理分析检测信号，将检测分析结果发送给客户终端，同时保存到数据库中。

7）客户终端可以随时调用查看存储于数据库中的检测结果。

8）对于有安全保密要求的特殊检测工作（如核能、军工检测），可通过客户终端专有数字签名、密锁或其他特殊加密算法，加密传输检测数据，以保证检测信息与数据的安全。

**3. 设计"准"云检测客户终端**

客户终端用于采集被检对象的相关信号，将信号传输给云检测服务器进行处理分析，是检测系统中必不可少的重要组成部分。目前，两款试用于云检测的客户终端已经研发出来，分别是 X3 型涡流/磁记忆检测仪和 U3 型超声检测仪。这两款终端各有两种结构型式，分别是无屏幕、无键盘的完全远场操控的客户终端机和具备独立检测能力的完整机型，分别如图5-23 和图 5-24 所示，它们初步具备了云检测终端功能。

图 5-23　X3 型涡流/磁记忆检测终端

图 5-24　U3 型超声检测终端

#### 4. 云检测网络验证实施

为推进云检测网络的发展，2013 年，爱德森（厦门）电子有限公司依托企业和相关科研教育机构的力量，整合多种资源，分别在厦门和北京建立了试验服务器，两者组网结合，模拟小型云端服务中心，向试验终端提供初步的云检测服务。在 X3/U3 客户终端，用户可以使用各种客户终端软件，根据实际检测需求，快速弹性地请求和调用服务资源，动态配置本地检测参数；检测信号同步传输给云端服务中心，扩大信息处理能力；检测结果反馈给客户终端。服务资源的使用可以被监控、报告给用户和服务中心。经多项云检测试验，云端服务试验中心从厦门与北京两地能有效地对客户终端进行操控，实施远程控制下的涡流/超声无损检测，初步验证了云检测功能的可行性。厦门、北京两地云端服务构建的示意图如图5-25 所示。

图 5-25 厦门、北京两地云端服务构建的示意图

无损云检测网络的构建可以是多种多样的，既可由业界厂商单独或与行业协会、质量检测机构联合创立全国性乃至全球性的云检测网络并加以运行，也可由诸如核能、电力、机械等行业中的企事业单位针对行业特点创立自己的小型"云"检测网络。在这些行业，每个单位通常都需要设立专门的无损检测中心，应用的检测方法多，检测对象多，范围广，需要很多检测仪器与检测人员，管理规划实施检测工作较为复杂。如果能以行业或单位的局域网为基础，建立各自行业的小型"云"检测网络，必将大大简化无损检测工作的管理规划实施。检测人员不必再携带大量的检测设备，只需携带检测终端，即可方便灵活地实施检测，并将检测结果实时反馈保存至检测中心服务器中，便于检测中心规划管理检测工作，大大提高检测效率，将检测停机带来的经济损伤降到最低。

#### 5. 应用无损云检测的体会

通过上述开拓性工作，得到以下应用无损云检测的初步体会。

1）云检测能够在短时间内迅速按需提供资源的服务，避免资源过度和过低的使用，是并行的、分布式系统，由虚拟化的计算资源构成。

2）云检测的特点是服务资源化，即通过虚拟化技术，进行存储、计算、内存、网络等资源化，按用户需求动态地进行分配。

3）基于云计算、大数据技术和检测集成技术的云检测是一个全新的概念，它包容各种物理与化学的检测方法，实现信息共享和远程控制，用户通过云检测可共享软、硬件资源，享受网络化时代的便捷服务和体验，也是无损检测行业的发展趋势。

4）对无损检测技术而言，集成是一种创新，它能够提高检测效率，节省资源，提高检测结果的可靠性，最大程度地实现检测结果的完整性。

5）不久的将来，人们有望将多种无损检测传感器，如超声、涡流、金属磁记忆、漏磁、电磁超声、声扫频、电磁扫频、视频、温度、压力、硬度、金相以及射线等传感器，高度集成在云检测传感器终端中，结合传感器技术、网络技术、通信技术、计算机技术以及专家分析系统等的最新研究成果，给用户提供更便捷、更高效的服务。

## 5.3.2　发动机油液在用监测

保障飞机的飞行安全一直是各国航空界十分关注的重大课题，这也使新兴的无损检测集成技术和无损云检测/监测有了用武之地。目前，根据网络资料，2015 年全球军机数量如图 5-26 所示。我国的军机数量为 2860 架，远低于美国的 13902 架，发展潜力巨大。2014 年，波音公司发布的商用飞机 2015—2034 市场预期（图 5-27），到 2034 年，全球商用飞机数量将翻一番，从 21600 架增长至 43560 架。其中 21960 架为新增需求，16090 架为替代旧飞机。到 2034 年，我国商用飞机需求为 6330 架，市值 9500 亿美元，如图 5-28 所示。随着国产 C919 等机型的推出，我国商用飞机公司将走向世界，届时云监测平台的应用将成为我国商用飞机公司挑战波音公司和空客公司的一大优势，助其打破国外飞机厂商商用飞机市场的垄断地位。

| 国家 | 现役军机数量 | 所占比例 |
|---|---|---|
| 美国 | 13902 | 27% |
| 俄罗斯 | 3429 | 7% |
| 中国 | 2860 | 5% |
| 印度 | 1905 | 4% |
| 日本 | 1612 | 3% |
| 韩国 | 1412 | 3% |
| 法国 | 1264 | 2% |
| 埃及 | 1107 | 2% |
| 土耳其 | 1020 | 2% |
| 朝鲜 | 940 | 2% |
| 其他国家 | 22234 | 43% |
| 总计 | 51685 | 100% |

图 5-26　2015 年全球军机数量（摘自英国杂志《飞行国际》发布的报告《2015 全球军机数量》）

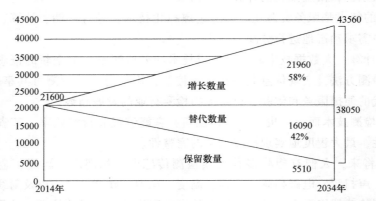

图 5-27　2014—2034 年世界商用飞机需求（摘自波音公司发布的商用飞机 2015—2034 市场预期）

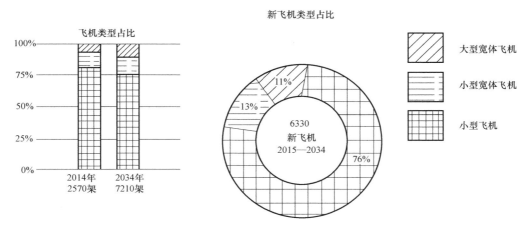

图 5-28　2014—2034 年我国商用飞机需求（摘自波音公司发布的商用飞机 2015—2034 市场预期）

飞机发动机机械系统，特别是发动机内部轴承、齿轮等的工作环境恶劣，运行负荷、转速以及润滑液的温度等因素都会对寿命产生不可预见的影响。机械内部过度磨损会引起振动加剧，进一步产生其他机械零件的故障，从而导致系统产生严重的二次损坏。因此，在机械系统出现重大故障之前，通过各种状态监测手段诊断出部件早期失效及潜在故障，对于降低故障损失及事故发生率具有重要意义。传统的振动监测、温度监测等实时监测技术由于技术局限，难以捕获机械系统磨损失效过程中的早期征兆，定期采集油液分析的方法因实时性差，无法连续监测系统失效过程，往往造成疲劳失效等危险性故障类型的漏报。

根据电磁感应原理，当金属颗粒穿过载有交变电流的感应线圈时，交变磁场的作用将使金属颗粒内部感生出涡流，形成反作用磁场；该磁场反作用于检测线圈使其阻抗发生变化。由此拾取的涡流信号幅度和颗粒的大小成正比，而涡流信号的相位和颗粒的导磁性/电导性有关。利用涡流检测技术可监测识别航空器、船舶、汽车等发动机的轴承、齿轮等部件的损伤情况，并做出早期预警，避免恶性事故的发生。

国内爱德森（厦门）电子有限公司研制开发的飞机发动机云监测平台，已经进入试验阶段，首次实现了飞机发动机的动态实时监测，能够对飞机故障进行预测，确保充足的应急响应时间，避免重大事故的发生。该技术有望运用于商用飞机，保障商用飞机运行安全。

随着传感器和计算机技术的飞速发展，油液磨屑在线监测技术取得了突破性的进展，相关领域研究开始大量出现，比较典型的技术主要有基于电磁感应、静电荷、磨屑图像识别和X 荧光（XRF）等原理的传感器系统，部分技术已实现工程应用，在航空发动机、风力发电机、内燃机等状态监控领域具有广阔的应用前景。

**1. 金属颗粒检测原理**

涡流检测以电磁感应原理为基础，在涡流传感器的线圈中通以交流电流，当金属小颗粒流经该线圈的时候，会在金属小颗粒内部产生感应电流。感应电流在金属小颗粒体内形成闭合回路，强度与金属颗粒的大小、材质有关。感应电流反作用于传感器线圈，使其电磁特性发生改变。通过检测线圈电磁特性的变化，即可获得关于被检测金属颗粒的大小与材质等信息。

分析油液中的金属颗粒主要依据颗粒大小与材质两个指标。涡流信号的幅值可以区分金属颗粒的大小，金属颗粒的体积越大，相应的涡流信号的幅值越大，反之亦然。涡流信号的相位可以区分金属颗粒是铁磁性还是非铁磁性。当仪器检测到交流线圈返回的信号时，会进行数学变换，投影到一个二维的复平面上。其中，$X$ 轴表征的是该金属颗粒的阻抗属性，$Y$ 轴表征的是该金属颗粒的感抗属性。不同材质的金属颗粒所产生的涡流信号在复平面上的投影具有不同的相位，铁磁性颗粒与非铁磁性颗粒的相位相差约 90°。

传感器采用电磁感应原理，如图 5-29 所示。

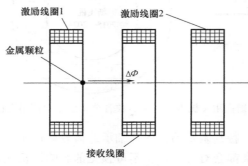

图 5-29　电磁感应原理

传感器内部采用反向双激励模式，具有两个激励线圈和一个接收线圈。两个激励线圈等间隔地位于接收线圈两侧，反向并联，通过正弦波交流电进行激励。在无金属颗粒通过时，两个激励线圈在接收线圈处的磁场大小相等、方向相反，总磁场为零，因此信号输出为零；当其中一个激励线圈中存在金属颗粒时，铁磁性颗粒被磁化或者非铁磁性颗粒中产生感应电动势，都会导致接收线圈中出现附加的磁通变化 $\Delta\Phi$，$\Delta\Phi$ 随时间周期性变化，会导致接收线圈中出现感应电动势，该感应电动势 $E$ 即为输出信号，其计算公式为

$$E = -\frac{\mathrm{d}\Delta\Phi}{\mathrm{d}t} \tag{5-1}$$

$\Delta\Phi$ 的频率与激励频率相同，是一个与激励信号存在一特定相位差（与颗粒尺寸、形状、材料、位置等参数有关）的正弦信号，因此在激励频率一定时，

$$E_{\max} \propto \Delta\Phi_{\max} \tag{5-2}$$

而线圈的分布方式导致了颗粒依次通过两个激励线圈时，感应电动势最大值大小相等、符号相反。铁磁性颗粒和非铁磁性颗粒通过传感器时，感应电动势与激励电流之间的相位差有显著不同，根据相位差可以判断颗粒属于铁磁性颗粒还是非铁磁性颗粒。根据金属颗粒感应产生电信号的幅值，可以判断金属颗粒的尺寸大小。电信号幅值大的，颗粒尺寸也大，反之亦然。

经原理分析和计算，确定信号幅值与颗粒尺寸的定量关系。

对于球形铁磁性颗粒：

$$\Delta u = \frac{4}{3}\pi^2 f\mu a^2 NM_0 \tag{5-3}$$

式中，$\Delta u$ 是接收线圈两端的电压变化量；$\mu$ 是金属颗粒的磁导率；$M_0$ 是金属颗粒的磁化强度；$a$ 是金属颗粒的半径；$N$ 是线圈匝数；$f$ 是线圈上所施加电流的频率。

因此，信号幅值与颗粒半径的平方成正比。

对于球形非铁磁性颗粒：

$$\Delta u \propto a^5 \tag{5-4}$$

因此，信号幅值与颗粒半径五次方成正比。

### 2. 系统的基本组成

系统采用 DSP 和 FPGA 联合控制，一方面可以利用 DSP 运算速度快、支持复杂算法的优势，另一方面可以通过 FPGA 实现地

址译码和逻辑控制，具有高集成性、高可靠性、高扩展性等特点，系统总体设计方案如图 5-30 所示。系统中的 DSP 负责与报警系统、数据采集系统及其他控制系统进行通信以及信号处理。通过网口可以连接普通的计算机通信，负责处理或显示系统输入的数据或设置系统运行参数。

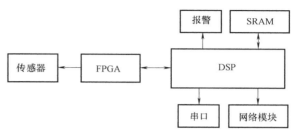

图 5-30　系统总体设计方案

采集系统是由传感器与 FPGA 共同组成的。传感器将电信号传递到以 FPGA 为核心的数字信号处理系统中，进行信号的预处理。然后再上传至 DSP 处理器，进行更高层次的处理。报警系统是独立系统，根据输入的信号不同，产生不同的动作。其他控制系统通过 RS485

串行总线与系统相连，接收或发出必要的控制信息。系统可实现调试演示模式和在线运行模式两种工作模式。调试演示模式通过网口连接普通计算机，显示原始数据信号以及经过处理过的统计数值。而在线运行模式只有系统独立运行，进行数据保存、分析判断，向报警系统输出数据。若有需要可以通过串口、网络模块输出数据，做进一步的分析与后处理。在役油液磨屑传感器及控制单元监测装备的外观如图 5-31 所示。

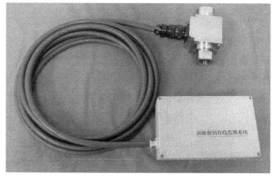

图 5-31　在役油液磨屑传感器及
控制单元监测装备的外观

### 3. 传感器设计

传感器的运行环境恶劣，温度高，腐蚀

性大，因此传感器对密封性的要求较高；同时，外接电缆传输模拟信号对抗干扰性也有较高的要求。该系统所使用的传感器如图 5-32 所示，它可在严酷的环境中工作，并保持良好的状态。

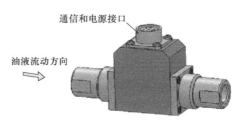

图 5-32　传感器

在传感器设计中，进行了以下三方面的优化：

1）传感器线圈连接部位的 O 形密封圈材料采用进口橡胶，密封性能好、寿命长、结构紧凑，可在-100～260℃的温度范围使用，密封压力可达 100MPa 以上。

2）传感器通信口采用专用高可靠性连接器，该系列圆形连接器符合 GJB 599A—1993 中Ⅲ系列的要求，采用三线螺纹快速连接，并带防松脱机构和电磁屏蔽功能，体积小、重量轻、接触件密度高，接触件压接可取卸，插针防斜插等；同时具有防火壳体、铝合金壳体和多种镀层，可以在高温下承受高强度振动，适合在恶劣的风沙和潮湿的条件下使用。

3）传感器通信电缆采用阻抗 50Ω 的双层屏蔽电缆，外层屏蔽用双层镀银线编织，内层导线为镀银铜包钢线；最大耐压 1200V，温度适应范围为-55～200℃；具有高屏蔽、低衰减的优异性能。

**4. 硬件设计**

硬件设计主要包括两大部分，第一部分是以 DSP 为核心的主控板。该部分的硬件电路以数字电路为主，主要实现各种接口的硬件部分，如网络接口、内置存储器接口、标准串行接口以及 SDRAM 资源，实现信号的采集、处理以及通信的管理。第二部分是以 FPGA 为核心的信号发生以及采集电路。由 FPGA 控制单元产生一定类型的交流信号，该交流信号受金属小颗粒作用会发生一定的改变，被检测探头获取新的交流信号，并将该信号进行一定的预处理，如放大、相位旋转等，再经过信号处理传输给 DSP 处理。系统的硬件框图如图 5-33所示。

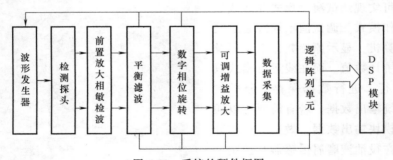

图 5-33　系统的硬件框图

为了保证板卡能够在恶劣的电磁环境下使用，并且不影响其他电子设备的正常工作，电磁兼容性（EMC）和静电释放（ESD）设计在整个印制电路板（PCB）的设计中显得尤为重要。该板卡在元器件选型时主要选取军品级元器件，从根源上消除了不稳定因素，以保证板卡的可靠性。设计时主要从以下几个方面着手：

1）电源线和接地线设计：根据电流大小合理选择电源线和接地线的线径，并留有足够的裕度，减少线路阻抗和来自电源的干扰，并将接地电路做成闭环环路。

2）电路去耦：在直流电源回路中，负载的变化会引起电源噪声，配置去耦电路可减少电源噪声的干扰。

3）数字地和模拟地分离：模拟地和数字地公用会产生严重的公共阻抗耦合，造成系统工作不稳定，将数字地和模拟地分开，各有各的电源和地线回路，能有效抑制干扰。

**5. 金属颗粒的属性验证**

将已知铁磁性金属颗粒和非铁磁性金属颗粒分别穿过传感器样机管路，其极坐标信号图如图 5-34 所示。对于该传感器而言，铁磁性金属颗粒信号的相位角为 48°，非铁磁性金属颗粒信号的相位角为 148°。

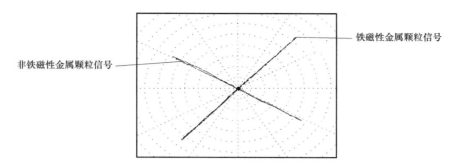

图 5-34　金属颗粒极坐标信号图

将极坐标转换为幅值-时间坐标，将铁磁性金属颗粒的波形定义为先正峰后负峰，非铁磁性金属颗粒的波形定义为先负峰后正峰，则相应铁磁性金属颗粒的波形如图 5-35 所示，非铁磁性金属颗粒的波形如图 5-36 所示。

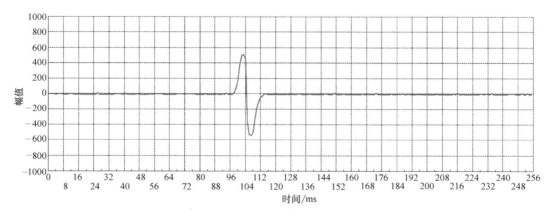

图 5-35　铁磁性金属颗粒的波形

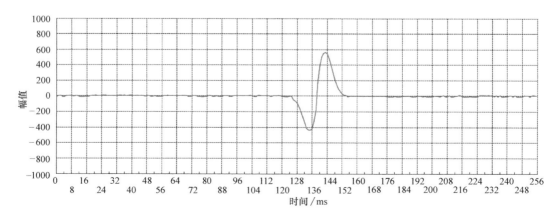

图 5-36　非铁磁性金属颗粒的波形

**6. 系统达到的主要功能指标**

将传感器系统安装在"航空轴承失效监控试验系统"中，如图 5-37 所示，模拟某型航空轴承失效过程并实时采集油液中的金属磨屑信息，试验过程获得的铁磁性金属屑变化趋势如图 5-38 所示，表明传感器系统功能可以满足实时监测需求。

图 5-37 "航空轴承失效监控试验系统"
及传感器系统安装位置

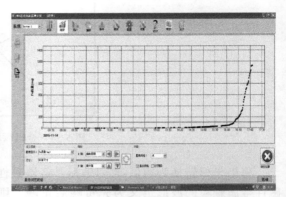

图 5-38 航空轴承失效过程中捕获的铁
磁性金属磨屑变化趋势

经系统考核，传感器系统达到了预期的主要功能技术指标。

**7. 系统云扩展**

高可靠性油液磨屑在线监测系统，可通过网络模块将监测数据保存到云端，实现对所监测设备的全寿命管理，实时掌握其安全状态。采用大数据挖掘分析技术，对采集到的数据进行分析，可实现所监测设备由定期保养到按需保养的转变，对所监测设备进行故障预警预测，保障所监测设备长期安全运行。

## 5.3.3 电站重大设备的云监测系统

航空、铁路、核能、电力、交通等行业，通常都需要设立专门的无损检测中心，在复杂装备产品的生产、运行、维护、再制造过程中对产品进行无损安全检测。在实施过程中，不仅应用的检测方法多，检测对象多、范围广，而且需要很多检测仪器与检测人员，管理规划及实施检测工作也较为复杂，例如电站安全检测，铁路动车、机车及路基安全检测，核电设施设备安全检测，大型桥梁、隧道安全检测工作等。无损云检测的应用，将大大简化无损检测工作的管理规划实施，实现对复杂装备产品的全生命周期安全检测与评价数据系统化管理。检测人员不必再携带大量的检测设备，只需携带检测终端，即可方便灵活地实施检测，并将检测结果实时反馈保存至检测中心服务器中，便于检测中心规划管理检测工作，大大提高检测效率，将检测停机带来的经济损失降到最低。

**1. 电站重大设备云监测系统概述**

以电站检测为例，现今对电站的无损检测与评价是采用各种分别独立的无损检测仪器及测控设备对电站不同部位和组成部分进行各种检测和评估。常用的无损检测技术分为超声、射线、磁粉、涡流、渗透和目视等常规方法。每台设备独立对电站进行检测，检测仪器、时间、检测人员、检测参数和结果等分别记录。通过汇总各种检测信息进行分析处理，最终得到发电站在役运行的基本情况。这样的处理方式不仅过程繁杂，信息分立，造成设备硬件资源无法得到充分利用，而且分析电站在役情况时，很难看到全面的信息和得到正确的结论。

若采用云检测系统来实施对电站的无损检测与评价工作，便可以很好地解决上述问题。国内爱德森（厦门）电子有限公司为此做过大量的预研、开发工作。图 5-39 ~ 图 5-41 所示分别为爱德森（厦门）电子有限公司研制的电站重大设备的云监测系统数据平台界面、应用该系统的一个检测计划界面及检测结果界面。

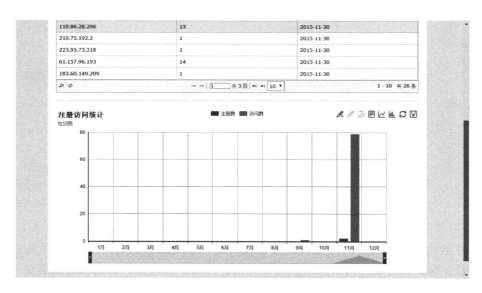

图 5-39　电站重大设备云监测系统数据平台界面

## 2. 电站云监测系统的特点

电站云监测系统相比原有的检测方式，具有以下特点：

（1）集成性　系统建立后，可以集成各种先进的无损检测仪器和监测手段，减小单台设备的硬件支出，避免计算和储存资源过低的使用率。

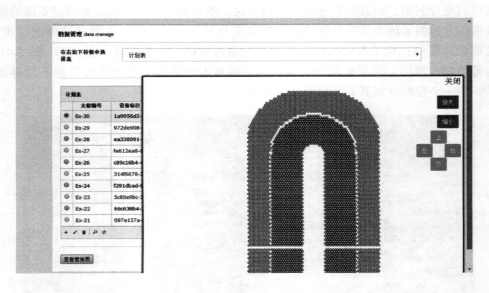

图 5-40　数据管理→检测计划界面

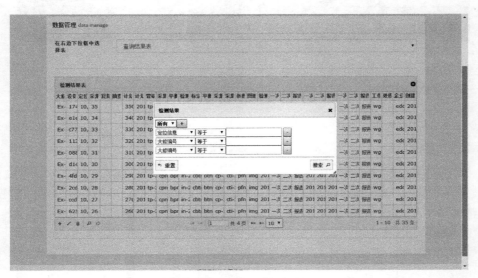

图 5-41　数据管理→检测结果界面

（2）灵活性　检测和监测方案提供方可随时随地根据实际需求，快速弹性地请求服务资源，扩展处理能力，通过网络调用，可以使用各种客户端软件，调用云检测资源。最终用户可以根据检测要求，增加分布式传感器的编排，更好地完成检测任务，保障电站安全。

（3）全面性　电站云监测系统的最大优点是可以方便最终用户及时了解电站现今的运行状态，做出合理正确的判断，减小事故的发生概率。

**3. 电站云监测系统的效用**

基于云检测技术的电站云监测系统通过不同的分布式智能多功能传感器完成对电站的检测和监控。云监测系统的参与方通过云平台可以共享资源，营造一种互相补充、互相促进的生态环境。检测方案提供方可以及时对仪器设备进行网上软件更新升级换代，对于重要部件可进行健康状况的监测与评估。检测方案提供方还可通过网络开展检测技术人员的远程培训服务、技术支持和现场应用的安装、调试指导等。电站云监测系统一旦投入使用，将是无损检测史上的革命性突破，必将大大提高电站的检测准确度和现场检验效率。

## 5.4　无损云监测技术及智慧城市

### 5.4.1　无损云监测的实施

云监测的概念是在监测技术集成和云计算的发展中产生的。基于云计算技术和监测集成技术的云监测是一个全新的概念，包容各学科的监测方法，可实现信息共享和远程控制，也是监测集成技术发展的趋势。近年来，随着信息技术与监测技术的长足发展，网络化监测技术也发展到了一个新的高度。云监测通过云计算和监测集成技术的结合，将传感器采集的数据收集于云端进行存储、处理，云端的功能包括信号处理、存储、评估、预测、信息反馈等一系列软、硬件共享资源。用户能够共享软、硬件资源，享受云监测带来的便捷服务和高效率。

确保现代大型设施复杂装备的安全是一个包括了策略、管理、技术等许多方面的系统工程。其中，现代先进的检测和监测技术是最主要的防线之一，它们在防范和减少安全事故方面发挥了重要的作用。悄然兴起的多方法、跨学科、运用互联网、大数据挖掘的云检测/监测技术将成为安全保障系统最为关键的战略性技术防线。

该理念符合国家倡导的"互联网+"战略，将检测/监测与大数据、云计算相结合，形成了云检测/监测，适用于保障国家重大基础设施和装备的安全、高效、长寿命运行。云检测/监测是基于云计算技术和监测集成技术的结合和集成。它包容各学科的监测方法，实现信息共享和远程控制，用户通过云监测可共享软、硬件资源，享受网络化时代的便捷服务和体验，是无损集成检测技术的发展趋势。

云检测/监测是现代工业和基础设施建设等发展的迫切需求。现代工业装备和基础设施的全生命周期管理是一项复杂且高难度的任务。其中，缺陷损伤与设备故障、效率、寿命等的关联分析和数据管理等提出了许多极具挑战性的问题。在航天、航空、铁路、核能、电力、交通等行业，通常都需要设立专门的检测/监测或维护中心，应用的监测方法多，监测对象多、范围广，需要大量检测仪器与检测人员，管理规划实施检测工作较为复杂。这些难题仅靠单一的检测技术不能解决。云监测的应用，必将大大简化和增强对设施装备全生命周期监测工作的管理和实施。例如，高铁的监测系统，发展独立的网络化管理系统，将极大地加强高铁安全性的保障。飞机的全生命周期的监测管理，核电站、大型桥梁隧道的全生命周期的云监测管理，都将极大地加强它们安全性的保障和提高经济效益。

云监测的应用领域广、跨学科多，其影响和难度远超传统行业。从油气管道监测，到桥梁、隧道、楼房、轨道、飞行器动态监测，再到水质排污口的监测，以及食品、药品、服装的监测，涵盖了人们的衣食住行等各方面，保障了基础设施和食品、药品等公共安全。云监测将助力"一带一路"战略、国家海洋战略，例如"中巴经济走廊"、高铁输出、中俄/中巴输油管线、海上石油平台、重大海洋工程等。云监测将为保障我国制造的大型关键装备安全，搭建同一监测平台，提升我国产品质量，助力"供给侧"结构性改革。

## 5.4.2　智慧城市中的云监测技术

### 1. 智慧城市的发展

智慧城市就是运用信息和通信技术手段感测、分析、整合城市运行核心系统的各项关键信息，从而对包括民生、环保、公共安全、城市服务、工商业活动在内的各种需求做出智能响应。其实质是利用先进的信息技术，实现城市智慧式管理和运行，进而为城市中的人创造更美好的生活，促进城市的和谐、可持续成长。为解决城市发展难题，实现城市可持续发展，建设智慧城市已成为当今世界城市发展不可逆转的历史潮流。

智慧城市经常与数字城市、感知城市、无线城市、智能城市、生态城市、低碳城市等区域发展概念相交叉，甚至与电子政务、智能交通、智能电网等行业信息化概念发生混杂。对智慧城市概念的解读也经常各有侧重，有的观点认为关键在于技术应用，有的观点认为关键在于网络建设，有的观点认为关键在人的参与，有的观点认为关键在于智慧效果，一些城市信息化建设的先行城市则强调以人为本和可持续创新。总之，智慧不仅仅是智能。智慧城市绝不仅仅是智能城市的另外一个说法，或者说是信息技术的智能化应用，还包括人的智慧参与、以人为本、可持续发展等内涵。

从技术发展的视角，智慧城市建设要求通过以移动技术为代表的物联网、云计算等新一代信息技术应用实现全面感知、泛在互联、普适计算与融合应用。从社会发展的视角，智慧城市还要求通过社交网络、Fab Lab、Living Lab、综合集成法等工具和方法的应用，实现以用户创新、开放创新、大众创新、协同创新为特征的知识社会环境下的可持续创新，强调通过价值创造、以人为本实现经济、社会、环境的全面可持续发展。

2010年，IBM正式提出了"智慧的城市"愿景，希望为世界和中国的城市发展贡献自己的力量。IBM经过研究认为，城市由关系到城市主要功能的不同类型的网络、基础设施和环境等六个核心系统组成：组织（人）、业务/政务、交通、通信、水和能源。这些系统不是零散的，而是以一种协作的方式相互衔接。而城市本身，则是由这些系统所组成的宏观系统。

### 2. 云监测与智慧城市

云监测是现代监测技术发展的必然。通过构建智慧城市云监测服务平台，形成稳定、可靠、高效的智慧城市云监测统一门户，为重大装备提供一站式的各种检测服务，为政府、企业提供检测工作环境。

（1）有助于提升公共检测服务能力，提高检测管理效率　智慧城市云监测服务平台通过提供各种检测服务应用，大大提升了政府和企业的检测服务能力。通过提供移动化、便捷化、融合化、互动化的检测手段，大大提升检测服务部门的效率，使得公共检测服务更加深层化。

（2）有助于畅通检测服务方和使用方互动渠道　依托智慧城市云监测服务平台，打造检测服务的数据库和界面，面向检测服务的使用方提供检测动态、在线服务、交流互动等"互动"服务，使检测服务使用方的知情权、参与权和监督权落到实处，为政府、企业、公众等搭建良好的云监测服务环境，让使用方更好地享受到云监测的成果。

（3）有助于消除监测中的"信息孤岛"　依托智慧城市云监测服务平台，建立智慧城市云监测信息化架构标准，协调各方资源，打破包括公共安全、政务、交通、物流等在内诸多公共系统之间的"信息壁垒"，实现跨系统应用集成、跨部门信息共享，最大限度地开发、整合和利用等各类信息资源，以网络化带动集成化，消除智慧城市云监测服务建设的"信息孤岛"，推动智慧城市云监测向深度和广度发展。

（4）有助于促进检测/监测行业的持续稳定增长　检测/监测行业离不开智能平台的支撑，智慧城市云监测服务平台涵盖智慧服务领域，依托该平台，通过不断挖掘检测/监测行业信息化需求，能够促进检测/监测行业资源共享和开发利用，提升检测/监测行业领域信息服务水平。面向生产、生活和管理的检测/监测信息产品和服务更加丰富，企业信息化不断深化，公共检测/监测服务需求进一步释放。

### 3. 智慧城市中云监测设计标准

智慧城市云监测信息化建设需要标准平台，作为智慧城市云监测战略的基础支撑，云监测信息化正在向集中化、服务化、标准化、平台化演进，智慧城市云监测服务平台要从开发、安全、管理和整合四个层面采用标准化技术，来规范智慧城市云监测信息化建设。

（1）统一的云监测开发标准　云监测开发的标准化是智慧城市云监测管理的基础。智慧城市的一个云监测可能涉及多个系统的支撑服务，因此统一的标准化开发语言、跨平台的支持能力、标准化的插件扩展接口等，必将降低智慧城市云监测信息化实施过程中的各种成本，实现跨平台代码、资源和人员的复用。

（2）统一的云监测管理标准　智慧城市云监测管理的标准化，必须从用户、设备、应用、内容、应用版本、运维控制、服务接入、消息推送、报表统计等方面做到标准可控，保证云监测管理组件化和可复用性，并充分保护前期投资。

（3）完整的云监测安全标准　一个完整的标准化的云监测安全策略分散在智慧城市云监测化平台建设中，包括终端安全、传输安全、服务安全等各个层面，必须形成系统整体的安全体系，才能在确保平台架构足够安全的前提下为云监测提供高效支撑服务。

（4）开放的系统整合标准　从长远规划来看，一套标准化的云监测平台应提供开放的、通用的、全面的整合开发接口，平台系统不应是私有封闭的，需要建立信息资源的共建共享机制，避免重复建设，提高投资效益，合理地配置有限资源。平台要能够聚合不同协议标准的服务，为云监测信息化提供业务整合保障。使之在纵向，应能根据实际要求可兼容、平滑纳入大部分已建并投入使用的云监测信息化应用系统；在横向，可根据云监测信息化应用的现状以及今后云监测信息化应用的不断延展，可随时扩展、扩建其他各行业应用平台或功能子系统。

## 5.4.3　云监测技术的应用案例

### 1. 云监测平台的设计框架

智慧城市云监测服务平台体系设计以"统一架构、统一支撑、统一管理"为基本思路。通过整合现有信息资源，重视云监测运行信息的共享和业务的协调，逐步实现各类信息的整合集中与共享，避免重复建设。智慧城市云监测服务平台整体体系着眼于提升检测/监测效率、节约检测/监测成本，在检测/监测需求最迫切、最易实现的领域开展云监测项目建设，以点带面，重点推进，同时加强安全意识，保证信息安全。

智慧城市云监测服务平台的体系框架以标准规范体系、云监测体系为保障，分为支撑层、服务层、管理层、网络层和应用层五层，如图 5-42 所示。

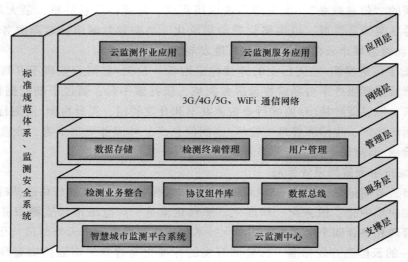

图 5-42　智慧城市云监测服务平台的体系框架

　　支撑层提供智慧城市云监测领域的数据支撑。它主要包括云监测中心、智慧城市监测平台系统，通过云监测信息资源共享服务和业务协同共享服务，实现各类信息的及时共享和有效融合，是智慧城市云监测运行有关计算、信息处理的公共基础。

　　服务层通过整合现有信息资源，重视云监测运行信息的共享和业务的协调，实现各类信息的整合集中与共享；通过各种标准协议组件，聚合业务数据并连接不同的后端业务系统，高效整合对接多种业务，并具备服务二次封装整合的集成能力。

　　管理层提供了对用户、设备、应用的综合管理服务，并在此基础上提供统一数据存储、云监测内容管理、云监测接入控制、云监测运行监控等关键服务，为智慧城市云监测打造完善全面的云监测管理体系。

　　网络层是智慧城市云监测实现信息传递和汇聚的基础设施。它包括 3G/4G/5G、WiFi 等云监测通信网络。

　　应用层根据智慧城市云监测领域的业务需求，为企业提供精细化、智能化的检测服务。应用层包括云监测作业应用及云监测服务应用，面向检测管理人员、企业工作人员，主要实现云监测办公和现场云监测作业等，提供对外客户服务，借助先进的云监测互联网技术，为企业提供全面快捷的云监测服务。

　　云监测信息安全保障体系是智慧城市云监测能够高效、安全运行的保障。要围绕各个架构层面以及用户、设备、应用等，以硬件加密和安全证书等安全措施为系统安全基石，提供全面强大的安全控制手段。

　　作为智慧城市云监测信息化战略的基础支撑，智慧城市云监测服务平台要从开发、安全、管理和整合四个层面采用标准化技术，来规范智慧城市云监测信息化建设。

**2. 重大设施装备安全健康云检测/监测工程的设计**

　　现代工业促生了许多现代大型设施和复杂装备。一旦它们发生重大事故，将会产生巨额的经济损失和巨大的社会影响。这些大型设施和复杂装备的安全保障是全社会关注的焦点和迫切的需求。

挑战者号航天飞机于美国东部时间 1986 年 1 月 28 日上午 11 时 39 分在美国佛罗里达州发射。挑战者号航天飞机升空后，因其左侧固体火箭助推器（SRB）的 O 形密封圈失效，毗邻的外部燃料舱在泄漏出的火焰的高温烧灼下结构失效，使高速飞行中的航天飞机在空气阻力的作用下于发射后的第 73s 解体，机上 7 名宇航员全部罹难。

2013 年 11 月 22 日凌晨 3 点，位于青岛市黄岛区的中石化输油管线破裂，斋堂岛街约 1000m² 路面被原油污染，部分原油沿着雨水管线进入胶州湾，海面过油面积约 3000m²。黄岛区立即组织在海面布设两道围油栏。处置过程中，当日上午 10 点 30 分许，黄岛区沿海河路和斋堂岛路交汇处发生爆燃，同时入海口被油污染的海面发生爆燃。事故共造成 63 人遇难，156 人受伤，直接经济损失 7.5 亿元。

在一次次的重大安全事故的警示下，人类认识到，必须要对现代重大设备及工程和现代工业产品实施严格和有效的检测/监测。随着现代大型工程和复杂装备的不断上马，原有的单一、无记录、经验性的检测方法已经无法精准预示重大工程和复杂装备的安全健康状态，也无法保证可靠和高效地生产和使用。多方法、跨学科、运用互联网、大数据挖掘的云检测/监测已成为必然趋势。重大设施装备安全健康云检测/监测平台如图 5-43 所示。

图 5-43　重大设施装备安全健康
云检测/监测平台

### 3. 云监测平台的设计框架

位于福建省厦门市内的厦门海沧大桥是我国第四座大跨径钢箱梁悬索桥，也是我国第一座特大型三跨吊钢箱梁悬索桥，其悬吊结构在国内首次采用不设竖向塔支座的全漂浮连续结构，为世界上第二座采用此种结构的大型悬索桥。大桥位于厦门市西港中部，西起海沧开发区马青公路，跨越厦门西海域并穿过火烧屿后接厦门本岛仙岳路，是厦门岛的第二条对外通道。工程全长 6419m，由石塘立交、西引道、西引桥、西航道桥、东航道桥、东引桥、东渡互通立交东引道及附属工程等组成，东航道桥为悬索主桥，长 1108m，主跨 648m。海沧大桥为双向六车道加紧急停车带的高等级公路特大桥梁，兼具城市桥梁功能。海沧大桥设计通行能力为 50000 辆/日，行车时速为 80km/h。

海沧大桥于 1999 年 12 月 30 日通车运行，在 2009 年，厦门市路桥管理有限公司委托福建省交通科研所对海沧大桥做定期检查显示：海沧大桥评估为二类桥（二类桥：桥梁技术状况处于良好或较好状态，仅需对桥梁进行保养或小修），总体状况良好。海沧大桥设计通行量为日均单向 5.5 万辆次截至 2018 年 10 月，海沧大桥日均通行量已达到双向 16.12 万辆次，可以说，海沧大桥通行量已处于饱和状态。通行量过大会对大桥的健康安全造成影响，对此厦门市路桥管理有限公司也采取了一些限行的措施来控制车流量，如上下班高峰期禁止集装箱车辆通行海沧大桥。

目前，海沧大桥的检查养护管理体系主要有日常检查（每日巡查、每周检查）、经常检查、定期检查和临时检查。

根据海沧大桥钢箱梁悬索桥的特点，结合现有桥梁监测经验，监测人员将云检测技术和无线传感网应用于桥梁结构健康监测，形成一套集先进的传感设备、精准的无线数据采集系统及具有强大功能的数据管理与分析软件系统于一体的自动化监测系统。以下介绍采用云检测技术和无线传感网方式的海沧大桥结构健康监测方案。海沧大桥的管理维护测量是将现有的检查方法与先进的健康云检测技术相结合，综合了传统的人工检查方法与现代监测技术的长处。

（1）监测系统的组成　海沧大桥桥梁结构健康监测系统由5个子系统组成：传感器系统、数据采集和无线传输系统、数据存储与数据分析系统、结构健康评估系统和检查维护系统。海沧大桥桥梁结构健康监测系统的总体框架如图5-44所示。

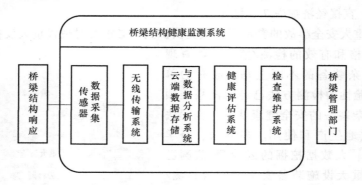

图5-44　海沧大桥桥梁结构健康监测系统的总体框架

（2）传感器系统　海沧大桥采用的传感器有：

1）磁记忆应力传感器：用于监测桥梁重点应力集中部位的应力变化。

2）电化学传感器：测量腐蚀电位、腐蚀电流、氯离子、pH值等电化学腐蚀相关参数，监测关键设备及重大工程的腐蚀速度及腐蚀倾向性，预示安全健康状态及服役寿命。

3）加速度传感器：用于监测桥面的振动。车辆经过或者地壳震动、台风、暴雨都可能引起桥梁建筑（尤其是悬索桥）的振动。

4）摄像机：监控交通流量，并与其他数据关联，评估交通流量对桥梁建筑的影响。

5）气象监测站：风速、风向、雨量、温度、湿度。狂风会影响悬索桥的安全，美国塔科马悬索桥曾被大风吹垮。温度会影响桥梁构件的伸缩，从而引发安全隐患。温度、湿度、雨水将导致路面的老化、金属构件的腐蚀。

6）倾斜计：测量桥墩和钢梁等结构的倾斜度变化。

7）热电偶：测量钢梁、桥面等结构处的温度。绘制桥梁结构温度曲线，便于分析桥梁结构变化。

8）振弦式应变计：监测桥梁钢部件在过载或环境变化时的形变。

9）应变片压力传感器：监测桥墩等水泥构件在受压力等外界因素时的形变。

10）测重压力传感器：测量车辆的重量并记录经过车辆的数量。

11）超声传感器：监测重要构件/部位的缺陷。

12）光纤光栅传感器：可监测温度、压力、位移等。

13）卫星导航定位位移监测等。

根据监测项目分类，传感器主要有五个方面，其分类见表5-1。

**表 5-1　传感器的监测设备和监测内容**

| 监测项目 | 监测内容 | 监测设备 |
|---|---|---|
| 荷载与环境 | 风、地震、温湿度、车辆荷载等 | 风速仪、温湿度计、动态地秤、强震仪、摄像机等 |
| 几何形态 | 梁体挠度、转角、基础沉降、索塔倾斜、结构线形变化等 | 位移计、倾角仪、GPS、电子测距器、数字摄像机 |
| 结构的静动力反应 | 关键断面/焊缝应变应力、索力、结构动力特性（模态频率、振型、阻尼）、腐蚀等 | 应力计、磁记忆应力传感器、动静态应变仪、索力计、振动测量系统、电化学腐蚀电位测量仪 |
| 非结构部件及辅助设施 | 支座、振动控制设施的运行状态等 | 数字摄像机等 |
| 腐蚀破坏 | 腐蚀电位、腐蚀电流、环境氯离子浓度、pH 值、温度、湿度等 | 多功能腐蚀电化学传感器、电化学综合测试仪 |

　　这些传感器可全方位收集桥梁的结构健康信息，时时记录天气、车辆等因素对桥梁关键结构的影响。通过大数据建模分析，探索桥梁等结构与环境和人为等因素的关系，建立结构健康的评判标准。桥梁监测系统已在国内十多座重大桥梁上实施，可实时记录桥梁结构健康数据。图 5-45 所示为海沧大桥云监测系统示意图。

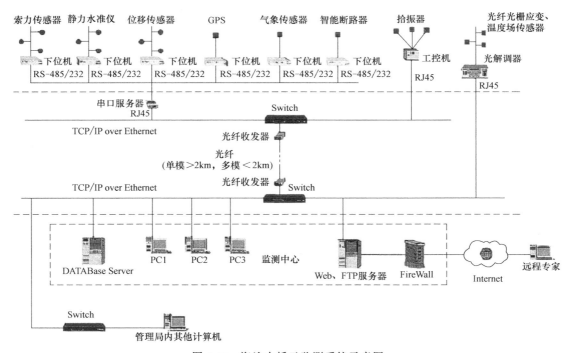

图 5-45　海沧大桥云监测系统示意图

　　（3）数据采集和无线传感网络　基于无线传感网络的结构健康监测系统，前端对桥梁进行信号检测和采集，数据传感都由无线传感网负责，采用无线传感网，省去了布线的工作，简化了前端系统部署与维护工作，通过汇节点，无线传感网络的数据被收集到云端服务器，云端服务器运行信号接收存储与处理程序，运行健康监测评估系统程序和检查维护管理程序等，还可以随时随地进行远程桥梁监控管理。图 5-46 所示为结构健康监测系统的无线传感网络结构示意图。

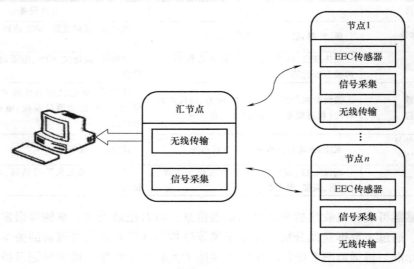

图 5-46 无线传感网络结构示意图

（4）数据存储与数据分析系统 该系统包括对数据进行预处理、二次处理、后处理、数据存储、数据传输及数据显示等数据管理控制工作。图 5-47 所示为桥梁实时监测系统的框图。

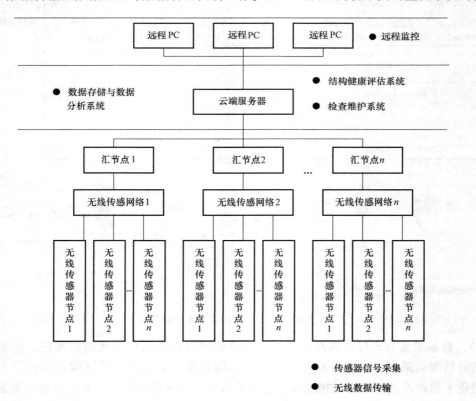

图 5-47 桥梁实时监测系统的框图

数据预处理主要进行统计运算，计算设定时间段内的最大最小值、均值、方差、标准差、变化幅值等，计算结果作为初级预警的输入，并用以判定信号是否正常。

数据二次处理的内容包括数据的幅域分析显示、频域分析显示、时域分析显示、频度计数分析显示、傅里叶分析等，以便判别结构监测数据的发展趋势及变化特征值，作为评估结构性能的依据。

数据的后处理主要进行监测数据的高级分析。如实时模态分析、桥梁特征量与环境因素之间的相关性分析等。由于数据的后处理需占用较长的计算时间，故这一计算分析过程需要离线进行，分析数据来自实时现场采集数据和定期人工采集数据。

由于系统采集的数据量较大，且数据类型复杂，因此需要建立完善的动态数据库系统。根据数据类型及数据应用的不同，系统建立了 9 个数据库，分别是系统参数数据库、结构信息数据库、结构模型数据库、原始数据库、处理后数据库、健康状态数据库、超域值事件数据库、系统维护数据库和管养检查信息库。系统数据库具有友好的、可视化程度高的人机交互界面，方便多用户的访问，数据库的运用大大提高了系统的效率。数据库访问设置不同的访问权限，可以最大程度地共享监测成果，并可以进行远程结构状态评估。

数据接收平台布置在云服务器，包括监控中心数据接收服务器及备用数据接收服务器；数据库平台包括数据库服务器；数据后处理平台包括分析服务器；应用平台包括 App、Web、图形、网管等服务器。

（5）结构健康状况评估系统　桥梁结构健康状况评估系统是桥梁健康监测系统的核心，该系统密切结合大桥的管养要求，对桥梁构件的不正常表现做出及时诊断并找出其根源，及早发现灾难性破坏的隐患。结构健康评估主要以损伤识别的方法进行，基于海沧大桥的结构特点及监测项目，结合损伤识别方法的发展水平，在健康评估系统中运用的方法有养护管理评估法、模型比对评估法、趋势分析评估法、动静结合评估法、局部损伤评估法、累积损伤及剩余寿命评估法等。

结构健康状态评估系统分为在线评估和离线评估两部分。在线评估主要对实时采集的监测数据进行基本的统计分析、趋势分析，设立预警系统，给出结构的初步安全状态评估。离线评估主要对各种监测数据（包括其他系统、日常管养信息等）进行综合的高级分析。离线评估采用有限元分析、模态分析以及各专业专家分析等方法进行。

结构健康状况评估系统将产生月度评估报告、临时（突发）事件评估报告、正常状态评估报告（年度报告），以便对大桥的安全性、耐久性、使用性给出定性或定量的评判。大桥管理者可根据以上报告结论，通过专家的评估与决策，给出养护维修的指导意见。

（6）检查维护系统　检查维护系统通过便携式计算机对服务器、无线传输节点、传感器节点、网络系统等进行现场维护，包括设备工作状态的监控、测试。便携式计算机上装有特殊的接口软件，可以直接从相连的无线传感器节点读取数据，实现显示和查询功能。

根据海沧大桥的特点结合养护管理的需求，设计的桥梁结构健康监测系统软件采取模块化设计，做到功能周全、针对性强、维护方便，具有强大的升级性、可扩展性。监测系统采用无线传感网络形式，硬件性能可靠、技术成熟，并具有可更换性和可扩展性，并采用多种防护措施，保证其长期稳定可靠地运行。

通过建立海沧大桥健康监测系统，将较大地提高大桥的整体管理技术水平，节约后期维护经费，对保证海沧大桥的正常安全运营具有重要的意义。

### 5.4.4　智慧城市云监测发展面临的问题

#### 1. 缺乏整体战略规划和总体部署

当前大多数云监测建设遵循这样的原则：先面向当前业务系统进行简单云监测化并满足当前业务向云监测化延伸的需要，未来根据需求的变化和条件的成熟逐步改进到复杂云监测。虽然这种方式有利于规避风险、积累实践经验，但基于满足零散需求的角度出发，缺少整体云监测信息化的构建考虑，未来会造成各个应用之间一定程度的信息孤立和最终的系统融合障碍，由于缺乏整体规划，导致信息流通障碍重重，资源得不到有效共享，在安全方面也留下了隐患。

#### 2. 缺乏统一的技术标准

云监测信息化的各个阶段与传统的 PC 端信息化仍有不同，诸如开发和部署环境的问题，传统业务系统的基础软硬件平台相对比较统一（Windows、Linux 等），部署环境都是有线的局域网或广域网，网络带宽高、稳定性好，而面向云监测平台的开发则比较混乱（平台多、硬件多、技术杂），还有云监测管理、云监测设备管理的新需求，另外政府机关对云监测互联网的安全性保障要求更是重中之重。这些问题都应该是智慧城市云监测建设需要考虑的，要从智慧城市云监测建设的各个层面采用标准化技术，来规范智慧城市云监测建设。

#### 3. 缺乏云监测统一服务平台

整体而言，无平台即无战略，是目前大型企业在规划云监测战略时的普遍共识，而智慧城市云监测服务建设涉及国情民生和各职能部门，必须更为审慎，应该充分考虑云监测的可管理性、可成长性和可扩充性，建立与云监测相关的管理制度，需要一个成熟高效的技术平台作为支撑，构建面向未来智慧城市云监测服务的统一平台框架，用来系统性地解决对内数据打通，对外业务流程梳理，减少因为云监测的需求和技术不断变化而产生重复性投入。

#### 4. 云监测缺乏深度和广度

云监测的目的是业务创新，而不仅仅是现有应用在云监测终端上延伸。当前一些云监测只是作为一种应用访问手段，用以改善现有的应用服务。这种浅层次的应用未能从全局角度考虑如何实现新业务的云监测化，难以与信息化的总体目标保持一致，难以随着技术趋势灵活变化，难以保持云监测的长期效果，不能很好地满足用户需求，无法让用户感知云监测的价值。

# 第6章 云检测/监测的发展及其引发的行业革命

市场需求推动技术进步与发展，而技术进步又拉动了市场需求，甚至改变了市场需求，以及开辟出新的市场需求。无损云检测/监测这种新技术也同样遵循着这条发展道路；并且，无损云检测/监测的发展，带有从根本上改变无损检测服务的性质，将会引发无损检测行业的革命。

在无损云检测的萌芽时期和发展过程中，已经有一些标志性的事件发生。这些标志性的事件成为无损云检测和无损云监测新技术成长的重要推手。而在不久的未来，无损检测将以重大设施装备业主/管理者为中心，基于无线物联网、大数据、云计算、机器人、人工智能及无损检测集成技术，致力于为检测/监测对象提供最先进的系统设备及最前瞻的监测护理，为人类更加安全的物质文明保驾护航。

## 6.1 无损云检测发展的背景案例

### 6.1.1 智能型"傻瓜"涡流检测仪的诞生

"傻瓜型"仪器其实不"傻"，它是建立在高科技基础上的科研成果，并且"它山之石，可以攻玉"，由此带来了整个行业的技术进步。

我国涡流检测设备的研制与生产始于20世纪60年代初，当时，航空、冶金和有色金属等部门已经用涡流进行金属管材的涡流检测。然而，在后续的一段时间里，虽然涡流技术也有发展，总体来说进步不大。由于专业性强，操作复杂，检测人员不大容易熟练掌握涡流检测。

20世纪90年代初某部飞行器无损检测中心，为了培训现场检测人员，每年都要花费大量的时间和精力。其原因在于需要实施检测的飞机发动机型号多、重点检测部位（起落架、叶片、轮毂、篦齿盘等）多。新人除了需要具备具体的检测知识和操作能力外，还需要耗费大量时间了解熟悉现场检测对象的情况。加上岗位特殊，检测人员刚熟悉工作不久又面临岗位调动，致使该无损检测中心，投入了大量时间用于培训，而没有更多精力投入到科研工作中。

为了改变这个现状，1996年，时任某部的领导专门进行了市场调研，希望通过横向联合，实现技术上的突破，解决这一困扰多年的技术难题。在厦门调研期间，爱德森（厦门）电子有限公司负责人提出，能否借鉴当时正流行的"傻瓜"相机的思路，开发出一款操作简单、便携实用的涡流检测仪。彼时"傻瓜"相机刚出现，一下让很多非专业的摄影爱好者也可以轻松地拍出较高质量的照片。至此，双方一拍即合，新颖的"傻瓜"涡流检测仪的设计方案很快便确定下来。

针对这一需求，通过双方的沟通、交流，爱德森（厦门）电子有限公司开始着手进行了"傻瓜"涡流仪的研制工作。首先需要解决的是涡流仪器参数全数字化，然后增加能够实现工艺参数编制、数据存储、数据传输、回放的功能。爱德森（厦门）电子有限公司是全球第二家数字涡流仪生产厂，对这一技术驾轻就熟。最后，经过双方努力，该仪器在 1997 年 6 月通过空军装备部科技成果鉴定，型号定为 SMART-97，为智能便携式多频"傻瓜"涡流检测仪，并迅速得到推广应用。这成为需求拉动创新的一个成功案例。图 6-1 所示为 SMART-97 型智能便携式"傻瓜"型涡流检测仪的外形。

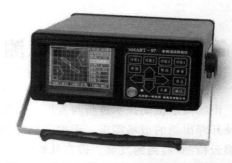

图 6-1　世界上第一台智能便携式"傻瓜"型
涡流检测仪 SMART-97 的外形

下面简要介绍该仪器的性能特点。SMART-97 型智能便携式涡流检测仪是数字化的，可以预存主要机型的检测工艺参数，包括图形方式的提示界面；存储了多种机型零件图片及必要的探头示意图，并在本机自带基本操作要素的文字说明等资讯。操作人员根据现场飞机型号及针对该型号机型的检测工艺要求，调用相应参数，根据屏幕出现的操作步骤提示，正确选择相应传感器，并按工艺规范要求，即可开展检测工作。

下面以检测飞机机翼螺栓孔的缺陷为例，说明该"傻瓜"涡流检测仪的操作过程。

1）准备步骤一，选用专用探头和试样。选用"机翼螺栓孔"专用探头和具有标准人工缺陷的试样。

2）准备步骤二，连接仪器。将专用涡流探头与仪器连接牢靠。

3）准备步骤三，检查电源。使用外接电源的现场，应将电源线与仪器后面板的电源插座连接牢靠。

4）开机。按一下电源开关开启仪器；仪器进行自检，出现欢迎界面，随后出现飞机机种检测主菜单，如图 6-2 所示。

5）选择飞机机型。按［↑］键或［↓］键移动光标到待检飞机机种，如图 6-2 中的箭头所指处，按仪器面板上的［确认］键，仪器随即显示如图 6-3 所示的"子菜单"。

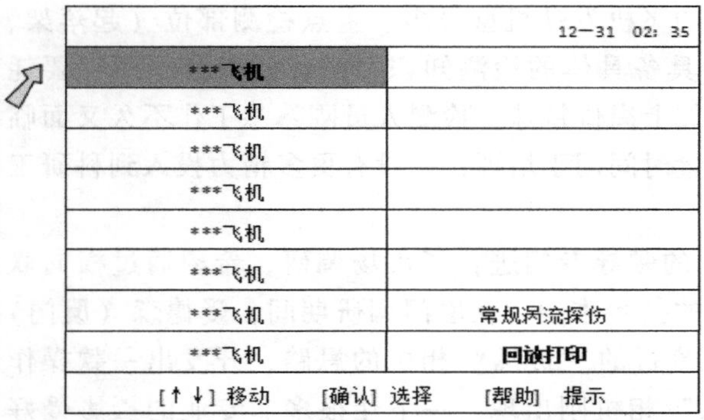

| 12-31 02:35 |  |
| --- | --- |
| ***飞机 |  |
| ***飞机 |  |
| ***飞机 |  |
| ***飞机 |  |
| ***飞机 |  |
| ***飞机 |  |
| ***飞机 | 常规涡流探伤 |
| ***飞机 | 回放打印 |
| ［↑↓］移动　　［确认］选择　　［帮助］提示 | |

图 6-2　SMART-97 型智能便携式"傻瓜"型
涡流检测仪的主菜单

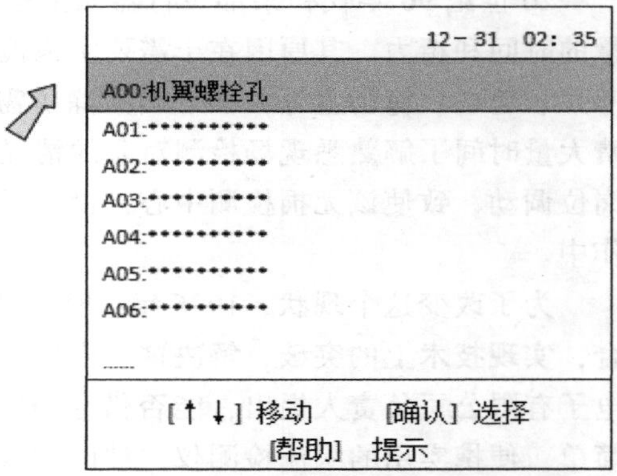

| 12-31 02:35 |
| --- |
| A00:机翼螺栓孔 |
| A01:********** |
| A02:********** |
| A03:********** |
| A04:********** |
| A05:********** |
| A06:********** |
| ........ |
| ［↑↓］移动　　　［确认］选择 |
| ［帮助］提示 |

图 6-3　SMART-97 型智能便携式"傻瓜"型
涡流检测仪的子菜单

6）选择待检零部件。按［↑］键或［↓］键移动光标到机翼螺栓孔，如图 6-3 中的箭头所指处。将光标移到箭头所指的"A00 机翼螺栓孔"处，按仪器面板上的［确认］键，确认选择。仪器随即自动调入 "A00 机翼螺栓孔" 工艺参数，并进入检测状态，工作界面如图 6-4 所示。

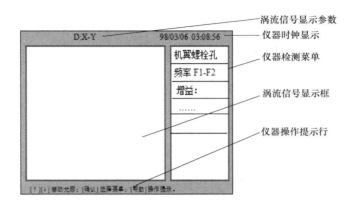

图 6-4　SMART-97 型智能便携式 "傻瓜" 型涡流检测仪机翼螺栓孔检测工作界面

7）检测。如果操作者已经熟悉检测方法，就可以开始检测。将探头置于无缺陷的 "螺栓孔"，按一下仪器面板上的［平衡］键，此时涡流信号自动回 "原点"（阻抗平面的中心），然后以均匀速度扫查带有标准缺陷的 "螺栓孔"。在实际检测中操作者同时观察屏幕上的涡流信号。检测中若发现缺陷信号，按 "存图" 键存入检测图形。"存图" 后，可回放打印、形成检测报告（仪器已内置检测报告标准格式）。按同样方法检测其他待检查的机翼螺栓孔。

8）寻求帮助，获取检测方法提示。若操作者不熟悉检测方法，在执行操作步骤 6）当屏幕显示出图 6-4 所示的工作界面时，先不执行步骤 7），而是按仪器面板上的［帮助］键。屏幕显示出该部件检测方法提示界面，如图 6-5 所示。阅读屏幕内容，明确检测方法后，可按仪器面板上的［退出］键，返回前述的图 6-4 所示的工作界面，再执行操作步骤 7）实施检测。

9）调节增益水平。在智能操作状态下，仪器只有增益可以调节。操作者可根据在试块上的信号大小，适当增减增益水平。由于仪器和探头匹配参数已调定，检测过程中一般不用再调节增益水平。这一调节增益水平环节，是因为涡流探头是易损件，长时间使用后会有自然磨损，使其表面离检测对象更近，检测灵敏度略有提高，故开放此

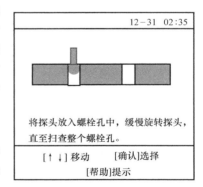

图 6-5　SMART-97 型智能便携式 "傻瓜" 型涡流检测仪机翼螺栓孔检测方法提示界面

调节功能，以便满足检测工艺判废标准要求，同时也提高了探头的利用率。

SMART-97 型智能便携式涡流检测仪诞生后，由于其具有多参数记忆功能，且可存储各种机型零件图片及必要的探头示意图，并在本机自带基本操作要素的文字说明，使得培训时间缩短到原来的 1/4。更重要的是操作简化了，使检测人员更容易接受，提高了工作效率，保证了工作质量，真正实现了 "傻瓜" 式操作。其实 "傻瓜" 式操作是建立在高智能数字化基础之上的。

　　SMART-97 型智能便携式涡流检测仪实现了参数记忆、提示功能以及数据、图片的传输、存储功能，使得该检测模式后来陆续被其他检测方法，如超声、射线、声脉冲、机械阻抗等仪器生产厂借鉴，并在航空、航天、冶金、电力、石化以及铁路等行业得到了全面推广应用。

　　数字化涡流仪的诞生是涡流检测技术的重大进步之一。

## 6.1.2　大亚湾核电站在役换热器管道远程检测

　　这是一个在紧急状态突击检测的案例。1994 年大亚湾核电站常规岛换热器钛合金管发生泄漏，迫切需要尽快发现泄漏事件的状态和发生泄漏的位置。关于成功实施和完成检测与评估任务的详细介绍可见 5.1.1 小节。

　　该项任务首次综合运用了全数字化、大数据、人工智能、远程分析等先进技术，不仅充分发挥了这些新技术的威力，也在需求推动下促进了技术发展，开创了一个新的技术领域，在涡流检测技术和无损云检测技术的发展历程中，具有里程碑式的意义。

## 6.1.3　非等幅相位/幅度报警域的设计

　　不积跬步，无以至千里。高技术的大厦成就于点滴高新技术的积累；细节决定成败，于无声处听惊雷。

　　涡流检测技术，对管、棒、线及丝材的无损检测，具有检测速度快、效率高、易于实现自动化等特点，在冶金行业获得广泛应用。

　　在以往对这些工件进行涡流检测时，通常采用幅度报警或幅/相报警方式，即只要检测的缺陷信号的幅度和/或相位达到设定的范围，仪器将自动报警提示检测人员。这种报警方式的优势是设置简单，即通过已知的同一当量管道内、外壁缺陷信号，调整进入到报警区域即可，同时避免了检测人员长期工作疲劳、精力不集中产生漏检的可能性。

　　金属管道涡流检测存在趋肤效应和信号相位滞后两个特性。趋肤效应是涡流能量主要集中在被检试样的表面和近表面；相位滞后是涡流信号相位角自表面向深度按渗透深度成非线性滞后。在同一检测频率下，试样管子外壁和内壁上同样大小的两个缺陷，内部缺陷的涡流信号与表面缺陷的涡流信号相比，前者具有幅度较小且相位滞后的特点。图 6-6 所示为使用外穿涡流探头检测得到的处于管子内外壁的两个同当量缺陷信号的阻抗图。缺陷深度均为壁厚的 10%，一个在管外壁，一个在管内壁。从工程角度看，危险程度基本一样，但由于缺陷位置的不同，涡流检测信号的幅度和相位均有差异。

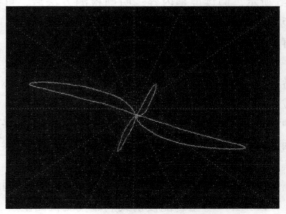

图 6-6　处于管子内外壁的两个
同当量缺陷涡流检测信号的阻抗图

　　在常规的等幅度幅相报警模式下，如果以外壁缺陷为报警标准，则内壁同尺寸的缺陷不会报警，如图 6-7 所示；如果以内壁缺陷为报警标准，则外壁灵敏度会太高，导致微小缺陷也会报警，如图 6-8 所示。因此，使用常规的等幅度幅相报警模式检测管道时，存在内外壁检测灵敏度不一致的情况。

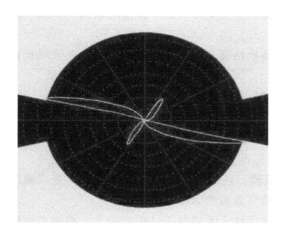

图 6-7　等幅度幅相报警
（以外壁缺陷为报警标准）

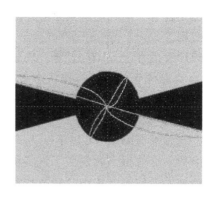

图 6-8　等幅度幅相报警
（以内壁缺陷为报警标准）

　　为了克服这种差异，弥补当时在线生产涡流检测技术手段的不足，爱德森（厦门）电子有限公司的技术人员将传统的等幅度幅相报警改进为非等幅相位/幅度报警域。即可根据厂家对管道内外壁缺陷检测要求，分别调整自动报警区域的水平半径和垂直半径，使得内外壁缺陷具有相同当量的报警灵敏度，如图 6-9 所示。

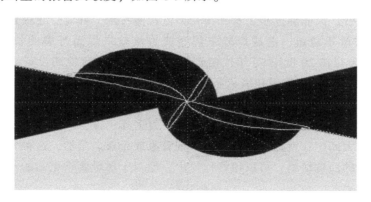

图 6-9　非等幅相位/幅度报警域设置

　　将等幅度幅相报警域改进为非等幅相位/幅度报警域只是涡流检测的显示报警方式的一点点改进，却解决了长期困扰检测人员的难题，收到了很好的效果。这个案例充分说明只要秉持"博学、明辨、慎思、躬行"的精神，于细微处持续改进，涡流检测就能不断进步，就能更好地服务于现场检测。

## 6.1.4　高频焊管无磁饱和检测方式

　　虽然说科技是社会经济发展的动力，但是技术并非越高大上越好，需要与时下经济基础相匹配。有时，反其道而行之，退步原来是向前。只有循序渐进，改变人们的观念，才能达到推动社会物质文明进步的目的。

在涡流检测技术的发展历史中，高频焊管无磁饱和检测方式的开发应用就是一个按照逆向思维实践的特色案例。

相比无缝管，高频焊管由于生产效率高、产品价格低，改革开放初期，在工业领域获得了广泛应用。

高频焊管的生产具有连续、快速、工艺相对简单的特点（一般速度可达 30～120 m/min）。高频焊管的焊缝焊接状态直接影响焊管的质量。早期焊管的质量是靠人工在生产后进行目视检验，要求高的则用水压试验，不仅浪费人力物力，而且质量也很难得到保证。例如，壁厚剩余 30% 的钢管，按冶金行业实行的标准，也能通过水压试验标准。此外，一到冬天，北方气温降至 0℃ 以下，为了实施水压试验，还得加温，让水不能结冰，造成能源的极大浪费。这使得当时发生了许多供需方在焊管质量验收方面的矛盾。

在各种无损检测方法中，涡流检测具有检测速度快、无需与工件表面耦合、检测灵敏度高等优点，可以实现对高频焊管的在线实时检测，很适合于焊管生产的质量控制。其实，20世纪 80 年代末到 90 年代初，涡流检测已经开始应用到焊管在线检测上，但由于当时的涡流检测工艺需要配备磁饱和器，方能获得良好的检测效果。此外，由于当时实施的国家涡流检测标准是在焊管上打一标准通孔作为验收条件。而所采用的外穿过式差分涡流探头，不能检出已经开裂的长条缺陷。同时，一整套涡流检测设备，包括工控机的仪器主机、探头、磁饱和器等，价格超过 10 万元。相对于高频焊管机组的价格，涡流检测设备的价格让很多厂家难以接受，因此限制了涡流检测技术在高频焊管行业的应用。

为了让普通焊管厂家能够逐步了解和接受涡流检测技术，针对焊管最常见的缺陷，即由于当时国产焊机质量不稳定，造成焊缝未焊透或直接就未焊而开裂的长条缺陷，爱德森（厦门）电子有限公司在 20 世纪 90 年代初研制出低配版的涡流检测设备，主机基于中华学习机，采用 DOS 语言编程，实现初级人机对话；配单频涡流板卡和外穿过绝对式探头，无需磁饱和器。所配的外穿过式探头间隙允许 10mm 以上，一个涡流探头可以对应多种规格直径的圆焊管或异形管，系统价格急剧下降，只有一万多元，深受广大用户欢迎。如早期靠焊管获得发展的天津大邱庄，就拥有众多的焊接钢管家族企业。当然，这种方式，对于长条缺陷、接头和比较大的凹坑缺陷，可以很好地检出，但对于质量要求更高的产品，必须加上磁化装置才可达标。

这种检测方式配两个相对大直径的涡流探头，一个放在生产线上，一个放在生产线下。生产线下的探头，内置一段无缺陷的管子。检测过程中，仪器将两个探头检测到的信号进行差分比对，如果信号差异很小，则判断正在生产的管子质量是好的；如果两个信号差异大，则判断正在生产的管子焊接质量有问题。这一判断过程由人工设置仪器报警电平，实现自动报警和对缺陷喷标，并提醒操作人员及时检查生产工艺是否存在故障。

内置中华学习机主板的低配版的高频焊管涡流检测仪主机如图 6-10 所示。

图 6-11 所示为采用低配版的高频涡流检测仪的高频焊管生产线实施在线涡流检测。

这款设备推出之后，在冶金行业先后有近千个用户选择应用。在特定历史条件下，为推动涡流检测技术在高频焊管行业上的应用发挥了积极的作用。

随着各焊管企业对涡流检测技术的了解、对产品质量的重视，目前应用于焊管在线检测的涡流设备，都是工控机形式的，可以满足生产线 24h 连续生产的需要。为了降低磁导率不

图 6-10　内置中华学习机主板的
高频焊管涡流检测仪主机

图 6-11　使用低配版涡流检测仪的
高频焊管生产线

均匀对涡流检测的影响，磁饱和器也已经作为仪器的标准配置了，检测灵敏度和可靠性大大提高。低配版的内置中华学习机主板的涡流检测设备，也逐步退出了市场。

## 6.1.5　焊缝检测用正交无方向性传感器

正交无方向性传感器克服了涡流检测焊缝时的盲区，突破了欧洲标准的限制。该技术是2015 年某国家科技进步二等奖的重要获奖技术之一。我国国家标准委员会大力提倡转化西方国家标准，但实践出真知。我们要勇于挑战权威，直面具体技术难点，锲而不舍，成功就在眼前。

长期以来，作为五大常规无损检测技术之一的涡流检测技术被认为只能检测表面状况相对较好的金属材料，对于焊缝区检测则视为禁区。之所以如此，是因为绝大部分工程领域的焊缝都是手工操作，焊瘤、焊渣等使焊缝表面状态凹凸不平，难以实施涡流检测。自正交涡流传感器被发明以后，这一状况得到了改变。尤其是英国/欧盟标准 EN1711：2000《焊缝无损检测　用复平面分析的焊缝涡流检测》颁布后，涡流法检测焊缝技术迅速得到普及。我国也出台了相应的国家标准 GB/T 26954—2011《焊缝无损检测　基于复平面分析的焊缝涡流检测》。作为该标准主要起草人之一，笔者（林俊明）在实践中发现，标准中采用的正交涡流传感器虽然可以较好地解决钢材表面焊缝不平整造成的涡流信号飘移，但同时该传感器对与扫查方向成 45°角的裂纹是检测盲区。这意味着工程上，必须增加 45°角方向的扫查工艺，即对同一道焊缝增加了一倍的检测工作量。

针对这一技术问题，笔者之一林俊明发明了新型无方向性正交涡流传感器（发明专利号 201210373577.8）。其基本原理是：采用双组正交线圈，利用双通道涡流仪器进行同步检测，并将两者获得的涡流信号进行叠加处理，如此一来，既保持了正交涡流探头的优点，又弥补了原有技术的不足。

图 6-12 所示为带视频的掌上型多频双通道涡流检测仪。图 6-13 所示为一组不同规格的无方向性正交焊缝涡流探头。图 6-14 所示为一组正交焊缝涡流探头与新型无方向性正交涡流探头的检测结果对比，其中左侧的阻抗图是按 EN1711 英国/欧盟标准制作的探头检测裂纹信号图，右侧的阻抗图是该发明在同样条件下获得的裂纹检测信号图。

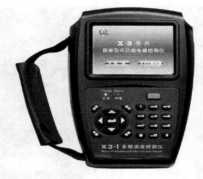

图 6-12　带视频的掌上型多频双通道涡流检测仪

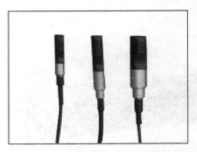

图 6-13　一组不同规格的无方向性正交焊缝涡流探头

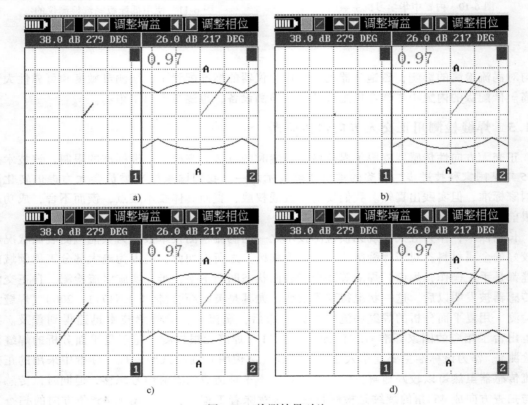

图 6-14　检测结果对比

a）扫查方向与裂纹方向成 35°角　　b）扫查方向与裂纹方向成 45°角

c）扫查方向与裂纹方向垂直（90°）　　d）扫查方向与裂纹方向平行（0°）

注意：图 6-14 中各图左侧的阻抗图为英国/欧盟标准常规检测时的裂纹信号，右侧的阻抗图是经智能判断补偿后的裂纹信号。

该案例说明，技术创新推动了市场需求，而市场需求倒逼技术的进步。

## 6.1.6　30MHz 超高频阻抗平面扫频检测技术

对于小众产品需求，往往不是当下的科技能力达不到，而是基于经济/技术的考量，须遵循经济发展规律而有所为，有所不为。

研制 30MHz 超高频阻抗平面扫频检测技术，目的是解决飞机和燃气轮机叶片表面热障涂层的非破坏厚度测量问题。

实现正交检波及阻抗平面显示是实现 30MHz 高频涡流检测仪的技术核心。如同超声检测仪，频带宽在 25MHz 以上，硬件实现起来比较困难。

飞机发动机叶片和燃气轮机的叶片，都处于高温高压高速的工作环境，为了减缓叶片的退化，会在叶片表面喷涂热障涂层，保护叶片不受高温氧化和腐蚀影响。热障涂层通常包括陶瓷层厚度（$S_1$）、有效 β 层厚度（$S_2$）和金属涂层厚度（$S_3$）三层，如图 6-15 所示。

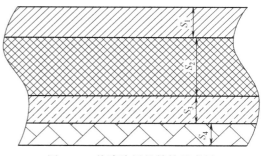

图 6-15　热障涂层的结构示意图

涡轮叶片在服役过程中，涂层不可避免会出现退化，如果有效 β 层厚度不够，则涂层将丧失对叶片的保护，导致叶片使用寿命大大缩短。图 6-16 所示为热障涂层的退化过程。因此，通过无损的方式测量出各涂层的厚度，及时更换即将失效的叶片，可提高燃气轮机运行的连续性和可靠性。

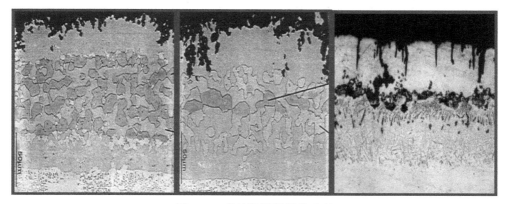

图 6-16　热障涂层的退化过程

对燃气涡轮叶片涂层完整性和残余寿命的无损检测评估，可以使用扫频涡流技术，通过测量不同结构间微小的电导率、磁导率差异，便可得到每层材料的厚度值。

扫频涡流技术选用的激励电流为频率随时间变化的连续电流。当被测工件的磁感应响应频率与激励信号的频率相符时，涡流检测传感器产生的感应电动势将出现拐点，其幅相值变化比其他频率响应信号的幅值变化高，从而易于检测到多层结构细微变化引起的感应电动势波动，然后通过"数据挖掘"功能，实现多层结构件的厚度测量。

扫频涡流检测的特点在于：检测过程中的激励频率是宽频且连续变化的，其对应的传感器也有别于常规设计，即在硬件上具有足够高的灵敏度且相对平坦的宽带频率特性；在信号处理上，增加了"涡流数据挖掘"功能；在显示模式上，对于不同频率的激励，缺陷的响应信号都可以在同一屏幕上得到反映，甚至直接以数字显示具体应用对象检测目标参量。

爱德森（厦门）电子有限公司 2015 年研发的 EEC-2030 型扫频涡流检测仪，具有多频、扫频、混频、异或、叠加等多种数据融合处理功能。而国外一些厂家和实验室采用的设备，只能在高频激励条件下采集其信号幅度，不具备正交检波能力，因而只能得到高频涡流信号的幅度值。该型仪器可以适应不同材料、不同结构部件的检测要求。这款仪器将扫频范围拓宽到 64Hz ~ 30MHz，检测精度提高到微米级别，可满足涡轮叶片多层结构的厚度测量要求。该种机器有两种款式，分别使用工控机和便携式计算机作为主机，以方便在不同的工作场合使用，如图 6-17 所示。

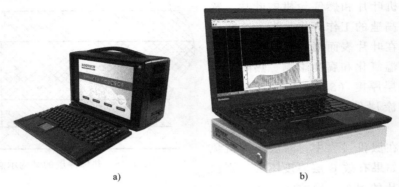

a)                                             b)

图 6-17　EEC-2030 型扫频涡流检测仪

a）工控机款式　b）便携式计算机款式

图 6-18 ~ 图 6-23 所示为对厚度在 0 ~ 120μm 范围内的 6 种不同厚度涂层使用 EEC-2030 型扫频涡流检测仪检测的界面显示。横坐标代表检测频率，纵坐标代表不同频率下检测信号的幅值。当检测频率在 10MHz 以下，涂层厚度在 0 ~ 120μm 之间变化时，检测信号的幅值没有明细差异。随着检测频率逐步提高，检测信号的幅值差异逐渐加大。

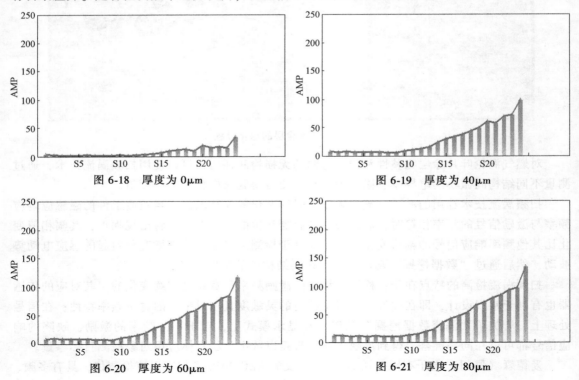

图 6-18　厚度为 0μm

图 6-19　厚度为 40μm

图 6-20　厚度为 60μm

图 6-21　厚度为 80μm

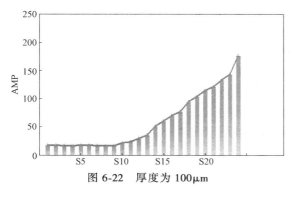
图 6-22　厚度为 100μm

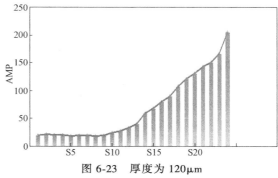
图 6-23　厚度为 120μm

图 6-24 所示为某飞行器叶片材料试样，叶片材料为镍基，其表面附着富铝层和陶瓷层。表 6-1 是利用 EEC-2030 型扫频涡流检测仪检测出的厚度数据与材料试样标定值的比较。

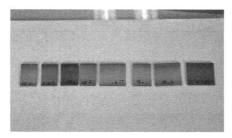
图 6-24　某飞行器叶片材料试样

**表 6-1　某飞行器叶片材料试样的标定值与测试值**

| 样品编号 | 富铝层标定值/μm | 富铝层测试值/μm | 陶瓷层标定值/μm | 陶瓷层测试值/μm |
|---|---|---|---|---|
| 14+ | 28.4 | 30 | 44.4 | 43 |
| 08+ | 25.6 | 24 | 72.2 | 81 |
| 06+ | 27.2 | 35 | 70.4 | 73 |
| 11− | 30.8 | 22 | 70.8 | 69 |
| 30− | 22.0 | 25 | 56.6 | 58 |
| 17− | 24.8 | 15 | 84.4 | 87 |

由于试样基体材料可能存在离散性，样品金相分析标定值（截面）与扫频检测测试值之间存在偏离。但通过试样检测结果分析，通过扫频方法，尤其是检测频率提高到 30MHz 后，是可以实现对多涂层厚度的准确测量的。

解决常规涡流检测问题，一般仪器上限频率达到 5MHz 足矣。但对于不同的检测对象，特别是非常规检测，需要根据具体情况，设计专业化仪器硬件、传感器及信号处理算法，提高检测频率，才能达到测试目的。如上述案例，在 10MHz 以下频率段，基本无法分清富铝层厚度（见图 6-20、图 6-21、图 6-22、图 6-23）。

## 6.1.7　磁记忆/涡流一体化检测设备的研制

任何一种无损检测手段都不是万能的，都有其局限性。只有互为辅助，取长补短，方能使无损检测技术更上一层楼。

在电磁无损检测领域，金属磁记忆检测与涡流检测具有很好的技术互补性。磁记忆检测和涡流检测均属于电磁检测的范畴，各具有如下特点。

**1. 磁记忆检测技术的特点**

（1）优点

1）能有效地判断在役铁磁性材料残余应力的大小和区域。

2）无须对被检工件进行专门的磁化、表面清理或其他预处理。

3）探头和工件之间允许有较大间隙。

4）检测速度快。

（2）缺点　对已经释放应力的宏观裂纹，不容易检测出来。

**2. 涡流检测技术的特点**

（1）优点

1）对任何金属材料的表面缺陷、近表面缺陷的检出灵敏度高。

2）对被检工件表面状态要求不高（视检测灵敏度要求而定）。

3）可非接触检测。

4）检测速度快。

（2）缺点　对金属材料应力集中不敏感。

分析这两种电磁检测方法，有很多共同点：一般无须对工件表面进行清理或预处理，探头和工件之间允许有间隙，检测速度都较快等；而且两者之间的检测结果可以互相验证。磁记忆能够对铁磁性材料内部损伤或应力集中区进行早期诊断，涡流对金属工件表面缺陷和近表面缺陷的检出灵敏度高，将两种检测方法得到的结果数据融合后，可以相对全面地了解被检工件的损伤程度及未来发展趋势。集成涡流和磁记忆同步检测得出的四种典型结果见表 6-2。

表 6-2　集成涡流和磁记忆同步检测得出的四种典型结果

| 种类 | 涡流检测 | 磁记忆诊断 | 缺陷综合评定 |
|---|---|---|---|
| A | 无缺陷信号 | 无应力集中 | 被检工件状态良好，未出现应力集中和损伤 |
| B | 无缺陷信号 | 有应力集中 | 被检工件中存在着应力集中区，当应力未得到释放，继续保持负荷，这个区域将会出现损伤 |
| C | 有缺陷信号 | 无应力集中 | 当应力集中超过被检工件的负荷能力，材料出现了损伤缺陷，此时由于应力集中被损伤释放，应力消失，但出现了缺陷；如果这一区域没有其他的应力集中因素，此时根据缺陷等级判废标准做进一步评判 |
| D | 有缺陷信号 | 有应力集中 | 检测区域出现了缺陷，而且同时还存在应力集中区，此时，这个区域存在继续损坏的危险，在连续的应力应变下，被检工件缺陷将进一步发展，建议采取安全措施，对此区域进行修复或者更换 |

**3. 涡流/磁记忆一体化检测仪的共性及研制技术方法**

涡流检测系统的工作原理可简单描述为：波形发生器产生具有一定频率的正弦波信号施加到检测线圈上，检测线圈拾取带有试件信息的涡流信号经过放大、滤波、相敏检波、A/D

转换等处理后送入处理器，由软件对其进行后期处理，并将结果显示在屏幕上。

磁记忆检测系统的工作原理可简单描述为：试件表面的磁场变化通过磁感应传感器，转化为电压变化，经过滤波、放大、A/D 转换等处理后送入处理器，由软件对其进行后期处理，并将结果显示在屏幕上。

上述两种检测系统的工作原理，具有很多共同点。前者是主动检测方式，后者是被动检测方式。因此通过组合，可以将两者做成一体化的检测设备。

爱德森（厦门）电子有限公司研制的磁记忆/涡流一体化检测设备，由主机、涡流探头、磁记忆探头、磁记忆涡流一体化探头及相应的处理软件组成。主机是整个检测设备的核心，由硬件和软件两部分组成。硬件包括波形发生器、数据处理模块、存储模块、通信接口、电源模块及显示屏。软件包括磁记忆检测软件、涡流检测软件、磁记忆/涡流一体化检测软件。

磁记忆/涡流一体化检测仪如图 6-25 所示。图 6-26 所示为该检测仪所配置的磁记忆/涡流一体化探头。图 6-27 所示为该检测仪在检测工作时同屏显示磁记忆信号和涡流信号的界面。

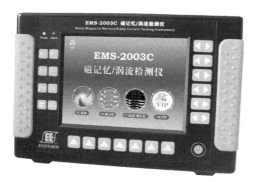

图 6-25　磁记忆/涡流一体化检测仪

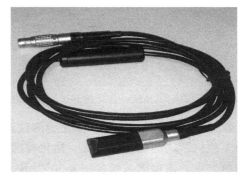

图 6-26　磁记忆/涡流一体化探头

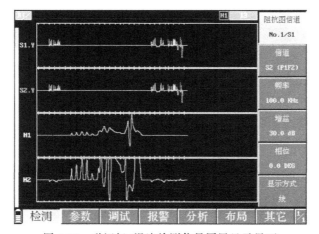

图 6-27　磁记忆/涡流检测信号同屏显示界面

磁记忆/涡流一体化检测仪，可以作为独立的磁记忆检测仪或多频涡流检测仪，也可以配合磁记忆涡流一体化探头，实现两种方法的同时检测、同屏显示（图 6-27）。通过一次扫查，就可以得到两种方法的检测数据，且两种检测数据可以实时互相比对、存储，实现对工件早期损伤和缺陷当量的综合评估。目前这款仪器已在特种设备行业，如压力容器和焊缝检测中，获得广泛应用。

图 6-28 所示为应用磁记忆涡流一体化检测仪检测压力容器。图 6-29 所示为应用磁记忆涡流一体化检测仪检测焊缝。

图 6-28 应用磁记忆涡流一体化检测仪检测压力容器　　图 6-29 应用磁记忆涡流一体化检测仪检测焊缝

在便携式磁记忆/涡流一体化检测仪器的基础上，爱德森（厦门）电子有限公司同步开发出工控机形式的磁记忆涡流一体化检测系统，用于发动机再制造的生产流程检测，取得了预期的效果。该检测系统如图 6-30 所示。该磁记忆涡流一体化检测系统用于检测发动机气缸的探头组件如图 6-31 所示。图 6-32 所示为利用该装置检测发动机气缸的现场。

图 6-30 工控机形式的磁记忆涡流一体化检测系统　　图 6-31 磁记忆涡流检测装置（探头组件）

电磁无损检测技术的硬件集成、信息融合，有效地提高了检测结果评判的可靠性。由此可以推论，多种无损检测技术的集成，也是未来无损云检测技术发展的基础之一。

## 6.1.8　新型阵列涡流检测技术替代机械旋转式涡流在线检测

因循守旧，则不可能创新。本案例说明了，惯性思维往往让我们面对本可以改变和提高我们生活的新生事物熟视无睹。跳出围墙，就是新天地。

本案例介绍一种新型阵列涡流技术在圆钢生产线上的成功应用，将阵列涡流检测技术由在役设备检测延伸到在线生产领域，有效地消除了机械旋转式涡流检测固有的弊端。

对于直径在 2~100mm 之间的圆钢（含钢丝）表面和近表面缺陷的涡流检测，现行的国家标准是 GB/T 11260—2008《圆钢涡流探伤方法》。在该标准中，槽尺寸质量等级划分为 13 级，其中 1 级最高，规定的人工刻

图 6-32　磁记忆涡流检测装置
检测发动机气缸的现场

槽深度为 0.05mm，槽深允许偏差为 ±0.02mm，槽宽 ≤0.3mm，槽长 ≤20mm。

为了达到上述检测要求，目前市场上通常选择常规带磁饱和器外穿过式探头的涡流检测装置，配合机械旋转式点探头，以满足圆钢内外缺陷的检测要求。旋转涡流检测装置的作用是让圆钢与探头做相对匀速的旋转运动，完成圆钢表面的检测。这种检测方式在保证圆钢与旋转探头同轴度的条件下，可以获得良好的检测效果。进口的旋转涡流检测设备，旋转头的转速最快可达 18000r/min，

图 6-33　金属管棒材高速旋转涡流自动检测系统

一套这样的设备价位在 240 万~300 万元之间。国内涡流厂家中，爱德森（厦门）电子有限公司研制的旋转涡流检测设备，探头的旋转速度可达 13000r/min。图 6-33 所示为金属管棒材高速旋转涡流自动检测系统。

笔者（林俊明）调研国内圆钢生产企业，发现机械式旋转涡流在使用过程中，存在以下两个问题：

1）为获取高灵敏度，旋转涡流探头与圆钢之间的间隙要求为 0.2~0.4mm。由于生产工艺及设备的差异，国内生产的圆钢在小范围内存在一些变形，导致探头剐蹭事故时有发生，企业使用维护成本高。

2）检测速度需要考虑旋转螺距的限制，否则会出现漏检的可能，即使用旋转涡流进行检测时，圆钢前进速度不能太快。

针对此现状，爱德森（厦门）电子有限公司研制出具有提离晃动小、灵敏度高的小型阵列涡流探头装置，用于替代现有机械旋转探头方式。其具体做法是，将新型阵列探头沿圆钢周向排布，利用电子旋转切换扫描原理，不需要转动探头，在圆钢直线运动时，快速、可靠地完成圆钢表面的涡流检测，完全满足现行国家标准的检测灵敏度要求。在提离为

0.5mm 的条件下，对长度 10mm、宽 0.1mm、深 0.05mm 的纵向刻槽进行检测，检测信噪比可以达到 3∶1 以上。

相比机械式旋转，这种基于新型阵列涡流对圆钢进行检测的方式显现出如下优势：

1）检测速度快：圆钢前进速度可达 3m/s 以上。

2）漏检率大大下降：探头密布棒材圆周方向，圆钢直线前进时，没有机械旋转的螺距限制问题，可实现对表面和近表面的 100% 全覆盖检测，不存在漏检的可能。

3）可靠性好：新型探头与圆钢的相对距离提升到 0.5mm 以上（执行 GB/T 11260—2008 最高质量等级的条件下），且探头结构为弹性随动式，消除了圆钢表面因变形而剐蹭探头的可能性。

4）适应性强：不管是圆钢还是椭圆形管棒，特别是异形管棒，均可以使用阵列涡流方式完成检测。

5）调试简便：使用阵列涡流检测圆钢时，线圈与圆钢之间做相对直线运动，而非相对旋转运动，调试简便；且圆钢前进速度发生变化时，由于采用宽带滤波技术，检测参数也几乎不需要调整，现场使用更方便。

6）企业投资减少：相比机械式旋转设备，使用阵列涡流方式检测圆钢，检测设备的投资大约减少 40%，且后期使用维护成本更低。

同时，为保证圆钢内、外缺陷的检出，以往机械式旋转配套的外穿过式（带磁饱和器），采用单频涡流检测，由于涡流的趋肤效应，内、外缺陷不能兼顾。新技术采用多频激励（如四个独立检测频率），使得穿过式检测效果得以大大改善。

机械式涡流旋转探头和电子式涡流旋转探头的外形分别如图 6-34a、b 所示。

a)　　　　　　　　　　　　　　　　　b)

图 6-34　涡流旋转探头的外形

a）机械式涡流旋转探头的外形　b）电子式涡流旋转探头的外形

将提离晃动小且灵敏度高的小型阵列探头引入圆钢检测中，无论是漏报率、误报率和信噪比，还是两小时周向灵敏度稳定性等各项指标，都优于机械旋转涡流检测方式。此检测方法必将引领冶金行业无损检测的潮流，给管、棒、线材涡流检测带来革命性变化。

　　如同相控阵替代机械旋转式超声设备，高灵敏度的阵列涡流（电子旋转）技术必将取代传统机械旋转式涡流检测技术。

### 6.1.9　远场涡流与声脉冲一体化检测仪

　　在日常的检测工作中，大量类同的检测工作和检测数据，不同的检测技术之间的互补需求，正是促进集成检测技术和云检测技术的原动力。

　　在电力以及石化领域，在役换热器管道占有很大的比例。每个换热器都有数千甚至上万根管道，而在役检修过程中，其完好性主要依靠涡流法进行在役检测与评估。常规涡流检测对于非铁磁性在役管道检测效果很好，但对铁磁性在役管道就无能为力了。这是由于常规涡流对铁磁性材料检测时需要增加磁饱和装置，而在役管道，如压力容器加热管，排列比较紧凑，没有空间安放磁饱和装置。因此只能选择非常规的远场涡流检测。远场涡流检测技术实际上是一种能穿透金属管壁的低频涡流检测技术，主要用于在用铁磁性管道的无损检测。探头通常为内穿过式，由激励线圈和检测线圈构成，检测线圈与激励线圈相距 2~3 倍管内径的长度，如图 6-35 所示，激励线圈通以低频交流电，检测线圈拾取发自激励线圈穿过管壁后又返回管内的涡流信号，从而有效地检测金属管子的内、外壁缺陷和管壁的厚薄情况。虽然远场涡流能克服常规涡流检测方法中的某些不足，但由于激励信号两次穿过管壁，损耗很大，灵敏度受到很大影响，因此它只对管材的体积性缺陷（如管壁的腐蚀减薄）较敏感，而对小通孔缺陷的检测效果并不理想。通常，远场涡流为了能穿透铁磁性管道的管壁，采用的激励频率仅几百甚至几十赫兹。因此从频率这个角度讲，它对缺陷的检测灵敏度与常规涡流检测非铁磁性材料管道相比，也大大降低。例如，对 $\phi19\text{mm}\times2\text{mm}$ 的钢管，一般只能检测出 $\phi3\text{mm}$ 以上当量的通孔或区域性腐蚀。而工作在高压工况下的管道，只要一点泄漏都可能引起事故发生，因此需要更高的检测灵敏度。

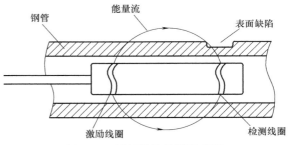

图 6-35　远场涡流检测示意图

　　为了解决远场涡流检测技术的不足，满足电力、石化等领域对铁磁性换热器管道的检测要求，1998 年，爱德森（厦门）电子有限公司参照国外的先进技术及工程应用实例，研制出了 EEC-16/XB 型声脉冲快速检漏仪，成为继美国公司后，国际上行业内第二家声脉冲检漏仪生产厂。

　　声脉冲检漏仪的工作原理：当信号发生器发出的声波沿管道内空气传播时，如果遇到阻塞性或穿透性缺陷，就会产生反射回波，由传感器拾取该回波信号，就可获知管道发生异常的位置。穿透性缺陷的回波信号相位是先负后正；阻塞性缺陷（如堵塞物、凹陷、管道截面变形等）的回波信号相位是先正后负。检测中如果遇到管道存在开口、孔洞、鼓胀、凹陷、裂缝、内部腐蚀和沉积等，就会有反射波返回发射端，由于声波的传播速度是固定的，通过计算机系统的处理，便可以准确地得到管道发生异常的具体位置。声脉冲检测法的原理如图 6-36 所示。声脉冲检测法可用于在役管道的快速检漏，检测时不受被检测管道材质的限制，对直管、弯管、缠绕管均可检测，这就弥补了远场涡流在检测铁磁性换热器管时对通孔缺陷不敏感的缺点。

声脉冲技术的发展很好地弥补了远场涡流在检测铁磁性管道时的不足。

基于远场涡流检测技术与声脉冲检测技术的互补性，为了便于电站对涡流检测数据以及声脉冲检测数据的对照分析和管理，爱德森（厦门）电子有限公司随后成功开发了在役管道远场涡流与声脉冲一体化检测仪器和数据库管理系统，并与网络结合，组成智能管道检测数据网络处理系统。

爱德森（厦门）电子有限公司研制的远场涡流/声脉冲一体化检测设备，由主机、涡流探头、声脉冲探头及相应的处理软件组成。主机是整个检测设备的核心，由硬件和软件两部分组成。硬件包括波形发生器、数据处理模块、存储模块、通信接口、电源模块及显示屏。软件包括声脉冲检测软件、涡流检测软件以及相关数据处理以及分析管理软件。远场涡流/声脉冲一体化检测仪如图 6-37 所示。

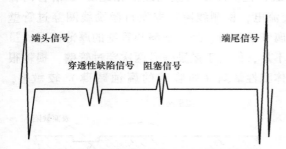

图 6-36　声脉冲检测法的原理

图 6-37　远场涡流/声脉冲一体化检测仪

关于远场涡流检测和声脉冲检测，笔者之一林俊明曾主导制定了以下四项相关行业标准：

1）DL/T 883—2004《电站在役给水加热器铁磁性钢管远场涡流检验技术导则》。

2）DL/T 937—2005《热交换器管声脉冲检测技术导则》。

3）JB/T 11260—2011《无损检测仪器　声脉冲检测仪》。

4）JB/T 13159—2017《无损检测　在役铁磁性热交换器管的远场涡流检测方法》。

在 DL/T 883—2004 的附录中，笔者之一林俊明曾写过一段话：采用声脉冲检测法作为补充检测手段，有利于控制穿透性缺陷的漏检率，提高在役给水加热器铁磁性管道的无损检测可靠性。

远场涡流检测技术和声脉冲检测技术的结合，充分发挥了各自的优点并弥补了对方的欠缺。

## 6.1.10　多工位涡流传感器的诞生

在役装备、设施的原位检测，大量采用涡流法，如飞机发动机、电站管道、港口机械、机车轮毂等。这是由于电磁涡流检测不需要耦合剂，且一般情况下无须对检测对象进行表面处理。不像常规超声检测或磁粉检测法，对工件表面状态要求较严苛。据统计，飞机在役的检测 70%~80% 采用的是涡流法。

现代铁路运输，速度越来越快，轮轨承载的载荷也越来越大。近些年来，由于轮轨出现疲劳裂纹，导致人员伤亡和巨额的财产损失屡见不鲜。因此，对其进行在役检测，以保证运营安全，势在必行。

轮轨在役检测有许多问题需要解决。以钢轨检测为例，由于钢轨轨底脚结构复杂，在连续扫查过程中，检测装置会被滑床板或其他轨件挡住，探头不能直接通过，无法实现连续扫查。另外需要兼顾多个检测面，如同航空器在役检测，钢轨检测也必须进行多工位检测。现有的检测传感器一般只能检测一种工位，对不同的检测工位，需要更换各自的专用传感器，并且必须重新调整仪器的检测参数。这就需要检测人员频繁更换传感器和设备的检测参数，费时费力，尽管使用了"傻瓜"型涡流检测仪，还是会造成扫查效率低下，且可能引起某些部位漏检等问题；另外，配备不同类型的检测传感器，也使成本偏高。此外，在线钢轨检测一般只能在维修天窗点进行，即在半夜零点至凌晨四点高铁停运时间进行，这常使检测工作没有足够的时间完成。

为此，笔者之一林俊明经与铁路科研部门一起充分调研，研发出了一种多工位钢轨涡流传感器及专用仪器，解决了上述问题。

图 6-38a、b 所示分别为多工位涡流传感器的原理及实物。

图 6-39～图 6-42 所示分别是针对轨底下边角裂纹、轨底侧面裂纹、轨底上边角裂纹和钢轨过渡区域裂纹的检测示意图。

图 6-43 和图 6-44 所示分别为所研发的 ETK-DC1 型道岔专用阵列涡流检测仪及其检测界面。图 6-45 所示为使用该仪器及多工位传感器的检测现场工作照。

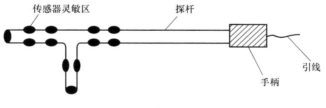

a)

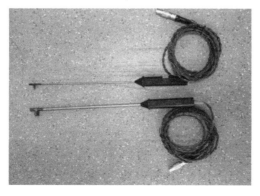

b)

图 6-38　多工位涡流传感器的原理及实物

a）原理图　b）实物图

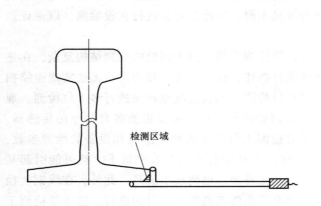

图 6-39　对轨底下边角裂纹的检测示意图

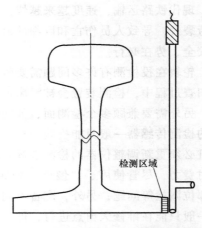

图 6-40　对轨底侧面裂纹的检测示意图

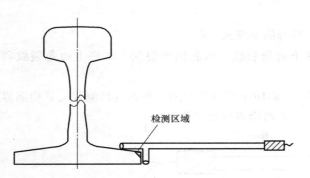

图 6-41　对轨底上边角裂纹的检测示意图

图 6-42　对钢轨过渡区域裂纹的检测示意图

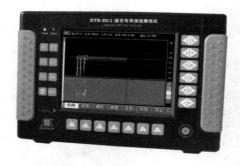

图 6-43　ETK-DC1 型道岔专用阵列涡流检测仪

## 6.1.11　一种可区分在用钢管钢板内外壁漏磁涡流一体化检测装置

2014 年 11 月 23 日，我国国家统计局表示，国家石油储备一期工程已经完成，在 4 个国家石油储备基地储备原油 1243 万 t，相当于大约 9100 万桶。二期八大石油储备基地的规划储备量将达到 2358 万 t，在 2020 年具备全国 90 天的石油消费量的储备能力。

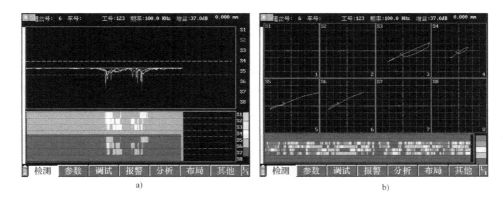

图 6-44　ETK-DC1 型检测仪的检测界面

图 6-45　铁路道岔涡流检测现场工作照

随着石油储备上升为国家重要战略，储备基地增加，储备装置增多，关于在役油气储运装置的安全管理显得尤为重要。通过无损检测，保证油气安全储运，不发生泄漏事故，是其中最基本的要求。

在役油气钢管、储罐的无损检测目前大都采用漏磁检测法，例如漏磁管道智能猪和储罐底板检测机等。为了确保安全储运，进一步要求能够区分油气钢管或储罐底板壁厚减薄属于内腐蚀还是外腐蚀或内外都有腐蚀，以便采用相应的技术进行修复、阻止腐蚀继续扩展和进一步分析腐蚀产生原因。然而，现有的漏磁检测技术只能拾取一维幅度信号，不能分辨出腐蚀发生在内壁还是在外壁。有人提出，可在 X-Y 方向的检测基础上增加对法向漏磁分量的检测。但此方法效果不佳，实践中仍难以区分钢管或储罐底板的内壁腐蚀缺陷和外壁腐蚀缺陷。

在漏磁检测的基础上，增加涡流检测作为辅助，这样的集成技术可以解决该问题。在漏磁探头旁边增加涡流检测探头，涡流探头检测面与被检钢管检测面紧贴，与漏磁探头同时移动。但由于漏磁检测是在钢管饱和磁化后进行的，涡流检测探头拾取的信号既有涡流效应信号又有漏磁效应信号，因此实际应用中仍较难准确区分内壁腐蚀缺陷或外壁腐蚀缺陷。正如笔者之一林俊明曾在 GB/T 7735—2004《钢管涡流探伤检验方法》的附录 A "涡流检测方法的局限性及其他说明" 结语中提到的："确切地说，采用磁饱和装置的钢管涡流探伤，存在着两种检测机理，其一是涡流效应，其二是漏磁效应。此外，采用多频涡流检测技术可在一定程度上兼顾钢管内外壁的检测灵敏度，并可同时抑制某些有规律性的干扰信号（如晃动等）。"

为此，笔者之一林俊明研发了漏磁涡流一体化集成探头，并应用数据融合的方法，通过两种信号之间的比对来判断腐蚀位置，较好地解决了上述问题。

以在役钢管检测为例。漏磁涡流一体化检测探头的漏磁检测面紧靠被检钢管管壁，涡流检测线圈在漏磁检测霍尔器件的上面，使涡流检测线圈与被检钢管管壁之间隔着漏磁检测传感器（图 6-46），漏磁涡流一体化检测探头移动扫查被检钢管管壁，由于涡流线圈与被检测管壁之间间隔一个漏磁检测传感器探头的距离（相当于涡流的提离），根据涡流探头提离导致涡流信号迅速衰减的特点，使得涡流线圈只能感应到内管壁缺陷的信号，感应不到外管壁缺陷的信号。

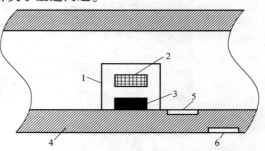

图 6-46　钢管漏磁涡流一体化检测示意图
1—永磁体磁轭及外壳　2—涡流检测线圈
3—漏磁检测霍尔器件　4—钢管
5—钢管内缺陷　6—钢管外缺陷

根据这一特点，事先用内壁缺陷试块调整检测灵敏度，使漏磁信号与涡流信号幅度相等（基准信号）。通过两种检测信号幅值的对比关系，判断所检测到的缺陷处于管壁内或外表面的位置，具体对应关系见表 6-3。

**表 6-3　漏磁涡流信号变化与腐蚀位置对应关系**

| 状态 | 漏磁信号 | 涡流信号 | 结论 |
|---|---|---|---|
| 状态 1 | 没有幅度变化 | 没有幅度变化 | 无腐蚀 |
| 状态 2 | 与涡流信号幅度相当 | 与漏磁信号幅度相当 | 内壁腐蚀 |
| 状态 3 | 信号强，而且大于基准信号 | 信号强 | 内、外壁腐蚀 |
| 状态 4 | 信号强 | 信号弱 | 外壁腐蚀 |

对于储罐底板，漏磁涡流一体化检测装置由两部分组成：一是机械行走装置，包括电动机+减速器模块、驱动轮、从动轮、把手、操作面板等；二是检测装置，包括磁铁、仪器（漏磁涡流一体化）、漏磁涡流一体化检测探头、工业计算机等。储罐底板漏磁涡流一体化检测装置结构紧凑，通过电动机驱动前进，操作人员只需手扶把手控制前进方向就可以完成检测。

图 6-47 和图 6-48 所示分别为储罐底板漏磁涡流一体化检测装置的侧视图和俯视图。图 6-49 所示为储罐底板漏磁涡流一体化检测装置的外形。

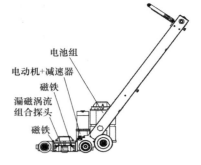

图 6-47　储罐底板漏磁涡流
一体化检测装置侧视图

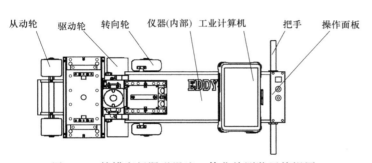

图 6-48　储罐底板漏磁涡流一体化检测装置俯视图

图 6-49　储罐底板漏磁涡流一体化
检测装置的外形

图 6-50 所示为储罐底板漏磁涡流一体化检测装置的检测界面，可以同屏显示漏磁和涡流检测信号，其中上半部分是漏磁信号，下半部分是涡流信号。在图 6-50a 中，只有漏磁信号有变化，涡流信号没有变化，表明该检测区域储罐底板下表面有腐蚀缺陷。在图 6-50b 中，漏磁和涡流信号同时有变化，表明该检测区域储罐底板上表面有腐蚀缺陷。

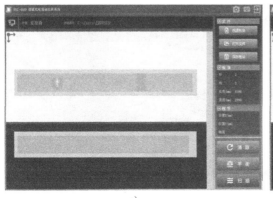
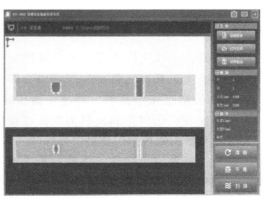

a)　　　　　　　　　　　　　　　　　b)

图 6-50　储罐底板漏磁涡流一体化装置的检测界面

图 6-51 所示为储罐底板各部位检测完毕后，仪器自动生成的扫描成像图。通过该图可以准确掌握储罐底板的缺陷概况，包括腐蚀深度、腐蚀面积、X-Y 方向上的腐蚀位置、腐蚀位于上表面还是下表面等信息。该图可以为储罐的日常管理和维护提供数据支撑。

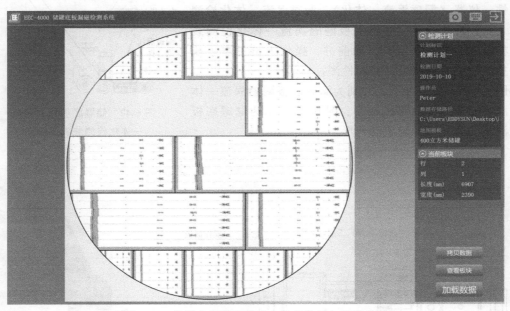

图 6-51　储罐底板漏磁涡流一体化装置扫描成像图

图 6-52 所示为储罐底板漏磁涡流一体化装置的检测现场。检测装置中的磁铁，其上下位置可以调节，操作人员可根据底板的厚度，调节磁铁与底板之间的间隙，使得磁化强度与底板厚度保持最佳的匹配状态，获得理想的检测效果。

进一步的研发工作，可考虑以多频涡流加磁化装置取代现有的漏磁检测技术方法。利用阻抗平面和多频技术，剔除检测过程中的相关干扰信号，提高现有在用钢管、钢板检测技术水平。

## 6.1.12　迄今功能最强的便携式电磁声学检测仪

众所周知，现代飞机飞行中大量采用复合材料来减轻机身重量，提高飞机的运载能力。但是由于发动机部分长期工作于高温、高速、高压状态下，因此目前的发动机仍以金属材料为主。在役的航空飞行器进行日常检测维修工作时，为保障飞行安全，通常需要采用三种以上功能的无损检测手段，如常规涡流、阵列涡流、常规超声、机械阻抗、声扫频等。如此一来，一架在役飞机的检测，至少需要携带三台以上的无损检测仪器才能满足重点部件的正

图 6-52　储罐底板漏磁涡流
一体化装置的检测现场

常维护检测要求。

　　根据某部的要求，在经过一段时间的改进后，爱德森（厦门）电子有限公司推出了 SMART-2005KK 型超声涡流一体化综合探伤仪，大大减轻了检测人员工作时携带仪器的重量，一台仪器可以根据不同检测部位快速切换检测方式，实现了一机多用，得到业界一致好评，并荣获 2013 年某部科技进步二等奖。

　　随着近年来技术的进步，2019 年爱德森（厦门）电子有限公司又开发了集成度更高的、一机多用的便携式 SMART-8003 和 SMART-8005 两款仪器，进一步满足了此类市场需求。这是迄今航空器在役无损检测功能最多的设备。

　　这两款当今功能最强的便携式电磁声学全能探伤仪分别如图 6-53 和图 6-54 所示。

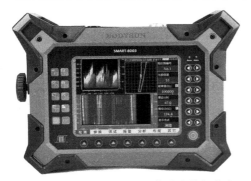

图 6-53　SMART-8003 电磁声学全能探伤仪

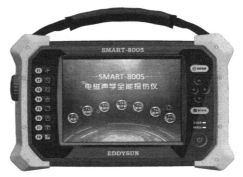

图 6-54　SMART-8005 电磁声学全能探伤仪

　　SMART-8003 型电磁声学全能探伤仪是在 SMART-2005KK 的基础上开发的一款具有阵列涡流检测、高灵敏度/宽频带高分辨超声波检测、声扫频检测、声脉冲检测、声阻抗检测以及集成视频检测模块等多功能一体式探伤仪，采用触摸屏、按键和飞梭旋钮操作，能实时有效地检测金属材料缺陷、区分合金种类、热处理状态以及厚度变化等。超声部分的强发射高穿透力与高灵敏度窄频带结合，特别适于大型厚重工件（如大锻件、铸件、复合材料）的检测；而弱发射高分辨力与宽频带结合，再配上窄脉冲探头，又可获得极高分辨力，方便发现工件中的微小缺陷。SMART-8003 型电磁声学全能探伤仪的超声、C 扫描检测的工作界面如图 6-55 所示。其阵列涡流、C 扫描检测的工作界面如图 6-56 所示。

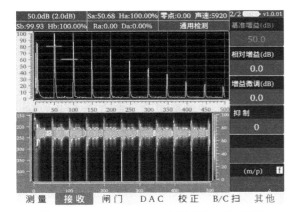

图 6-55　SMART-8003 超声检测的工作界面

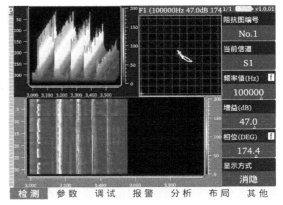

图 6-56　SMART-8003 阵列涡流、C 扫描检测的工作界面

SMART-8005 型电磁声学全能探伤仪在 SMART-8003 的基础上扩大了屏幕面积，增强了阵列涡流 C 扫描分析以及超声 TOFD 成像功能。

SMART-8005 型电磁声学全能探伤仪的阵列涡流 C 扫描检测的工作界面如图 6-57 所示。其超声 TOFD 成像检测的工作界面如图 6-58 所示。

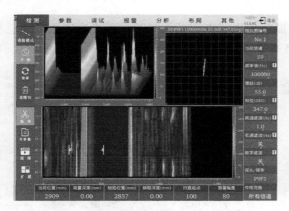

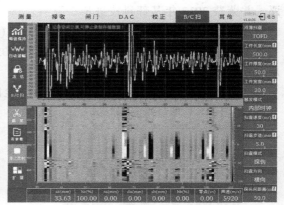

图 6-57　SMART-8005 阵列涡流 C 扫描
检测的工作界面

图 6-58　SMART-8005 超声
TOFD 成像检测的工作界面

SMART-8003、SMART-8005 型电磁声学全能探伤仪这两款仪器中多种检测方法得到的检测结果可以方便检测人员进行数据融合、综合分析和相互验证，从而得出更完整的评估结果。这两款仪器顺应仪器的发展，具有实时菜单提示、人机对话、支持触摸屏操作功能，且具有键盘、鼠标操作机能，数据传输采用 USB 通信接口、网口、无线网络等模式，并且可直接导出 PDF/Excel/Word 报告，以最大程度地消除检测过程中的人为误差，特别适用于航空、航天、电力、造船、石油化工等领域尤其是航空、航天、汽车、化工制造等行业中的复合材料与胶接结构部件缺陷的无损检测。

## 6.1.13　无损云检测的发展趋势

随着科学技术的飞速发展，集成技术和云检测的发展步伐也在不断加快。

进入 21 世纪以来，计算机科学与技术一直呈现出强劲的发展势头。应用智能机器人的无损检测集成技术的发展也很快。借助集成电路的摩尔定律，未来的云检测/监测成本将大大下降。摩尔定律是由英特尔（Intel）创始人之一戈登·摩尔（Gordon Moore）提出来的。其内容为：当价格不变时，集成电路上可容纳的元器件的数目，每隔 18～24 个月便会增加一倍，性能也将提升一倍。换言之，每一美元所能买到的计算机性能，将每隔 18～24 个月翻一倍以上。这一定律揭示了信息技术进步的速度。业主/管理者可自主运用各种物理的、化学的传感器，将这些越来越廉价的"芯片"放置到监管对象的重要部位，即时获取相关数据并获取远程咨询服务。

人类无法处理大量的、多维度的信息，但对于智能机器人来说，它们可以"永不停顿"地工作，并通过不断的自我学习（包括自身的软硬件升级），为人类提供超一流的服务。移动监测将成为未来检修服务公司的一项重要工作，并且根据业务或管理者的需要，"固化"在所需位置。可以说，无损检测正在经历有史以来最伟大的变革，具有机器自学习系统的人工智能监测是未来不可逆转的必然发展方向。

## 6.2　重大设施装备健康云检测/监测的需求

正是由于重大设施装备的重要性和不可替代性，长期以来重大设施装备的有效管理也因此而成为引人关注的研究热点。如何既能确保重大设施装备的安全运行又尽可能降低重大设施装备的运营成本，是重大设施装备管理研究的主要内容，也是重大设施装备公司追求的首要目标。美国等西方发达国家的管理技术日趋成熟，并逐渐形成了成系列的安全规范或标准。目前我国对重大设施装备管理的研究同国外的先进技术相比还存在一定差距。

当前，总的来说，我国重大设施装备事故率比发达国家要高出很多。因此，最大限度地降低重大设施装备事故发生率，提高重大设施装备的安全运行水平，是当前重大设施装备经营管理工作中的主要任务。同时，随着经济的发展，我国又有许多新建重大设施装备或待建重大设施装备，这就使得以保证重大设施装备安全运行为核心的健康管理技术的重要性和紧迫性更为突出。

利用云检测/监测对重大设施装备系统实施一系列检测、评价和维护措施，可将重大设施装备系统的故障率大幅降低。按照美国运输部的定义，其重大设施装备管理程序包括：重大设施装备潜在危险的识别、数据收集及信息整合、风险评价、健康评价、对健康评价的响应、事故减缓措施（修补和预防）及检测间隔的确定、制定健康管理方案、对方案进行效能测试、制定对外联系方案、科学地管理各种变化以及最终的质量控制方案等内容。云检测/监测的最终目标就是以科学的方法和技术手段，最大限度地确保重大设施装备的安全运行，防患于未然，从而保证环境、健康及生态安全。

正在高速变化的无损检测，借助飞速发展的现代科技，包括智能手机、云平台、机器人等，让用户/管理者更多地了解和参与监管对象（重大设施装备）的全寿命健康状况的信息，从而科学合理地制定维护时间，并做出决策，而智能手机或便携式移动智能终端将是无损云检测领域的主要工具。未来的用户/管理者将在无损检测新模式中扮演越来越重要的角色。

未来的无损检测，各个环节将逐步实现无缝连接，用户/管理者可以随时随地在任何时刻获得所需等级的服务。

在智能终端，微型传感器和大数据应用所引领的新时代中，用户/管理者将第一次拥有"全信息"下的决策权，即可直接通过手机遥控机器人检测，通过云检测/监测平台的支持，跟踪实时的多项传感器数据，并与历史数据和相关统计案例数据做比较，摆脱对业务公司的依赖，重塑新型的产业链。

当下，互联网、物联网、人工智能、云计算、机器人、无人机、传感器、大数据处理等软硬件技术已经有了很大的进步，这为发展无损云检测/监测提供了重要的物质基础。

重大设施装备系统的云检测/监测技术主要包括三个方面，即重大设施装备的检测与可靠性（安全）评估、重大设施装备剩余强度与剩余寿命评估、重大设施装备的风险评估与管理。从保证重大设施装备安全的角度来看，重大设施装备管理可分为可靠性评价（安全检测与评价）、风险评价和健康管理三个层次。而健康管理处于最高层次，它是在可靠性评价及风险评价基础上的全面概括与提升，其主要内容包括信息的收集与整理、重大设施装备安全的检测与评估、风险预测与管理等。

综上所述，重大设施装备健康云检测/监测技术可概括为可靠性分析、风险分析评价、重大设施装备内外检测以及数据与信息管理等几项技术的有机结合。它包括了重大设施装备设计、建设、运行操作与维护的全部内容，并贯穿重大设施装备整个运行期，其基本思路是调动全部因素来改进重大设施装备的安全性，并通过适当的预防性检测、评价以及实施减轻风险的措施等来改善重大设施装备的安全状况，达到减少事故并合理分配资源、节约维修费用的目的。同时该系统可以通过信息反馈，结合实际不断完善。基于不同场合下的设施/装备运行，将生成自有的个性化数据，这是全新无损检测时代的关键要素，今天的先进硬件、软件的结合，比以往任何时代更容易获取监管对象更多有利和有意义的数据。

## 6.3　云检测/监测的未来发展

　　云检测/监测健康管理的模式与方法很多，不同的评价模式自成体系，其框架流程都不尽相同，有各自的评价内容、指标、程序、方法和准则，由此也影响到评价结果的一致性。图6-59所示一种云检测/监测健康管理技术体系的基本框架，从中可以了解云检测/监测健康管理的主要框架内容。

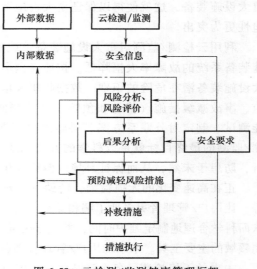

图 6-59　云检测/监测健康管理框架

**1. 云检测/监测健康管理流程**

　　（1）准备阶段　为建立云检测/监测健康信息管理系统做准备，其主要内容收集数据、资料，包括确定设施装备失效的主要类型等。参见图6-59中的外部数据、内部数据和安全信息。

　　（2）风险评价　包括了风险识别、评价和后果严重性评价两方面的分析。其作用是对设施装备失效概率和其后果严重性进行量化分析，得出风险等级，筛选高风险部位，为健康云检测/监测和评价深入开展提供基础数据。参见图6-59中的风险分析、风险评价和后果分析。

　　（3）安全检测和评价　针对风险评价筛选出的高风险部位开展深入检测和评价。安全评价的主要内容包括设施装备的剩余强度评价、剩余寿命预测以及损伤程度评估等；安全检测包括在线检测、在役检测等方法。参见图6-59中的安全要求、风险分析和风险评价。

　　（4）维修计划及保护措施　是对健康检测和评价的响应，即对检测评价确定的安全隐患提出维护的方案和调整措施，提高重大设施装备的安全性。参见图6-59中的预防减轻风险措施、补救措施和措施执行。

　　（5）再评价时间　是引导检测、评价程序循环进行的关键，根据采取的措施（如运行压力等）、缺陷维修情况及金属腐蚀发展状况确定。参见图6-59中的三条反馈路径。

　　（6）运行安全指标　衡量设施装备云检测/监测健康管理计划执行效果的量化指标，用以评价健康管理的有效性。参见图6-59中的安全要求，以及对云检测/监测健康管理执行情况有效性的评价。

云检测/监测健康管理技术框架主要包括以上六个方面，其中设施装备健康数据库、安全评价与检测、风险性评价是其基本环节，确定运行安全指标、维修计划及保护措施、确定再评价时间等则是健康管理体系的新内容，反映出云检测/监测技术从单一安全目标发展到优化、增效、提高综合经济效益的多目标趋向。

**2. 云检测/监测健康管理的展望**

目前，我国的无损检测领域，其运营模式基本上是被动化、碎片式和断层式的服务链。事实上，大部分用户/管理者对监管对象的健康管理信息知之甚少，且很不专业，以致经常有灾难性事故发生。

因此，要推动无损检测领域的变革，迎接新时代的到来，需要对广大用户/管理者进行新技术的普及教育，普及关于无损云检测和无损云监测的基本概念和优越性的教育，以充分认识云检测/监测即将为业界带来的颠覆性革命，而最终受益是用户/管理者，以及全人类物质文明的进步。

在云检测/监测健康管理的业务方面，国内已经有一些领域开始进行初步无损云检测和云监测应用。以这些应用为样板，总结经验和逐步推广将是必然的趋势。在一些城市和应用领域建立起无损云检测和云监测平台作为示范也必将成为重要的推动力量。现在无损云检测和云监测的国家标准已经开始施行。相信，从总则开始，越来越多的无损云检测和云监测相关标准将无须等待技术成熟，而在边做技术边做标准的方针上制定出来。建立在物联网之上，以大数据为驱动的无损云检测和云监测新技术，可能必须要在很多基础标准的指导下，产生大面积的推广应用。

在无损云检测和无损云监测技术研究方面，人工智能的发展成熟或许将决定它们的未来。硬件条件是基础及先导，可在边研发边改进过程中进步，但是软件涉及智慧的积累及思想的火花，常常需要灵感一闪的光芒。软件是非常重要的。基于因果律的人工智能是无损云检测和无损云监测技术未来重点的发展方面。1971 年，图灵奖获得者、人工智能概念提出者约翰·麦卡锡教授曾说过："不符合数学的，都是胡言乱语"。云检测和云监测的未来，前景光明！然唯有一切都达到数学高度，才是最美妙的境界。

# 6.4　云检测/监测——"数据为王"

## 6.4.1　云检测/监测健康管理

任何维修或再制造的前提都是依靠数据进行决策的。没有质量的数据，是毫无意义的，如同水中月、镜中花。快速、可靠、低成本、高质量的检测技术，是未来无损检测首先要解决的一个问题。展望云检测/监测之路，任重而道远。通常，作为设施装备云检测/监测健康管理的数据处理流程如图 6-60 所示。

系统的数据处理流程如下：

1）识别设施装备的状态和可能产生的有害影响的结果。

2）数据的初步收集、研究与整合。资料及数据完整是关键的环节，不准确、不完整的数据会给评价结果带来误差和不确定性，甚至产生错误。而与云检测/监测健康管理及环境

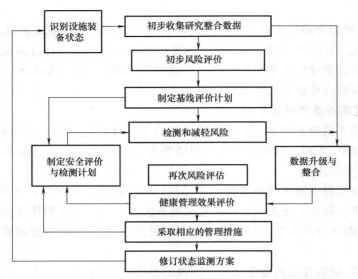

图 6-60　设施装备云检测/监测健康管理的数据处理流程

条件有关的数据也会随时间变化。因此，必须对收集的数据及时进行研究分析和整合。

3）初始风险评价。初步风险评价是在较少数据资料的基础上进行的，需要根据资料的数量、质量情况，选择合适的评价方法。通过初步评价得到云检测/监测健康管理的性质和定位，筛选出应优先进行健康评价的部件。

4）制定基线评价计划。基线评价实质上是初次的云检测/监测健康管理过程。其内容包括初次进行数据收集、风险评价、设施装备检测、健康评价、预防和减轻风险的措施。

5）再次健康评价过程。其主要内容包括检测及减轻风险的措施，数据升级、整合、研究，再次风险评估以及制定安全评价与检测计划。

6）云检测/监测健康管理的效果评价并采取相应的管理措施。在经过一系列健康评价与检测后，通过对设施装备系统的性能测试得到对健康管理的效果评价。最后根据健康管理的效果评价采取相应的管理措施。

云检测/监测健康管理主要包括设施装备健康管理信息系统、安全评价与检测及风险评价三大部分。数据及信息的管理处于健康管理技术的中心地位，是保证健康管理顺利进行的重要因素；风险评估是健康管理的关键组成部分。通过对风险的识别与评估，并将这些风险信息或数据输入重大设施装备健康管理信息系统中，可以分析对重大设施装备健康产生不利影响的因素或事件，以便采取措施保证重大设施装备的健康。

## 6.4.2　安全管理和风险管理

开放的技术科学、开放的数据采集获取、开放的资源共享和去中心化的"个案实验室"将是未来云检测/监测科技发展的必然趋势。图 6-61 所示为云检测/监测管理系统。从中可见，安全管理与风险管理是云检测/监测管理的两大组成部分，而这两者都离不开数据。

重大设施装备的安全评价与检测是健康管理的重要组成部分。重大设施装备受腐蚀损伤程度的评估、剩余强度及剩余寿命预测，以及与重大设施装备状况有关的各种检测数据及重大设施装备周边环境信息等是健康管理信息系统的数据来源，通过对这些与重大设施装备安全密切相关的数据或信息的检测与预测，可有效维护重大设施装备的健康以保证重大设施装备的安全。

　　大数据时代，必然导致个体（监管对象）云的大量使用，其中保存的不仅仅是某个时间节点的检测报告或小结，而且还有原始数据。比如从电化学、涡流、超声、声发射等传感器，甚至红外图像视频信息等，而这样完整的"全息"数据将变得越来越容易获取，用越来越强大的云计算处理这些数据，类似 AlphaGo 大败世界围棋高手的事件，将不断发生并成为常识事件，专家权威正被大数据和云计算所取

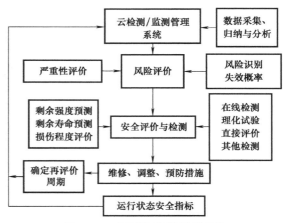

图 6-61　云检测/监测管理系统

代。如中医学，其先进知识是以众多案例作为支撑的，进一步地分析研究其合理性部分，将使中医学更贴近现代科学。

## 6.4.3　大数据

　　在当今社会，大数据已经是大众熟悉的名词，甚至可以认为，大数据时代已经来临。大数据的颠覆和创新作用几乎在每个行业都有体现。在无损检测领域，无损云检测和无损云监测带来了大数据，大数据带来了行业革命。然而，什么是大数据？恐怕不是三言两语能够说得清的。在本书中，无意去探究大数据的深意，也不去谈论大数据在其他领域的应用，而只是探讨大数据与无损检测集成技术有关的问题。这里讲述的大数据，也可能与其他地方讲的有所不同。

　　从数据量的大小方面来讲，大数据是一个模糊的概念。很大的数据量并不一定是大数据。大数据并不只是数据量"大"，而且必须要有数据来源的"广"。大数据来自多种多样的渠道，甚至是表面看似不相关的内容。大而且广是大数据。也有人认为，大数据指的是规模超过现有数据库工具获取、存储、管理和分析能力的数据集，需要通过可伸缩的体系结构实现高效的存储、处理和分析。大数据最核心的价值就是数据"有用"，对于海量数据进行存储和分析，得出有用的结论。相比现有的其他技术而言，大数据的"廉价、快速、优化"这三方面的综合成本是最优的。

### 1. 大数据的基本特点

　　业界从四个方面归纳了大数据的特点。这四个方面分别为体量、多样性、价值和速度，其英文分别为 volume、variety、value 和 velocity，即 4 个以"v"开头的词汇，所以它们也称为大数据的 4V 特点。4V 特点如下：

　　1）数据体量巨大，或称为海量。现在，数据的数量级已经从 TB 级别，跃升到 PB 级别。

　　2）数据类型繁多，多源、多结构，来自方方面面。不同的数据类型相互间的相关性可以很小。

　　3）价值密度低。对于某个特定的目的，大量的数据是来自各方面的干扰。在连续不间

断几十小时的监控过程中，有用的数据可能仅仅只有一两秒。

4）速度快。这个速度，有人认为是处理数据的速度。有所谓的 1 秒定律。这就是说需要在秒级时间范围内给出准确的分析结果。这个处理速度要求是大数据处理技术和传统的数据挖掘技术最大的区别。数据处理的时间太长就失去大数据处理的价值了。这个速度，也有人认为是产生数据速度。大数据的体量往往是爆发式增长的。

对于无损云检测和无损云监测，数据量不断地扩展，数据来自多种检测技术和手段，数据在云里，数据在互联网上，数据是在线的。数据在线的特点反映了无损云检测和无损云监测数据的大数据本质，基本上能够符合大数据的 4V 特点。

**2. 无损云检测和无损云监测的大数据**

无损云检测和无损云监测的大数据，主要来自三个方面，即企业和被检测/监测对象的资讯数据、工业物联网的数据以及外部跨界数据。第一方面的数据记录了企业和被检测/监测对象的各方面的特征，数据记录必须追求完整。尽管这些资讯也会发生变化，但大体上来讲是相对稳定的。工业物联网是工业领域的物联网。它是将具有感知、监控能力的各类采集、控制传感器或控制器，以及移动通信、智能分析等技术融入无损云检测和无损云监测的整个过程中，以实现对物品的智能化识别、定位、跟踪、监控和管理的一种网络。这些数据不仅来自于主动获取，而且来自于信息系统自然产生，包括文本数据和视频、图片等非结构化数据，具有复杂动态系统特性。外部跨界数据是表面上看似与检测和监测无关的数据，在无损云检测和无损云监测的执行过程中却发现它们有用而逐步补充进来的数据。

就数据体量而言，无损云检测和无损云监测的数据基本符合大数据的数据体量巨大特性。从上述这三个方面所得到的数据远比大规模商业数据小，但已经远远超出常规检测和监测所获得的数据。

就数据多样性而言，无损云检测和无损云监测的数据完全符合大数据的数据类型繁多特性。由于集成无损检测技术的多源本性，无损云检测和无损云监测的数据源于多种多样的检测/监测技术和手段，源于多种多样的检测/监测对象，也源于网络形式分布的大量的传感器群。无损云检测和无损云监测的数据也包括数据管理以及管理过程的数据和以往发生及当下发现的事故和损伤信息数据。管理数据和事件数据的引入，极大地提高了无损云检测和无损云监测数据的价值。

就数据速度而言，无损云检测和无损云监测的数据也基本符合大数据的速度快特性。从产生数据速度的角度来看，由于云计算的应用，云检测和云监测的数据基本能够实现实时或准实时采集数据和初步的处理数据。但是，从处理数据速度的角度来看，由于所这些数据所遵从的客观规律的复杂性，在从大数据量中抽取正确和准确的信息所耗费的时间来说，还不一定能够达到秒级。尽管如此，处理速度已经比常规检测的处理速度快得多。

就数据价值而言，无损云检测和无损云监测的数据特性与大数据的价值密度低特性有比较大的偏差。对于无损云检测和无损云监测而言，所获得的数据非常确定地遵从许多已知的客观规律，并且常常强烈地服从因果关系。例如，看似变化无常的环境数据，如气温、气压、湿度等，也是十分有价值的信号。尽管存在许多干扰的无价值的数据需要排除，但也不能归结出价值密度低的特性。而正是由于这点不同，使无损云检测和无损云监测大数据具有一些新的特性。

由于无损检测自身的本性，无损云检测和无损云监测大数据具有一些新的特点。其新特点包括强关联、高流量、多重复等特征。

1) 强关联　尽管多源检测数据来自不同的检测方法和技术，但它们只是同一检测对象在不同方面的性质的表述。这种关联不是数据字段的关联，而是物理本质的关联。犹如盲人摸象，不同检测人员获得的数据是"大象"在不同方面的表现，由这些数据之间强烈的关联能够描绘出"大象"的整体形象。数据分析的任务是发现不同源数据之间的关联，并且利用这些关联。同时，由于因果关系，数据的先后序列也具有强关联的特性。正是这种数据的强关联性，才是实现数据融合的基础；也正是这种数据的强关联性，才是无损云检测和无损云监测能够成功的基础。

2) 高流量　数据持续不断地产生，采集频率越高，数据流量越大，累积的数据也越多。数据数量强烈地依赖于采集数据的频度。无损云检测和无损云监测大数据是累积而成的，系统工作时间越长，数据量越大。并且，由于因果关系导致的事实，前后累积的数据有着很强的关联性。历史数据常常有着重要的，有时是十分关键的作用。

3) 多重复　一方面无损云检测和无损云监测的重要目的是探测被检测和监测对象的伤损和影响安全的因素，目标相对专一；另一方面损伤和危险因素的发生遵从某些确定规律并且服从因果律，从而导致许多事件的发生发展具有相似性，多次重复出现。分析结果的可靠性体现在因果关系和可重复性，多重复特性也是获得高可靠分析结果的保证。比如某企业的某设备出现了事故，那么，当对其他的类似设备监测到相似的数据时，该设备就有可能发生事故。这也是系统能够发出预警的理论基础。

从大量的数据中自动搜索隐藏于其中的有着特殊关系性的信息有许多技术和方法，它们往往与计算机科学有关。这些方法有统计分析方法、贝叶斯方法、特征编码聚类分类方法、情报检索方法、模式识别方法、神经网络方法等。通过机器学习、深度学习、在线分析处理、专家系统经验法则等来实现数据挖掘和知识发现。无损云检测和无损云监测大数据的分析方法与一般大数据的分析方法具有相似性。

由于检测和监测场景具有复杂性与不确定性，给无损云检测和无损云监测大数据的数据分析和信息提取带来挑战。

如何从信号中提取信息，这是一个大课题。检测和监测，检测是基础。而通过检测工作只能得到少量的数据，海量数据是很难做到的。从少量数据中是否也可以获取所需要的信息？答案是肯定的。有个成语叫"一叶知秋"，就是说看到了落叶就预示着秋天要来了。这就是从少量的数据中得到大量的信息。要达到这样的目的，涉及两个方面，一个是先验知识，一个是解读信号的规则。这里，如果换上另外的先验知识，或者换上另外的信号解读规则，得到的信息也会发生改变。在春天，即使看到满地的落叶也不预示秋天的到来。实际上，信息是由信号携带的，信号是携带信息的载体。从同一个信号可以解读出许多不同的信息。因此，解读信号的规则至关重要。在无损云检测和无损云监测的过程中，研究和确定分析规则非常重要。确定信号的解读规则是检测和监测系统重要的任务。

从少量的数据中获得确定的信息也有其他一些算法，其中之一就是试错法。从少量的数据通过猜测去得出某些结论，然后用其他的数据或后续的数据验证这些结论，不断地得到验证的那些结论就说明它们是对的。

在这里，顺便提出一个关于信息量的疑惑。现在，信息量用比特（bit）作为单位，这值得商榷。其实，这里的比特是信号的单位。认为信号量就是信息量，是把信息和信号混同起来了。从同一个信号可以解读出许多不同的信息，难道能说这些解读出来的不同信息具有相同的信息量？

大数据还存在有潜在的问题。如大数据可能威胁到知识产权，威胁到隐私保护。这些数据分散在制造商、用户、系统运营商和运维服务商等多个环节中。出于商业竞争考虑，制造商往往将设计数据视为商业机密和竞争利器，不愿公开。用户收集和保存的运行数据不但有助于他们做出更好的业务决策，也有利于第三方运维企业提供更好的服务。他们能从这些数据中得到利益却无法做到合理分配。因此，有些利益相关方不愿分享这些数据，将数据汇集起来并非易事。

## 6.5　人工智能和机器人

当前，智能化是一个时髦的词汇。各行各业、各种场合都有在谈论智能化。智能化，既是适应现代经济、军事和科技发展的需要，也是智能科学研究的实际应用。未来将会是智能（化）的时代。这里所谓的智能，实际上都是指人工智能（Artificial Intelligence，AI）。设备或系统所具备的类似人的智能功能即人工智能。

智能化检测是当前智能化大潮的一朵"浪花"。对智能化检测的需求主要基于对检测高效和高可靠需求的持续增加，也基于现代计算机技术的成熟。一方面，科技的发展日新月异，提出了层出不穷的检测难题。另一方面，各种各样的安全问题越来越受到人们的重视。然而，无损检测的检测人员培养周期长、培养成本高，另外，检测的误诊率相对较高，检测的速度相对较慢。人们迫切需要新的充足的优质检测资源。人工智能的检测技术和设备在解决这些问题方面具有巨大的优势。

### 6.5.1　什么是智能化

智能化事物是指该事物具有某种可以能动地满足人的某种需求的能力。比如无人驾驶汽车，就是一种智能化事物。无人驾驶汽车将传感器、物联网、移动互联网、大数据分析、智能决策、自动化机械操作等技术融为一体，从而能动地满足人的出行需求。

对于"智能"，目前还没有很明确的定义。"智慧"和"能力"合称"智能"。人工智能的概念也在不断扩展。人工智能是对人的意识、思维的模拟，不仅能像人那样思考，而且也可能超过人的智能。当人工智能超过人的智能时，有人将其称为超级人工智能或超人工智能。

智能系统或智能化系统一般具有以下能力：①具有感知能力，即具有能够感知外部世界、获取外部信息的能力；②具有记忆能力，即能够存储感知到的外部信息，并保存一段足够长的时间；③具有思维能力，即能够对所获取的信息进行分析、计算，形成知识，并能够利用已有的知识对所获取的信息进行比较、判断、联想和决策；④具有学习能力和自适应能力，学习即通过与环境的相互作用思维能力，不断积累知识，使自己能够适应环境；⑤有决策行为能力，能够对外界的刺激，应用所积累的知识，通过思维形成决策并对传达相应的信息做出反应。简单来说，智能化系统具有自感知、自学习、自适应、自决策、自执行五大基本功能。在无损云检测/监测领域，智能检测是符合国家智能制造发展战略的重要发展方向。

人工智能同时也是指一种学科，它是计算机科学的一个分支，是一门新的技术科学。人工智能学科试图了解智能的实质，同时研究模拟、延伸和扩展人的智能的理论、方法、技术及应用系统，致力于生产出能以与人类智能相似的方式做出反应的智能机器。它的研究内容包括语言识别和处理、图像识别和处理、机器人和专家系统等。

"智能化"是现代信息技术的产物。智能化是现代人类文明发展的趋势。智能化是由计算机网络（互联网、物联网）技术、现代传感技术、现代通信技术、智能控制技术、现代信号处理技术、现代自动化技术与行业专门技术等先进技术深度融合汇集而成的系统集成。智能系统是人机结合的，是以人为主的综合集成体系。

智能化与自动化是有很大区别的。智能化是在自动化的基础上发展起来的。而自动化是智能化必须包含的一个部分。虽然自动化的操作过程是自动进行的，但它是"机械的"、刻板的，即仅仅是按照人们事先规定的格式或程序来实行的。而智能化的操作过程则是灵活的，对于工作环境条件的变化具有自适应能力。

目前，已经存在的所谓智能化检测，还远没有达到智能化的程度，它们是介于智能化与自动化之间的一种技术。这也同时表明，智能化检测还具有非常大的发展空间。

## 6.5.2　如何实现智能化

智能无损检测系统是一种由智能的无损检测机器与无损检测专家共同组成的人机一体化集成系统。其特点是能够借助计算机使机器模拟人类专家的智能活动，从而取代或者延伸检测过程中人的部分脑力劳动，从采集数据、传输数据、存储数据、共享数据、分析数据，到进行推理、判断和做出决策等各个过程，完善和发展人类专家的智能。相对于其他一些智能化系统，智能无损检测系统的集成度还并不高。

当前，大多数智能化检测大体包括三个方面：①检测操作的智能化；②检测数据分析的智能化；③检测结果评估的智能化。更高级的智能化检测包括第四个方面，即检测工作的智能化交流。

这里，检测操作是指常规的无损检测操作和特殊要求的非常规的无损检测操作；检测数据分析是指从检测数据中提取被检测物体的结构和内含的缺陷等方面的信息，相当于无损检测的工作；检测结果评估是指从检测数据中进一步提取出关于被检测物体完整性方面的信息，相当于无损评价的工作；智能化交流包括智能化远程检测和智能化云检测及其智能化云监测。智能化评估在智能化无损检测中处于关键和决定性的地位，应该受到充分的重视。

智能化检测体现了无损检测行业专门技术与计算机网络（物联网、互联网）技术、现代通信技术、现代信号处理技术、智能控制技术的系统集成。

一个智能化无损检测系统，至少应包含五大系统，即智能自动检测系统、智能数据分析系统、智能数据评估系统、智能信息输出系统和智能管理系统。此外，高配一点的智能化无损检测系统，还应该有网络化系统。将这些系统的功能结合起来，实现系统的集成。在智能化无损检测系统具体的设计中，应该不求虚名，而应更多地体现出真正的智能的含义。

由此，智能化无损检测系统必然是一个集成系统，它大体可以分为三个层次。第一层次，智能化的无损检测操作。第二层次，在第一层次系统的基础上，增加了智能化的数据分析和数据评估。第三层次，在第二层次系统的基础上，增加了网络通信和管理。

第一层次的智能化无损检测系统，其主要贡献是提供了无损检测操作的自适应和优化，使这些检测操作能够自适应所遇到的各种复杂的检测环境和检测条件，能够使操作更加简单、有更高的效率和可以获得更可靠的数据。

第二层次的智能化无损检测系统，其主要贡献是在第一层次智能化的基础上，进一步提供了对检测数据能动地实施分析和抽取有用信息的手段。通过应用图像识别、深度学习、神经网络等关键技术，使该系统能够能动地从所获得的检测数据中抽取最希望获得的信息。

第三层次的智能化无损检测系统，其主要贡献是在前两个层次智能化的基础上，进一步提供了互联网信息服务，实现了检测网点之间、技术人员之间、技术人员与管理人员之间、检测终端与云服务器之间等多方面的信息连接，使远程会诊诊断服务、无损云检测服务和无损云监测服务等能够有效地实施。

### 6.5.3 智能云检测和云监测

智能检测和监测，是基于国家智能制造产业的发展，也是基于现代社会的发展。对于无损云检测和云监测也是如此。现代社会，大型、高速、重载、复杂是许多事物的特点。例如飞机、高铁、巨轮、大货车、大桥、大坝、核电站、化工厂、高楼等，这些大型复杂系统健康状态的监测与评估，需要有多元信息融合的智能手段。服务于智能制造体系、服务于关键设施的运维，无损云检测和无损云监测可用于事故的预测预防以及做出及时的决策，并且需要实现高效率和数据共享。这些应用就需要实现无损云检测和无损云监测的智能化体系。

实现智能检测和监测，一方面要利用大数据及其相关技术，另一方面要依赖人工智能及其相关技术。

云检测和云监测带来了大数据。大数据的分析和所起的作用，自然而然地带有智能的功能。对于大数据现象的分析，已经在 6.4.3 小节中介绍。

人工智能系统的工作能力具有三大优点：①能够代替人的工作；②具有极高的运算速度和效率；③具有不间断的工作能力。高速度和高耐力使人工智能具有高效率的巨大优势，这个优势在数据密集型、知识密集型、脑力劳动密集型的行业领域更加显得可贵。当今，图像识别、神经网络、深度学习等关键技术的飞跃进步带动了人工智能的大发展。人工智能已经崭露头角。

这里，举一个小例子。这项工作是在大亚湾核电站检测时发生的实例。涡流检测时，由缺陷产生的阻抗图与由应力引起的阻抗图常常具有非常相似的外形，只是曲线轨迹的走动方式不同。如图 6-62 所示，其中，图 6-62a 所示为通孔的阻抗图，而图 6-62b 所示为表征应力的阻抗图。当检测信号按"1→2→3→4"的路径变化时，就是缺陷产生的阻抗图。当检测信号按"3→4→1→2"路径变化时，就是应力引起的阻抗图。

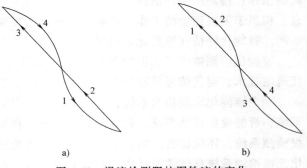

a)                    b)

图 6-62　涡流检测阻抗图轨迹的变化

a) 通孔的阻抗图　b) 表征应力的阻抗图

出现这样的情况时，现场检测人员很难确认，只看图形是无法给出准确结论的。而采用人工智能神经网络分析就轻松解决了这个问题。人工智能系统的高速度、高耐力和能够代替人的分析能力，在解决这类问题时可以充分发挥其作用。

当时，大亚湾核电站实施操作的现场检测人员利用电话线将检测数据远程传输到爱德森（厦门）电子有限公司，爱德森（厦门）电子有限公司的技术人员将数据回放，通过智能分析得出结果，再将分析结果反馈给现场检测人员。这是在我国首次实现了远程无损检测。这个例子也同时表明了智能检测和网络检测的能力和重要性。

在无损检测行业领域，人工智能会给现有的检测/监测技术带来一些颠覆性的或革命性的变化，也必将取得辉煌的成就和开辟出新的道路。

### 6.5.4　智能机器人

智能检测是基于国家智能制造发展战略的构想，即由具有语言能力的机器人取代专家提供远程"咨询"服务。机器人也可以提供其他各种服务，在无损云检测和云监测中，普通机器人和智能机器人发挥着重要的作用。现在，新开发的无损检测机器人形式多样。智能无损检测机器人主要用于操作者难以进入或接近的场合，如管道内部、高建筑物、大桥的钢缆、水下、高低温环境、有毒容器内部、核反应堆等。智能无损检测机器人用于检测工作，很少用于监测工作。然而，对于无损云检测和云监测系统，日常的巡检、例行的定期检查、不定期检查以及事故或危险发生前后的突击检查，都将纳入系统之中。而这些检查，都是智能机器人的用武之地。检测到的数据都融汇到云检测和云监测的监控和监测的大数据中。因此，智能机器人在无损云检测和云监测中有着重要的地位。

在第 4 章中已经介绍了几种智能无损检测机器人的应用，那里的侧重点是应用，而这里的侧重点是智能。

1999 年，笔者曾见到一个检测涡轮叶片的专用机器人。这个所谓机器人，实际上是一个高级的超声 C 扫描系统。该系统工作时，先将超声探头环绕叶片扫查一遍，通过扫查时获得的数据，系统认知并记忆了被检查叶片的形状。然后，重新扫查和检测，在这次扫查过程中，将超声探头的轴线始终保持在叶片的法线方向。尽管很原始，但这个系统还是具有了上面所介绍的人工智能系统的五大基本功能，即自感知、自学习、自适应、自决策和自执行基本功能。但是，这个机器人只是智能地实施了超声检测的正确操作，而没有对获得的数据进行分析。而后者往往更加重要。因此，也可以说，这类自动或半自动性质的检测系统，并非真正的智能化检测系统，但是它们是超声智能化检测的前驱。

从智能化的角度来分，智能机器人有三个层次，分别为智能机械运动、智能检测和智能分析。其中，能够做智能机械运动是智能机器人的基本功能。智能机械运动主要依赖机器人的视觉功能和定位功能，利用微型 CCD 摄像机和位置传感器等获取环境信息，由智能化的系统控制器操纵一些行走执行机构完成机械运动。完成智能化的操控由一系列的算法和相应的软件完成。随着车辆自动驾驶技术的完善，这方面的软硬件技术已经相当成熟。获取环境信息也可以利用机器人的听觉功能和触觉功能。听觉功能和触觉功能由相应的传感器实现。这一层次的智能机器人只能完成非常简单的无损检测操作，例如机器视觉等操作。一般来说，实现机器视觉的微型 CCD 摄像机与完成机械运动操控的微型 CCD 摄像机应当是分开的，但也可以分时操作共用一台微型 CCD 摄像机。

能够实施智能检测是使用智能检测机器人的主要目的。在智能机械运动的功能之上，这类智能机器人还能够智能化地操控一个或一群检测探头，实施智能无损检测。由于无损检测的原理和方法多种多样，相应地有着很多不同的无损检测技术。而不同的无损检测技术，对于检测探头的操控要求，可能会有着比较大的差异。加上检测对象也往往有着比较大的差异，因此，智能检测机器人往往是专用的。这就导致了目前智能检测机器人种类繁多，外形各异。实现智能操控检测探头的软硬件技术，除了能够使检测探头到达正确和准确的位置，还必须具有判断检测探头是否处于正常工作状态的功能和纠错功能。工作状态是否正常的智能判断和使工作状态恢复正常和保持正常的智能操作是智能检测机器人的必备功能。此外，在完成检测工作时，温度、湿度等多种环境信息也常常需要采集和存储，并且要保证环境信息数据和检测数据的同时性。检测到的数据常常用大容量的存储介质保存，用于检测后实施处理。检测数据也可以用有线或无线的方式实时地传送到无损云检测和无损云监测平台。此外，根据业务需要或管理者的需要，可以去除机械移动的功能，将智能检测机器人"固化"在所需监测的位置。

能够实施智能分析是智能机器人的最高层次。目前，并非所有的智能检测机器人都拥有这项功能。这类智能检测机器人能够对检测数据实时或准实时地实施初步的分析和处理，获取检测结论；有的还能够发出反馈信息去操控被检测对象的某些运作。显然，这类智能检测机器人的智能化程度要比前两个层次的检测机器人高出很多。智能分析的原则和判据与所采用的无损检测技术有关，而数据处理的方法和技术基本上就是各种通用的数据处理方法和技术。当检测数据可以用有线或无线的方式实时地传送到无损云检测和无损云监测平台时，由智能机器人自己分析处理检测数据的重要性就下降了。

## 6.6　云检测/监测引发的行业革命

智能的无损云检测/监测这项新技术改变了检测/监测业务的架构。无损云检测/监测计算和存储应用都运行在统一的大平台上。并且，大数据和人工智能等新技术可以使用户共享网上的资源；使用户能够根据相关基础数据，快速进行数据检索、分析和智能匹配，实现个性化需求服务；使用户能够在全球范围内实现异地、多人同时开展检测服务，方便地实施专家会诊；使用户能够获得便捷、可靠的检测服务等。

智能的无损云检测/监测会给现有的检测/监测技术带来许多颠覆性的或革命性的变化。前面讲到，无损云检测/监测带来了大数据，而大数据将带来行业革命；无损云检测/监测依赖人工智能，人工智能将带来一些革命性的变化。无损云检测/监测所导致的行业革命，主要有如下几个方面：

1）对传统的无损检测/监测技术本身带来重大的变革。无损云检测/监测将检测和监测工作转换为一种网络服务，利用云来完成最重要的任务，数据融合、数据分析和结论提取。对于检测，操作者需要完成的工作只是利用检测终端采集数据，而且可以同时使用多种检测方法去采集数据。对于监测工作，不仅仅由分布式采集到的巨量数据的分析将由云来自动融合和分析处理，而且能够自动监察各个传感器和整个系统的工作状态。这一方面使无损检测/监测工作更加有效和更加可靠，另一方面改变了维保系统的态势，改变了维保人员的思维方式和降低了对操作人员技术培训的难度。

2）对现有检测和监测仪器及其制造业带来颠覆性的革命。智能的无损云检测/监测技术不再需要现在的检测仪器，甚至也不再需要现在的网络化的检测仪器。新技术将仪器设备中对检测信号的处理、分析、评价、存储等工作集成在云端，实现不需要常规仪器的智能化检测，用户只需要握在手头的检测监测终端和付费后获得云端的服务。甚至这个终端可以只是普通的手机，仅仅下载安装了检测和监测的 App。无损云检测/监测平台可以不断扩张和不断改进，其功能不断加强。各式的智能的和非智能的传感器，它们必须具备网络连接功能，是采集数据的工具。

新型的无损检测仪器制造商必将涌现，将云、终端、传感器等作为主业。另外，制造厂从卖产品和设备变成出租产品和设备、卖服务，按照用户运行设备的时间长短来收费。运行状态可以由制造厂随时控制。

3）对现有的维保工艺带来变革。用无损云检测/监测平台实现检测和监测，现有的日常的巡检、例行的定期检查、不定期检查将向监测转移。同时，随着检测和监测耗费的下降和效率的提高，监测检查的频度也将逐步提高。监测检查频度的提高使有效数据快速增加，使监测结果更加准确可靠，进一步提高了监测的质量。这同时也将无损云检测/监测进一步推向市场，改变了维保的面貌。

4）对检测和监测服务带来重大变革。实施检测和监测都需要花费。这些花费包括金融成本和时间成本。无损云检测/监测平台的建立，用户依靠该平台就可以非常容易地实施检测和监测。智能无损检测/监测技术可以使人们随时随地实施无损检测/监测，甚至可以实现不间断地监测。用户的金融成本和时间成本被大幅度地节省而检测和监测的结果更加真实可靠。如此，用户将不再需要传统的检测和监测服务，不再需要携带着多种仪器到处奔跑的技术人员提供检测和监测服务。

这对从事检测服务的机构可能产生颠覆性的变化。实现了全方位的有效监测，抽查式的、采点式的检测服务就有可能不再需要。而且，建立了云检测和监测服务平台，如果服务好，成本比原来更低，其服务区域就可能成为其专属领地，其他服务商来插足就会比较困难。

5）对现有的检测和监测系统带来革命性的变革。无损云检测/监测平台可以实现全方位无死角的检测和监测，使检测和监测系统更加强壮，有更好的鲁棒性；可以提高检测和监测效率、降低成本；可以降低野外实施检测和监测的劳动强度。

6）强烈促进传感器的研发。无损云检测/监测系统迫切需要各种适用的传感器。要求传感器小型化、抗干扰、低功耗、耐恶劣环境、长寿命，甚至要求一个传感器同时具备这些特性。这是比较难以实现的。研发在恶劣环境条件下具有长寿命的传感器却是传感器行业的短板。而这些智能传感器也是无损云检测/监测系统的迫切需求。智能传感器能够大幅度地提高系统的性能和降低系统的运行成本。巨大的需求必将产生巨大的动力，强烈地促进这些传感器的研发。

7）提供正确和准确的诊断服务。传统的状态检测和故障诊断，诊断者需根据设备当时的实际情况、现场的第一手检测数据进行分析和判断。由于专家数量有限、知识水平参差不齐，时常出现专家不能及时到位或专家判断失误的情况，造成巨大的经济损失。而基于云技术的无损云检测/监测，将设备的状态监测信息实时上传供用户共享，专家可随时随地实施故障诊断分析，进行远程诊断；系统还能够提供过往的故障诊断分析的经验和教训，以及其他相关的信息，给专家结合应用，提高了诊断的正确性和准确性。

8）促进用健康管理的理念替代传统的无损检测理念。当下，对在役设备开始实施健康管理的概念，工业无损检测与医疗非侵入检测有很多相似之处。但是，由于检测对象的不同，在检测的目的方面有很大的不同。医疗非侵入检测的目的是治病救人，而工业无损检测的目的是确保产品质量和在役物品安全使用。治病救人理念导致被检测对象可以带病生存。而确保质量和安全的目标的简单处理方式就是丢弃被检测对象。无损云检测/监测能够用数字方式动态地记录下检测数据，对设备进行实时的健康管理和健康评价，可以实现对设备的状况的动态监测和健康管理。在役设备在运行过程中时常会发生一些损伤，但是许多损伤并不会影响设备健康的运行，丢弃这些设备会有很大的经济损失。然而，不丢弃就有可能发生安全事故。智能无损云检测/监测系统能够实现实时的检测/监测和安全监控，提出何时停机维修、如何更换零部件的决策，会在保证可靠与安全的前提下，使设备寿命延长、运行成本降低。

"为人类享有更安全的物质文明"，是无损检测事业的最终目的。无损云检测和无损云监测综合了无损检测集成技术、大数据、人工智能、物联网、云计算等一系列先进技术，已经在很多领域和很多地方得到了初步的应用。无损云检测/监测关系到社会安定及城市和谐与文明，是当下世界性的朝阳产业。

"两弹一星"功勋科学家程开甲院士曾寄语无损检测同仁"科学发明无止境、无损检测有前途"。希望本书能对无损检测集成技术和无损云检测技术的发展起到积极的推动作用，为无损检测事业的后来者提供有益的参考和借鉴。

# 参 考 文 献

［1］ 林俊明，何秀堂. 云检测：检测与评价技术的发展趋势——无损检测技术的集成创新与云计算：全球华人无损检测高峰论坛论文集［C］. 厦门：2011：1-6.

［2］ 沈建中. 努力推进我国无损检测事业的发展［J］. 无损检测，2004，26（1）：2-4，33.

［3］ 林俊明. 云检测之初步实践［J］. 机械工程学报，2013，49（22）：24-28.

［4］ 林俊明. CNDT&E"云"检测与评价技术［J］. 无损检测，2012，34（6）：12-16.

［5］ 林俊明. NDT集成新技术时代的到来［J］. 无损检测，2008，30（4）：208-210.

［6］ 沈建中，林俊明. 现代复合材料的无损检测技术［M］. 北京：国防工业出版社，2016.

［7］ 任吉林，林俊明. 电磁无损检测［M］. 北京：科学出版社，2008.

［8］ 任吉林，林俊明. 金属磁记忆检测技术［M］. 北京：中国电力出版社，2000.

［9］ 沈建中. 近代声学研究和应用［J］. 物理教学，2002（24）：2-6.

［10］ 沈建中. 超声成像技术及其在无损检测中的应用［J］. 无损检测，1994，16（7）：202-206.

［11］ 林俊明. 电磁（涡流）检测设备的研究现状及发展趋势［J］. 南昌航空大学学报，2007，（21）：59-62.

［12］ LIN J M，WU L P，LI H L. Cloud Testing：Development Trend of Nondestructive Testing and Evaluation Techniques：18th World Conference on Nondestructive Testing［C］. Durban：2012：323-326.

［13］ 林俊明. 21世纪NDT新技术：金属磁记忆诊断法［J］. 华北电力技术，2000（9）：44-45.

［14］ 沈建中，张守玉，应崇福. 兰姆波在自由端面上的反射［J］. 声学学报，1990，15（5）：321-328.

［15］ 耿荣生，景鹏. 绿色无损检测：NDT技术的未来发展之路［J］. 无损检测，2011，33（9）：1-7.

［16］ LIN J M，LIN F B，WANG W，et al. Development of SMART-6000 Instrument for Composite Materials Testing：18th World Conference on Nondestructive Testing［C］. Durban：2012：368-372.

［17］ 美国无损检测学会. 美国无损检测手册：电磁卷［M］.《美国无损检测》译审委员会，译. 上海：上海世界图书出版公司，1999.

［18］ 日本无损检测协会. 新非破坏检查便览［M］. 东京：日刊工业新闻社，1992.

［19］ 林俊明，林发炳，林春景，等. EEC-2008net电磁/超声网络智能检测系统的研制［J］. 无损检测，2010，32（8）：637-640.

［20］ 陈健，王琪，吴宇坤，等. EEC-2001net涡流检测数据网络分析处理系统［J］. 无损检测，2003，25（5）：276-278.

［21］ 沈功田，戴光，刘时风. 中国声发射检测技术发展：学会成立25周年纪念［J］. 无损检测，2013，35（6）：302-307.

［22］ 沈建中. 超声智能化检测与评估. 中国无损检测学会第十一届年会专题报告［R］. 上海：2018.

［23］ 林俊明. 电磁（涡流）检测技术现状及发展趋势［J］. 航空制造技术，2004（9）：40-41.

［24］ 耿荣生，景鹏. 航空装备无损检测技术现状及发展趋势［J］. 航空制造技术，2012（12）：55-59.

［25］ 应崇福，张守玉，沈建中. 超声在固体中的散射［M］. 北京：国防工业出版社，1994.

［26］ 沈建中，李明轩，应崇福. 固体中带状裂缝散射声场的光弹法观测［J］. 中国科学（A辑）1986（4）：399-407.

［27］ 郭成彬. 超声检测中的结构噪声［J］. 应用声学，1998（4）：1-5.

［28］ 徐可北，周俊华. 涡流检测［M］. 北京：机械工业出版社，2004.

［29］ 林俊明. 第一专题 多频涡流检测原理及应用［J］. 无损检测，1996，18（1）：23-26.

［30］ 徐滨士，董世运，等. 激光再制造［M］. 北京：国防工业出版社，2016.

[31] 李家伟，陈积懋. 无损检测手册 [M]. 北京：机械工业出版社，2002.

[32] 塔巴克. 数学和自然法则 [M]. 王辉，胡云志，译. 北京：商务印书馆，2008.

[33] 珀尔，麦肯齐. 为什么：关于因果关系的新科学 [M]. 江生，于华，译. 北京：中信出版集团，2019.

[34] 王喜文. 机器人+战略行动路线图 [M]. 北京：机械工业出版社，2016.

[35] 谢诺夫斯基. 深度学习 [M]. 姜悦兵，译. 北京：中信出版集团，2019.

[36] 付刚强，郑勇，景鹏，等. 内窥涡流一体化综合检测仪研制及在某航空发动机上的应用 [J]. 无损检测，2010，32（2）：134-137.

[37] 李彦宏. 智能革命 [M]. 北京：中信出版集团，2017.

[38] 林俊明，林发炳，林春景，等. 网络无损检测集成技术在核电设备检测中的应用 [J]. 无损检测，2009，31（11）：851-854，922.

[39] 吴军. 数学之美 [M]. 北京：人民邮电出版社，2014.

[40] 林俊明. 声脉冲/多频涡流检测仪的研制 [J]. 华北电力技术，2000（5）：23-24.

[41] 沈建中. 无损检测的几个热点问题和技术 [J]. 无损检测，2005，27（1）：24-26，46.

[42] 日经 BP 社. 黑科技：驱动世界的 100 项技术 [M]. 艾薇，译. 北京：东方出版社，2018.

[43] 李杰，邱伯华，刘宗长，等. CPS 新一代工业智能 [M]. 上海：上海交通大学出版社，2017.

[44] 沈建中. 超声探伤灵敏度与灵敏度上限 [J]. 无损检测. 2002，24，（10）：418-421.

[45] 林俊明，李寒林. 铁磁性材料的涡流与磁记忆集成检测研究 [J]. 无损探伤，2010，34（2）：46-47.

[46] 张鹏智，应崇福，沈建中. 光激超声的热弹纵波对先驱脉冲的影响：第四届全国光声光热学术会议论文集 [C]. 北京：1994.

[47] 林俊明. 钢管涡流检测技术和 EEC 数字式探伤仪简介 [J]. 无损检测，1995，17（10）：278-280.

[48] 蒋福棠，何双起，沈建中. 兰姆波探伤中一些问题的探讨 [J]. 材料工程，1996，（10）：29-31.

[49] 张鹏智，应崇福，沈建中. 金属材料中激光超声的指向性研究：中国声学学会 1997 年青年学术会议论文集 [C]. 哈尔滨：1997：174-179.

[50] ZHANG S Y, SHEN J Z, YING C F. The Reflection of the Lamb Wave by a Free Plate Edge: Visualization and Theory [J]. Material Evaluation, 1988, 46: 638-641.

[51] 林俊明，沈建中，张开良，等. 掌上型声振检测仪的研制 [J]. 无损探伤，2008，32（4）：15-17.

[52] 林俊明，谭大基，周昌智. 强发射及高精度超声探伤仪对复合材料的检测 [J]. 测试技术学报，2009（23）：153-156.

[53] 邬冠华，林俊明，任吉林，等. 声振检测方法的发展 [J]. 无损检测，2011，33（2）：35-41.

[54] 沈建中，邓京军，钮金真. 各向异性弹性介质中声速的普适解析表达式 [J]. 声学技术，2002（21）：211-212.

[55] 林俊明，林春景. EEC-40B 金属材质涡流检测仪的研制与应用 [J]. 无损探伤，1994，18（3）：34-35.

[56] 林俊明，林春景. 智能多用途全数字式涡流频谱分析检测仪 [J]. 无损检测，1993，15（12）：334-337.

[57] 邓京军，沈建中. 迈克尔逊型激光差频超声接收的研究 [J]. 声学技术，2002，21：213-214.

[58] 蔡桂喜，沈建中，沙高峰，等. 细长工件轴向超声检测中迟到波形成机制及其特性 [J]. 无损检测，2018，40（7）：1-9.

[59] 邱长春，张碧星，沈建中. 高速铁路路基声学无损检测方法研究——泛在信息社会中的声学：中国声学学会 2010 年全国会员代表大会暨学术会议论文集 [C]. 哈尔滨：2010：166-167.

[60] 李长征，师芳芳，沈建中，等. LFM 信号检测混凝土缺陷的数值模拟：中国声学学会物理声学分会

论文集 [C]. 通辽：2012：13-14.

[61] FENG F L, SHEN J Z, DENG J J. A 2D Equivalent Circuit of Piezoelectric Ceramic Ring for Transducer Design [J]. Ultrasonics, 2006, 44 (8)：723-726.

[62] 凤飞龙，沈建中，邓京军. 压电振子径厚耦合振动的二维等效电路研究 [J]. 压电与声光，2006，28 (3)：357-359.

[63] SHEN J Z, DENG J J, JIA Y, et al. Guide Wave Pulse in Thick Plate：WCU-UI 2005 [C]. Beijing：2005.

[64] 沈功田，耿荣生，刘时风. 声发射信号的参数分析方法 [J]. 无损检测，2002，24 (2)：72-77.

[65] 沈建中. 超声无损检测应用和展望——纪念无损检测学会成立二十五年：2003 苏州无损检测国际会议论文集 [C]. 苏州：2003：71.

[66] FENG F L, SHEN Z Z, SHEN J Z. Scattering of Obliquely Incident Waves by Straight Features in a Plate [J]. Wave Motion, 2016 (60)：84-94.

[67] 邓晖，沈建中. 液体中币形气隙散射声场特征：指向性与频率特性研究 [J]. 自然科学进展，2001，11 (12)：1252-1257.

[68] 邹阿金，沈建中. 正弦基函数神经网络滤波器设计 [J]. 长沙电力学院学报（自然科学版），2001，16 (2)：16-18.

[69] 林俊明，林发炳，林春景. 无损检测新技术：磁记忆效应原理与应用 [J]. 石油矿场机械，2000 (5)：42-44.

[70] 邹阿金，沈建中. 傅立叶神经网络建模研究 [J]. 湘潭大学自然科学学报，2001，23 (2)：23-26.

[71] 邹阿金，沈建中. 基于 Chebyshev 神经网络的非线性预测应用研究 [J]. 计算机应用，2001，21 (4)：14-15.

[72] 邹阿金，成继勋，沈建中. 基于 Chebyshev 神经网络的衍生算法 [J]. 湘潭矿业学院学报（自然科学版），2001，16 (1)：76-78.

[73] SHEN J Z, NIU J Z, ARNOLD W. The Group Velocities of Anisotropic Media as a Function of Their Propagation Direction：5th International Conference on Theoretical and Computational Acoustics [C]. Beijing：2001，471-477.

[74] DENG H, SHEN J Z. Directivity and Frequency Property of Scattering Ultrasonic Field by a Penny-shaped Crack：5th International Conference on Theoretical and Computational Acoustics [C]. Beijing：2001：419-427.

[75] FENG F L, SHEN J Z, DENG J J. The Scattering matrices of Lamb Waves at Multiple Delaminations and Broken Laminates [J]. NDT & E International, 2012 (49)：64-70.

[76] 沈建中，李宗津，张之勇. 土木工程中的无损检测技术及其应用 [J]. 无损检测，2000，22 (11)：497-504.

[77] 沈建中，PAUL M，ARNOLD W. 用从单一表面测得的群速度数据重构弹性常数：2000 年全国声学检测学术会议 [C]. 武汉：2000：2-6.

[78] 谢宝忠，陈铁群，林俊明，等. 任意激励波形的涡流检测系统设计 [J]. 无损检测，2007，29 (4)：173-176，192.

[79] 林俊明，李寒林，戴永红，等. 航空发动机振动与油液监测技术研究 [J]. 无损探伤，2019，43 (3)：11-14，50.

[80] 李冬，林俊明，许贵平，等. 涡流检测对管材槽和孔人工缺陷灵敏度的对比 [J]. 无损检测，2016，38 (7)：28-30.

[81] 熊婧，林俊明，李冬，等. 压水堆核电站燃料棒氧化膜厚度涡流检测技术研究 [J]. 科技视界，2015 (22)：12-13，15.

[82] 林俊明，李寒林，赵晋成，等. 阵列涡流检测特高压输变电塔法兰的应用研究 [J]. 失效分析与预防，2013，8（2）：84-87.

[83] 任吉林，林俊明，任文坚，等. 金属磁记忆检测技术研究现状与发展前景 [J]. 无损检测，2012，34（4）：3-11.

[84] 蔡桂喜，刘畅，林俊明，等. 精密管棒材数字成像无损探伤和测量系统 [J]. 无损检测，2012，34（4）：17-21.

[85] 林俊明. 浅析多频涡流与脉冲涡流检测技术间的关系 [J]. 无损检测，2012，34（3）：1-3，29.

[86] 林俊明. 浅析钢管涡流探伤之相位分辨 [J]. 无损检测，2012，34（2）：2-4，10.

[87] 林俊明. 电磁无损检测技术的发展与新成果 [J]. 工程与试验，2011，51（1）：1-5，29.

[88] 李寒林，林金表，蔡振雄，等. 船用钢板漏磁检测的三维有限元分析 [J]. 集美大学学报（自然科学版），2010，15（6）：458-460.

[89] 张开良，张晓军，林俊明，等. 大直径空心轴类超声探伤系统 [J]. 无损检测，2010，32（9）：741-743，746.

[90] 林俊明，林发炳，林春景. 基于脉冲涡流的带保温层管壁腐蚀电磁检测系统 [J]. 无损探伤，2010，34（1）：44-46.

[91] 林俊明，谭大基，黄盛，等. 多通道数字超声检测仪的研制 [J]. 无损探伤，2009，33（6）：46-48.

[92] 赵秀梅，熊瑛，林俊明. 篦齿盘均压孔裂纹涡流检测方法研究 [J]. 无损探伤，2008，32（1）：9-12.

[93] 林俊明，林发炳，林春景. 隔热层下钢管壁厚脉冲涡流检测系统 [J]. 无损探伤，2006，30（6）：26-27，42.

[94] 林俊明，林发炳，林春景，等. 一种快速测定矿粉中金属含量的方法与装置 [J]. 无损检测，2006，28（8）：416-418.

[95] 林俊明. 漏磁检测技术及发展现状研究 [J]. 无损探伤，2006，30（1）：1-5，11.

[96] 林俊明，林春景，余兴增，等. 基于以太网的涡流测试系统 [J]. 无损检测，2005，27（12）：624-625，660.

[97] 林俊明，李同滨，雷洪，等. 涡流旋转扫描技术在螺栓孔及内螺纹孔探伤中的应用 [J]. 无损探伤，2005，29（5）：28-31.

[98] 林发炳，黄凯明，林俊明. 涡流在线检测中的快速去噪法应用研究 [J]. 无损检测，2005，27（1）：9-11.

[99] 林俊明，张开良，林发炳，等. 焊缝表面裂纹涡流检测技术 [J]. 中国锅炉压力容器安全，2004，20（6）：33-36.

[100] 林俊明，张开良，余兴增，等. 基于 USB 接口的多通道金属磁记忆检测仪 [J]. 无损探伤，2004，28（4）：32-33，6.

[101] 黄建明，林俊明. 焊缝电磁涡流检测技术 [J]. 无损检测，2004，26（2）：95-98.

[102] 林俊明，张开良，林发炳，等. 焊缝裂纹快速检测与深度测量 [J]. 无损探伤，2003，27（6）：35-38.

[103] 林俊明，余兴增，任吉林. 智能涡流传感器 [J]. 无损探伤，2003，27（5）：36-37.

[104] 林俊明，余兴增，林春景，等. 基于小波分析的涡流信号去噪处理 [J]. 无损检测，2003，25（5）：257-259.

[105] 王琪，王志武，陈健，等. 应用涡流检测原理实现裂纹快速测探 [J]. 石油矿场机械，2002（6）：59-60.

[106] 盛民，林俊明. 金属磁记忆诊断技术及其对电站高温高压螺栓的检测 [J]. 山东电力技术，2002

（6）：49-51.

[107]　林俊明，余兴增，林春景，等. 多通道金属磁记忆数据分析处理系统 [J]. 无损检测，2002，24
（11）：492-493，505.

[108]　陈健，方松利，吴宇坤，等. DSP 技术在涡流信号处理中的应用 [J]. 无损探伤，2002，26（5）：
31-33.

[109]　林俊明，林发炳，林春景，等. EMS-2000 金属磁记忆诊断仪的研发 [J]. 无损检测，2002，24
（4）：168-170.

[110]　林俊明，林发炳，林春景. 再谈智能高速在线涡流探伤系统的研发 [J]. 无损检测，2002，24
（3）：108-109.

[111]　林俊明，曲民兴，李同滨. 低频电磁/涡流无损检测技术的研究 [J]. 无损探伤，2002，26（1）：
30-32.

[112]　钱其林，高海良，张辉华，等. 船用钢板焊缝的金属磁记忆检测技术原理与应用 [J]. 造船技术，
2002（1）：27-28，33.

[113]　林俊明，李同滨，林发炳，等. 相控阵涡流传感器的研制及其应用 [J]. 无损检测，2002，24
（1）：9-11.

[114]　钱其林，林俊明. 船用钢板裂纹涡流快速测深方法的研究 [J]. 无损探伤，2001，25（6）：33-
34，25.

[115]　林俊明，林发炳. 新型带接箍油管全自动涡流探伤系统 [J]. 石油矿场机械，2001（5）：49-51.

[116]　林俊明，余兴增，林春景. 金属磁记忆诊断仪数据分析处理系统 M3DPS [J]. 无损检测，2001，
23（7）：286-288.

[117]　林俊明，余兴增，林春景，等. 小波分析在声脉冲信号处理中的应用 [J]. 无损探伤，2001，23
（3）：34-35，23.

[118]　林俊明，李同滨，林发炳，等. 阵列涡流探头在钢管探伤中的实验研究 [J]. 钢管，2001（3）：
39-40.

[119]　林俊明，林春景，林发炳，等. 基于磁记忆效应的一种无损检测新技术 [J]. 无损检测，2000，
22（7）：297-299.

[120]　林俊明，林发炳，林春景，等. 相位放大技术在远场涡流检测中的应用 [J]. 无损检测，1999，
21（8）：359-361.

[121]　林俊明，陈健，董振军，等. 智能全数字声脉冲管道检漏仪的研制和应用 [J]. 无损探伤，1999，
23（2）：10-11，21.

[122]　林俊明，林发炳，林春景，等. 汽轮机转子中心孔涡流探伤 [J]. 无损检测，1999，21（4）：165-
167，183.

[123]　李同滨，林俊明. 汽轮机叶片涡流探伤方法的实验研究 [J]. 无损检测，1998，20（2）：41-
44，49.

[124]　林俊明. 钢管水压试验和涡流探伤的可靠性比较 [J]. 焊管，1997（4）：59-61，64.

[125]　林俊明，林春景，陈开惠. 多频多通道数字涡流检测仪的研制与应用 [J]. 热力发电，1996（2）：
60-61.

[126]　林俊明，田鸿立. 多频数字涡流检测技术在电力系统中的应用 [J]. 电力建设，1995（6）：5-
7，11.

[127]　陈开惠，陈国平，陈健，等. 核电站凝汽器钛管的涡流在役检测 [J]. 无损检测，1995，17（3）：
79-80.

[128]　林俊明，张开良. EEC-12 型智能便携式金属质量检测仪的研制与应用 [J]. 无损探伤，1994，18
（4）：42-43.

[129]　ZENG Z W, WANG J J, LIU X H, et al. Detection of Fiber Waviness in CFRP Using Eddy Current Method [J]. Composite Structures, 2019, 229: 111411. 1-111411. 6.

[130]　LIN J M, LIN F B, LIN C J, et al. Nondestructive Testing New Technology of 21 Century Magnetic Memory Metal Diagnostic Technique. Proceedings of Ⅲ International Symposium on Tribo-Fatigue [C]. Shanghai: 2000: 65-68.

[131]　YANG J, JIAO S, ZENG Z, et al. Skin Effect in Eddy Current Testing with Bobbin Coil and Encircling Coil [J]. Progress in Electromagnetics Research, 2018, 65: 137-150.

[132]　HUANG F Y, ZHOU Z G, LIN J M. A New Testing Method Combining EMAT with Eddy Current: CD Proceedings of 17th World Conference on Nondestructive Testing [C/CD]. Shanghai: 2008: CD-papers-197. pdf.

[133]　LIN J M. The Advent of Age with Integrated NDT Technology: CD Proceedings of 17th World Conference on Nondestructive Testing [C/CD]. Shanghai: 2008: CD-papers-614. pdf.

[134]　LIN J M, REN J L. NDT Integrated Technology Based on Computer Network: CD Proceedings of 17th World Conference on Nondestructive Testing [C/CD]. Shanghai: 2008: CD-papers-576. pdf.

[135]　LIN J M, REN J L, LU B. The NDT Study of Metal Composite Material Tube: CD Proceeding of 17th World Conference on Nondestructive Testing [C/CD]. Shanghai: 2008: CD-papers-575. pdf.

[136]　LIN J M, LIN F B, LIN C J. Research & Development of Integrated MMM/EC/MFL Testing System: CD Proceedings of 17th World Conference on Nondestructive Testing [C/CD]. Shanghai: 2008: CD-papers-621. pdf.

[137]　DONG S Y, XU B S, LIN J M. A Novel NDT Method for Measuring Thickness of Brush-Electroplated Nickel Coating on Ferrous Metal Sueface: CD Proceedings of 17th World Conference on Nondestructive Testing [C/CD]. Shanghai: 2008: CD-papers-524. pdf.

[138]　LI D, XIONG J, LIN J M. Study on ET Technique to Measure Oxide Thickness of Rods for PWR: CD Proceedings of 17th World Conference on Nondestructive Testing [C/CD]. Shanghai: 2008: CD-papers-416. pdf.

[139]　林俊明. 一种基于网络化的掌上型视频、多频涡流检测终端: 2012 远东无损检测新技术论坛论文集: 下册 [C]. 合肥: 2012: 133-137.

[140]　林俊明. 发动机再制造零部件无损检测技术: 第四届世界维修大会论文集 [C]. 海口: 2008: 647-652.

[141]　李寒林, 林金表, 蔡振雄, 等. 基于漏磁方法的船用钢板缺陷检测技术: 福建省科协第八届学术年会船舶及海洋工程分会论文集 [C]. 厦门: 2018: 121-124.

[142]　全国无损检测标准化技术委员会. 无损检测　术语　磁记忆检测: GB/T 12604. 10—2011 [S]. 北京: 中国标准出版社, 2012.

[143]　全国无损检测标准化技术委员会. 无损检测　术语　涡流检测: GB/T 12604. 6—2008 [S]. 北京: 中国标准出版社, 2009.

[144]　全国无损检测标准化技术委员会. 无损检测　涡流检测　总则: GB/T 30565—2014 [S]. 北京: 中国标准出版社, 2004.

[145]　全国钢标准化技术委员会. 钢管涡流探伤检验方法: GB/T 7735—2004 [S]. 北京: 中国标准出版社, 2004.

[146]　全国无损检测标准化技术委员会. 无损检测　术语　漏磁检测: GB/T 34357—2017 [S]. 北京: 中国标准出版社, 2017.

[147]　全国试验机标准化技术委员会. 无损检测仪器　涡流-漏磁综合检测仪技术规则: GB/T 33889—2017 [S]. 北京: 中国标准出版社, 2017.

[148] 全国试验机标准化技术委员会. 无损检测仪器 涡流-磁记忆综合检测仪：JB/T 11611—2013 [S]. 北京：机械工业出版社，2014.

[149] 全国试验机标准化技术委员会. 无损检测仪器 涡流-漏磁综合检测仪：JB/T 11612—2013 [S]. 北京：机械工业出版社，2014.

[150] 全国试验机标准化技术委员化. 无损检测仪器 阵列涡流检测仪性能和检验：JB/T 11780—2014 [S]. 北京：机械工业出版社，2015.

[151] 全国试验机标准化技术委员会. 无损检测仪器 声扫频检测仪：JB/T 12545—2015 [S]. 北京：机械工业出版社，2016.

[152] 全国试验机标准化技术委员会. 无损检测仪器 涡流扫频检测仪：JB/T 12455—2015 [S]. 北京：机械工业版社，2016.

[153] 全国无损检测标准化技术委员会. 无损检测 声扫频检测方法：JBT 13157—2017 [S]. 北京：机械工业出版社，2018.

[154] 全国无损检测标准化技术委员会. 无损检测 在役非铁磁性热交换器管电磁（涡流）检测方法：JBT 13158—2017 [S]. 北京：机械工业出版社，2018.

[155] 全国无损检测标准化技术委员会. 无损检测 在役铁磁性热交换器管的远场涡流检测方法：JBT 13159—2017 [S]. 北京：机械工业出版社，2018.

[156] 全国试验机标准化技术委员会. 无损检测 超声检测 超声检测仪电性能评定：GB/T 27669—2011 [S]. 北京：中国标准出版社，2012.

[157] 全国无损检测标准化技术委员会. 无损检测 声发射检测 总则：GB/T 26644—2011 [S]. 北京：中国标准出版社，2011.

[158] 全国无损检测标准化技术委员会. 无损检测 磁记忆检测 总则：GB/T 26641—2011 [S]. 北京：中国标准出版社，2011.

[159] 全国试验机标准化技术委员会. 无损检测仪器 相控阵超声检测系统的性能与检验：GB/T 29302—2012 [S]. 北京：中国标准出版社，2013.

[160] 全国无损检测标准化技术委员会. 无损检测 绝对式涡流探头阻抗测定方法：GB/T 30820—2014 [S]. 北京：中国标准出版社，2014.

[161] 全国无损检测标准化技术委员会. 无损检测 扫频涡流检测方法：GB/T 34361—2017 [S]. 北京：中国标准出版计，2017.

[162] 全国无损检测标准化技术委员会. 无损检测 电磁超声检测 总则：GB/T 34885—2017 [S]. 北京：中国标准出版社，2017.

[163] 全国试验机标准化委员会. 无损检测仪器 涡流检测设备 第1部分：仪器性能和检验：GB/T 14480.1—2015 [S]. 北京：中国标准出版社，2016.

[164] 全国试验机标准化技术委员会. 无损检测仪器 涡流检测设备 第2部分：探头性能和检验：GB/T 14480.2—2015 [S]. 北京：中国标准出版社，2016.

[165] 全国试验机标准化技术委员会. 无损检测仪器 抽样、出厂检验、型式检验基本要求：GB/T 33885—2017 [S]. 北京：中国标准出版社，2017.

[166] 全国无损检测标准化技术委员会. 无损检测 适形阵列涡流检测导则：GB/T 34362—2017 [S]. 北京：中国标准出版社，2017.

[167] 全国无损检测标准化技术委员会. 无损检测 非铁磁性金属电磁（涡流）分选方法：GBT 35393—2017 [S]. 北京：中国标准出版社，2018.

[168] 全国无损检测标准化技术委员会. 无损检测 电导率电磁（涡流）测定方法：GBT 35392—2017 [S]. 北京：中国标准出版社，2018.

[169] 全国无损检测标准化技术委员会. 无损检测 涡流检测数字图像处理与通信：GBT 37540—2019

[S]．北京：中国标准出版社，2019．

[170]　全国无损检测标准化技术委员会．无损检测　基于复平面分析的焊缝涡流检测：JBT 10658—2006 [S]．北京：中国标准出版社，2007．

[171]　全国试验机标准化技术委员会．无损检测仪器　多频涡流检测仪：JB/T 11259—2011 [S]．北京：机械工业出版社，2012．

[172]　全国试验机标准化技术委员会．无损检测仪器　声脉冲检测仪：JB/T 11260—2011 [S]．北京：机械工业出版社，2012．

[173]　全国试验机标准化技术委员会．无损检测仪器　单通道声阻抗检测仪：JB/T 11277—2012 [S]．北京：机械工业出版社，2012．

[174]　全国试验机标准化技术委员会．无损检测仪器　线阵列涡流探头：JB/T 11279—2012 [S]．北京：机械工业出版社，2012．

[175]　全国试验机标准化技术委员会．无损检测仪器　金属磁记忆检测仪技术条件：JB/T 11605—2013 [S]．北京：机械工业出版社，2014．

[176]　全国试验机标准化技术委员会．无损检测仪器　金属磁记忆检测仪性能试验方法：JB/T 11606—2013 [S]．北京：机械工业出版社，2014．

[177]　全国试验机标准化技术委员会．无损检测仪器　声振检测仪：JB/T 11609—2013 [S]．北京：机械工业出版社，2014．

[178]　全国试验机标准化技术委员会．无损检测仪器　数字超声检测仪技术条件：JB/T 11610—2013 [S]．北京：机械工业出版社，2014．

[179]　全国无损检测标准化技术委员会．无损检测　铁磁性金属电磁（涡流）分选方法：GB/T 35385—2017 [S]．北京：机械工业出版社，2018．

[180]　全国无损检测标准化技术委员会．无损检测　超声探头通用规范：JB/T 12466—2015 [S]．北京：机械工业出版社，2016．

[181]　全国试验机标准化技术委员会．无损检测仪器　试样　通用技术条件：JB/T 12726—2016 [S]．北京：机械工业出版社，2017．

[182]　全国试验机标准化技术委员会．无损检测仪器　试样　第3部分：电磁（涡流）检测试样：JB/T 12727.3—2016 [S]．北京：机械工业出版社，2017．

[183]　全国试验机标准化技术委员会．无损检测仪器　涡流检测仪用变阵列探头：JB/T 13150—2017 [S]．北京：机械工业出版社，2017．

[184]　全国无损检测标准化技术委员会．无损检测　电工用再拉制铜棒电磁（涡流）检测方法：JB/T 13155—2017 [S]．北京：机械工业出版社，2018．

[185]　全国无损检测标准化技术委员会．无损检测　扫描激光激励超声场可视化检测方法：JB/T 13467—2018 [S]．北京：机械工业出版社，2018．

[186]　全国无损检测标准化技术委员会．无损检测　涡流-磁记忆集成检测方法：JB/T 13468—2018 [S]．北京：机械工业出版社，2018．

[187]　全国无损检测标准化技术委员会．无损检测　涡流检测　对比试块：JB/T 13469—2018 [S]．北京：机械工业出版社，2018．

[188]　全国试验机标准化技术委员会．无损检测　涡流检测设备　第3部分：系统性能和检验：GB/T 14480.3—2008 [S]．北京：机械工业出版社，2018．

[189]　全国无损检测标准化技术委员会．无损检测　在线油液金属磨粒电磁监测方法：JB/T 13471—2018 [S]．北京：机械工业出版社，2018．

[190]　全国钢标准化技术委员会．钢管自动超声探伤系统综合性能测试方法：YB/T 4082—2011 [S]．北京：冶金工业出版社，2012．

[191] 全国钢标准化技术委员会. 钢管自动涡流探伤系统综合性能测试方法：YB/T 4083—2011 [S]. 北京：冶金工业出版社，2012.

[192] 全国钢标准化技术委员会. 涡流探伤信号幅度误差测量方法：YB/T 143—2013 [S]. 北京：冶金工业出版社，2013.

[193] 全国钢标准化技术委员会. 超声探伤信号幅度误差测量方法：YB/T 144—2013 [S]. 北京：冶金工业出版社，2013.

[194] 全国钢标准化技术委员会. 黑色金属电磁（涡流）分选检验方法：YB/T 127—2014 [S]. 北京：冶金工业出版社，2014.

[195] 电力行业电站金属材料标准化技术委员会. 汽轮机发电机组转子中心孔检验技术导则：DL/T 717—2000 [S]. 北京：中国电力出版社，2000.

[196] 电力行业电站金属材料标准化技术委员会. 电站在役给水加热器铁磁性钢管远场涡流检验技术导则：DL/T 883—2004 [S]. 北京：中国电力出版社，2004.

[197] 电力行业电站金属材料标准化技术委员会. 汽轮机叶片涡流检验技术导则：DL/T 925—2005 [S]. 北京：中国电力出版社，2005.

[198] 电力行业电站金属材料标准化技术委员会. 热交换器管声脉冲检测技术导则：DL/T 937—2005 [S]. 北京：中国电力出版社，2005.

[199] 电力行业电站金属材料标准化技术委员会. 电站锅炉集箱小口径接管座角焊缝 无损检测技术导则 第 3 部分：涡流检测：DL/T 1105.3—2010 [S]. 北京：中国电力出版社，2010.

[200] 电力行业电站金属材料标准化技术委员会. 在役冷凝管非铁磁性管涡流检测技术导则：DL/T 1451—2015 [S]. 北京：中国电力出版社，2015.

[201] 全国锅炉压力容器标准化技术委员会. 承压设备无损检测 第 6 部分：涡流检测：NB/T 47013.6—2015 [S]. 北京：新华出版社，2015.

[202] 全国锅炉压力容器标准化技术委员会. 承压设备无损检测 第 12 部分：漏磁检测：NB/T 47013.12—2015 [S]. 北京：新华出版社，2015.

[203] 全国锅炉压力容器标准化技术委员会. 承压设备无损检测 第 13 部分：脉冲涡流检测：NB/T 47013.13—2015 [S]. 北京：新华出版社，2015.

[204] 爱德森（厦门）电子有限公司. 一种基于云计算的无损检测系统：201110310778.9 [P]. 2014-03-12.

[205] 爱德森（厦门）电子有限公司. 一种基于无线网络的多功能集成非破坏检测传感器：201210242159.5 [P]. 2015-11-04.

[206] 林俊明，沈建中. 一种新型声学无损检测方法：200810071250.9 [P]. 2011-11-09.

[207] PII（加拿大）有限公司. 集成多传感器无损检测：CN102159944A [P]. 2015-04-01.

[208] 林俊明. 一种利用改变激励模式来实现不同方式电磁检测的方法：200810070765.7 [P]. 2010-12-01.

[209] 林俊明. 一种基于时间闸门的脉冲涡流无损检测方法：200910111030.9 [P]. 2011-12-14.

[210] 爱德森（厦门）电子有限公司. 一种人体金属异物快速扫描的安全检测装置及方法：201710333715.2 [P]. 2018-12-21.

[211] 郭尧杰，林俊明. 一种检测与重建生物物理场的方法：200510044845.1：[P]. 2009-02-25.

[212] 爱德森（厦门）电子有限公司. 铁芯与铁氧体芯合成多功能电磁检测传感器及其检测方法：201310417274.6 [P]. 2015-12-02.

[213] 林俊明，林昌健，林发炳. 一种钢筋混凝土钢筋原位监测装置及方法：201610076561.9 [P]. 2018-06-29.

[214] 林俊明. 一种金属板漆层固化度检测方法：200910111389.6 [P]. 2011-12-14.

[215]　北京中研国辰测控技术有限公司. 铁路作业安全警示方法和系统：200910302532.X［P］. 2013-01-02.

[216]　爱德森（厦门）电子有限公司. 一种基于阵元线圈的变阵列涡流仪器设计方法：201210318231.8［P］. 2015-07-29.

[217]　爱德森（厦门）电子有限公司. 一种提高发动机油液金属磨粒在线监测精度的方法及装置：201210326744.3［P］. 2014-08-27.

[218]　爱德森（厦门）电子有限公司. 一种双振弦式应变计：201610777219.1［P］. 2018-08-03.

[219]　爱德森（厦门）电子有限公司. 一种磁悬液浓度含量标定样本：201210334808.4［P］. 2015-02-18.

[220]　爱德森（厦门）电子有限公司. 一种基于交联式差动检测原理的无方向性电磁检测传感器：201210373577.8［P］. 2014-12-03.

[221]　爱德森（厦门）电子有限公司. 一种旋转涡流检测干扰信号补偿方法：201210373576.3［P］. 2014-12-03.

[222]　林俊明. 一种以手指触觉为辅助手段的涡流检测方法及装置：200910300769.4［P］. 2011-12-14.

[223]　爱德森（厦门）电子有限公司. 非线性超声检测仪模拟放大电路的实现方法及装置：201210459078.0［P］. 2015-02-25.

[224]　林俊明. 一种透过保温层/包覆层对金属管道腐蚀状况检测的方法：200410024468.0［P］. 2008-07-23.

[225]　爱德森（厦门）电子有限公司. 一种超声波探头扩散角自动测定装置：201210589322.5［P］. 2015-01-21.

[226]　爱德森（厦门）电子有限公司. 一种在用钢轨的自动化电磁无损检测方法及装置：201310003312.3［P］. 2015-02-11.

[227]　爱德森（厦门）电子有限公司. 一种利用隧道气压变化的电磁充电装置：201310031583.X［P］. 2015-04-22.

[228]　爱德森（厦门）电子有限公司. 一种在用钢轨的涡流电控扫查监测方法及装置：201310048667.4［P］. 2015-07-15.

[229]　爱德森（厦门）电子有限公司. 一种检测在役道岔尖轨的卡片式电磁传感器及检测方法：201310151911.X［P］. 2015-08-05.

[230]　爱德森（厦门）电子有限公司. 一种声学推挽式激励接收检测方法：201310233042.5［P］. 2015-06-17.

[231]　北京中研国辰测控技术有限公司. 一种道岔尖轨与基轨密贴间距的监测方法：201310269246.4［P］. 2016-01-20.

[232]　北京中研国辰测控技术有限公司. 一种在役钢轨踏面鱼鳞裂纹的涡流视频综合检测评估方法：201310269247.9［P］. 2016-09-07.

[233]　爱德森（厦门）电子有限公司. 一种提高金属表面裂纹涡流检测极限灵敏度的方法：201310417181.3［P］. 2016-01-13.

[234]　爱德森（厦门）电子有限公司. 一种脉冲波与连续波交替激励的超声检测方法：201310417068.5［P］. 2015-10-07.

[235]　爱德森（厦门）电子有限公司. 一种采用记忆材料对复杂形体精确定位检测的装置及方法：201310417067.0［P］. 2016-02-10.

[236]　徐滨士, 董世运, 林俊明. 一种铁基体上镍镀层的无损测厚方法：200610069899.8［P］. 2011-05-11.

[237]　爱德森（厦门）电子有限公司. 一种曲率变化的曲面金属表面覆盖层厚度的涡流测厚方法：

201310706493.6［P］. 2017-01-25.

［238］　爱德森（厦门）电子有限公司. 一种采用多个频率同时励磁提高磁粉探伤能力的设计方法：
201410024547.5［P］. 2016-08-24.

［239］　爱德森（厦门）电子有限公司. 一种用谐振频率变化提高涡流检测极限灵敏度的设计方法：
201410041619.7［P］. 2016-09-14.

［240］　爱德森（厦门）电子有限公司. 一种并联谐振电路电容检测非金属材料不连续性的方法：
201410199777.5［P］. 2016-07-27.

［241］　爱德森（厦门）电子有限公司. 一种带涂层铁磁性金属工件非破坏应力定量检测方法：
201410205020.2［P］. 2015-10-07.

［242］　爱德森（厦门）电子有限公司. 钢丝绳输送带纵向撕裂损伤在线涡流监测方法：201410221006.1
［P］. 2016-04-13.

［243］　爱德森（厦门）电子有限公司. 一种柔性磁轭装置：201410368223.3［P］2017-6-30.

［244］　爱德森（厦门）电子有限公司. 一种直流恒磁源的设计与使用方法：201410396640.9［P］. 2016-
10-26.

［245］　爱德森（厦门）电子有限公司. 一种提高电磁超声检测精度的方法：201510084233.9［P］. 2017-
05-10.

［246］　爱德森（厦门）电子有限公司. 一种隧道气流随动阵列发电装置：201510084207.6［P］. 2017-
06-30.

［247］　爱德森（厦门）电子有限公司. 利用超声电磁原理评估金属裂纹走向与深度的装置及方法：
201510084222.0［P］. 2017-07-18.

［248］　爱德森（厦门）电子有限公司. 一种金属管棒材连续自动检测中的端头端尾监测方法：
201510187114.6［P］. 2017-06-30.

［249］　爱德森（厦门）电子有限公司. 利用声学频谱分析鉴定异形零部件连续性的装置及方法：
201510244105.6［P］. 2018-01-02.

［250］　爱德森（厦门）电子有限公司. 一种快速检测核燃料棒内进水的检测装置及方法：
201510318071.0［P］. 2017-09-19.

［251］　爱德森（厦门）电子有限公司. 一种在线电磁材质分选的方法：201510516635.1［P］. 2017-
07-28.

［252］　爱德森（厦门）电子有限公司. 一种在役金属管道及承压件安全综合监测评价方法：
201510629987.8［P］. 2017-05-31.

［253］　爱德森（厦门）电子有限公司. 一种小径管在役局部涡流扫描成像的装置及方法：
201510691833.1［P］. 2018-01-02.

［254］　爱德森（厦门）电子有限公司. 一种导电材料电导率均匀程度评估方法：201510843058.7［P］.
2017-12-05.

［255］　爱德森（厦门）电子有限公司. 一种不均匀电导率导电材料覆盖层厚度的测量装置及方法：
201510840709.7［P］. 2018-01-02.

［256］　爱德森（厦门）电子有限公司. 一种在役承压金属工件内部裂纹缺陷原位判定方法：
201510945018.3［P］. 2019-03-22.

［257］　林俊明，董世运，胡先龙. 一种在役设备原位材质检测装置及方法：201511014396.6［P］. 2018-
07-06.

［258］　爱德森（厦门）电子有限公司. 一种利用变频变磁场激励测试铁磁材料硬度特性的方法：
201511015423.1［P］. 2018-11-06.

［259］　爱德森（厦门）电子有限公司. 一种道岔专用适形阵列涡流检测装置及方法：201511014390.9

[P]. 2019-01-15.

[260] 爱德森（厦门）电子有限公司. 一种在线大口径回油管油液金属磨粒监测装置及方法：201610219585.5 [P]. 2018-03-23.

[261] 爱德森（厦门）电子有限公司. 一种金属导线材偏心度快速检测装置及方法：201610400808.8 [P]. 2019-08-13.

[262] 爱德森（厦门）电子有限公司. 一种自适应母材本体噪声变化的自动涡流探伤方法：201610636135.6 [P]. 2019-08-13.

[263] 爱德森（厦门）电子有限公司. 一种利用金属腐蚀膨胀力制作应力试件的方法：201610639592.0 [P]. 2018-10-09.

[264] 爱德森（厦门）电子有限公司. 一种自动校准涡流检测灵敏度的装置及方法：201610745372.6 [P]. 2019-04-19.

[265] 爱德森（厦门）电子有限公司. 一种自动抑制绝对式涡流检测信号漂移的装置及方法：201610745373.0 [P]. 2019-03-22.

[266] 爱德森（厦门）电子有限公司. 一种超声间隙测量方法与装置：201611129300.5 [P]. 2018-12-21.

[267] 爱德森（厦门）电子有限公司. 一种利用互感线圈矩阵测定混凝土结构形变的装置及方法：201611220212.6 [P]. 2019-02-26.

[268] 林俊明. 高速金属管、棒、线材在线探伤方法及其装置：03139148.6 [P]. 2008-01-30.

[269] 宝山钢铁股份有限公司, 爱德森（厦门）电子有限公司. 轧辊涡流检测仪的数字化仿真模拟校准装置：00127697.2 [P]. 2003-11-19.

[270] 爱德森（厦门）电子有限公司. 一种仪器的信号显示方式：00118574.8 [P]. 2004-03-17.

[271] 爱德森（厦门）电子有限公司. 在线探测热钢板居里点温度层距表面深度的方法及装置：200410023957.4 [P]. 2008-12-17.

[272] 爱德森（厦门）电子有限公司. 一种多通道车轴超声探伤探头的自动切换装置：201020136126.9 [P]. 2010-11-24.

[273] 爱德森（厦门）电子有限公司. 一种用于管/棒无损检测的多通道旋转探头装置：201020167180.X [P]. 2010-11-24.

[274] 爱德森（厦门）电子有限公司. 一种用于超声相控阵或涡流阵列的 CPCI 插板结构：201220110592.9 [P]. 2012-10-10.

[275] 爱德森（厦门）电子有限公司. 一种旋转件中电器的自供电装置：201220109353.1 [P]. 2012-10-10.

[276] 宝山钢铁股份有限公司, 爱德森（厦门）电子有限公司. 多频多通道轧辊涡流检测仪：00127838.X [P]. 2003-11-19.

[277] 爱德森（厦门）电子有限公司. 一种磁悬液浓度的在线动态实时监测装置：201220440428.4 [P]. 2013-04-17.

[278] 爱德森（厦门）电子有限公司. 在役铝合金多层复合板螺栓孔裂纹缺陷电磁检测装置：201220669832.9 [P]. 2013-06-19.

[279] 爱德森（厦门）电子有限公司. 一种在役管道磁吸附式行走检测专用辅助轨道装置：201320432812.4 [P]. 2013-12-11.

[280] 爱德森（厦门）电子有限公司. 一种脉冲法高亮度 LED 灯装置：201420423529.X [P]. 2014-11-03.

[281] 爱德森（厦门）电子有限公司. 一种在线高温涡流监测传感器：201620293874.5 [P]. 2016-08-10.

[282] 爱德森（厦门）电子有限公司. 一种增材制造非铁磁性金属产品质量性能监测装置：201720661460.8［P］. 2018-02-06.

[283] 爱德森（厦门）电子有限公司. 一种增材制造铁磁性金属产品质量性能监测装置：201720661913.7［P］. 2018-01-02.

[284] 林俊明，倪培君，戴永红，等. 一种新型高频屏蔽涡流探头：201721878902.0［P］. 2018-07-17.

[285] 林俊明. 一种基于生物物理场信息的诊疗装置：200520087708.1［P］. 2006-10-04.

[286] 爱德森（厦门）电子有限公司. 基于电磁检测原理的提高间隙测量范围与线性度的装置：201220697450.7［P］. 2013-05-15.

[287] 爱德森（厦门）电子有限公司. 一种采用记忆材料对复杂形体精确定位检测的装置：201320568615.5［P］. 2014-01-29.

[288] 爱德森（厦门）电子有限公司. 一种涡流自动螺孔内壁螺旋扫查装置：201320415155.2［P］. 2013-12-11.

[289] 宝山钢铁股份有限公司，爱德森（厦门）电子有限公司. 单体多功能轧辊涡流检测探头：00249261.X［P］. 2001-08-08.

[290] 林俊明. 涡流/视频一体化检测装置：02256060.2［P］. 2003-11-05.

[291] 林俊明. 一种多功能电磁检测仪：200420098630.9［P］. 2006-01-25.

[292] 林俊明. 一种高效率低功耗的磁化/退磁装置：200420098752.8［P］. 2005-11-23.

[293] 林俊明. 一种基于 USB 接口的无损检测装置：200420096751.X［P］. 2005-11-23.

[294] 林俊明. 一种鉴别真假硬币的检测装置：95219892.4［P］. 1996-11-20.

[295] 林俊明. 一种具有曲率探测面的阵列式涡流/漏磁检测探头：200420097083.2［P］. 2005-11-23.

[296] 林俊明. 一种旋转探头装置：02270368.3［P］. 2003-12-03.

[297] 厦门爱德华检测设备有限公司. 金属磁记忆诊断仪：00242001.5［P］. 2001-06-13.

[298] 林俊明. 一种机车车辆轮对原位接触式检测专用探头：200720007416.1［P］. 2008-04-02.

[299] 林俊明. 一种实时多通道涡流、磁记忆/漏磁检测装置：200720007415.7［P］. 2008-04-23.

[300] 林俊明. 一种声、超声无损检测装置：200720007417.6［P］. 2008-04-23.

[301] 林俊明. 一种基于同一检测线圈的多用途电磁检测装置：200820101660.9［P］. 2009-01-07.

[302] 林俊明，雷洪，杨金锐，等. 一种半自动旋转探头装置：200820102551.9［P］. 2009-03-18.

[303] 林俊明. 一种高灵敏度阵列式柔性涡流探头装置：200820102970.2［P］. 2009-04-08.

[304] 林俊明. 一种双/多通道铁路车轮专用电磁检测探头装置：200820102567.X［P］. 2009-03-04.

[305] 林俊明. 一种用于陶瓷绝缘子的超声无损检测装置：200820145781.3［P］. 2009-07-15.

[306] 林俊明. 一种气门阀半自动无损检测装置：200920136890.3［P］. 2009-02-16.

[307] 林俊明. 一种简易型动车空心轴电磁/声学检测装置：200920301123.3［P］. 2010-01-06.

[308] 林俊明，徐滨士，董世运. 一种气缸体裂纹与应力集中的综合无损检测装置：200920300931.8［P］. 2010-02-17.

[309] 爱德森（厦门）电子有限公司，福建中试所电力调整试验有限责任公司. 一种不锈钢管氧化皮厚度的电磁检测装置：200920301739.0［P］. 2010-02-17.

[310] 林俊明. 一种金属结构件电磁检测专用指式传感器：200920301171.2［P］. 2010-06-02.

[311] 林俊明，林昌健，林发炳，等. 一种钢筋混凝土钢筋原位监测装置：201620110278.9［P］. 2016-08-31.

[312] 中国科学院声学研究所. 一种基于宽频带超声相控阵的缺陷检测方法：201310044999.5［P］. 2015-07-28.

[313] LIN J M, LIN F B, LIN C J, et al. Hollow Shaft Array Electromagnetic Testing System Based on Integrated Nondestructive Testing Techniques：Electromagnetic Nondestructive Evaluation（ⅩⅧ）：19th Interna-

tional Workshop on Electromagnetic Non-Destructive Evaluation [C]. 2015, 40: 296-302.

[314] LIN J M, WANG W, DAI Y H. On-Line Monitoring of Particle in Oil Based on Electromagnetic NDT Technique: Electromagnetic Nondestructive Evaluation (XVIII): 19th International Workshop on Electromagnetic Non-Destructive Evaluation [C]. 2015, 40: 329-336.

[315] LIN J M. A new Electromagnetic Nondestructive Testing Method for Non-metallic Material: Electromagnetic Nondestructive Evaluation (XVIII): 19th International Workshop on Electromagnetic Non-Destructive Evaluation [C]. 2015, 40: 322-328.

[316] LIN J M. Research and Application of Cloud Non-destructive Testing and Evaluation: Electromagnetic Non-destructive Evaluation (XVIII): 19th International Workshop on Electromagnetic Non-Destructive Evaluation [C]. 2015, 40: 266-272.

[317] LIN J M, LI H L. Applications of Network Integrated System with Eddy Current and Ultrasonic Testing [J]. International Journal of Applied Electromagnetics and Mechanics, 2010, 33 (3-4): 1309-1315.

[318] ZHANG Z Y, ZHAO L. ARM9-Based High Speed Multi-channels Eddy Current and Ultrasonic Testing System: CD Proceedings of 17th World Conference on Nondestructive Testing [C/CD]. Shanghai: 2008: CD-papers-607. pdf.

[319] LIN J M, LI H L, CAI Z X. Help Software Design of NDT Instrument Based on FLASH Cartoon: CD Proceedings of 17th World Conference on Nondestructive Testing [C/CD]. Shanghai: 2008: CD-papers-587. pdf.

[320] ZHANG K L, LIN J M, LIN F B, et al. Development of Ultrasonic Testing System for Large Diameter Hollow Shaft: 18th World Conference on Nondestructive Testing [C], Durban: 2012: 204-209.

[321] LIU Q X, LIN J M, CHEN M M, et al. A Study of Inspecting the Stress on Downhole Metal Casing in Oilfields with Magnetic Memory Method: CD Proceedings of 17th World Conference on Nondestructive Testing [C/CD]. Shanghai: 2008: CD-papers-432. pdf.

[322] POURSAEIDI E, BABAEI A. Effects of natural frequencies on the failure of R1compressor blades [J]. Engineering Failure Analysis, 2012, 25: 304-315.

[323] XU C, AMANO R S, LEE E K. Investigation of an Axial fan: Blade Stress and Vibration Due to Aerodynamic Pressure Field and Centrifugal Effects [J]. JSME International Journal Series: B, 2004, 47 (1): 75-90.

[324] SRINIVASIN A V. Flutter and Resonant Vibration Characteristics of Engine Blades [J]. Journal of Engineering for Gas Turbines and Power, 1997, 119 (4): 742-775.

[325] LIN J M, LI H L, ZHAO J C. Study on Dynamic Monitoring Technology of Aero-engine Blades: 9th International Symposium on NDT in Aerospace [C]. Xiamen: 2017: 32-37.

[326] ZHENG S B, LIN F B, SONG K, et al. Electromagnetic Method for Measuring the Coating Thickness of Fiber Carbon Composites: 9th International Symposium on NDT in Aerospace [C]. Xiamen: 2017: 189-193.

[327] YANG J W, JIAO S N, ZENG Z W, et al. Skin Effect in Eddy Current Testing with Bobbin Coil and Encircling Coil [J]. Progress In Electromagnetics Research, 2018, 65 (4): 137-150.

[328] ZHOU Z G, HUANG F Y, LIN J M. Analysis on the Relationship between EMAT Transmitting Efficiency and the Electrical Conductivity of the Coating on Material Surface [J]. International Journal of Applied Electromagnetics and Mechanics, 2010, 33 (3-4): 1245-1252.

[329] QI G J, LEI H, FU G Q, et al. In Situ Eddy-Current Testing on Low-pressure Turbine Blades of Aircraft Engine [J]. Journal of Testing and Evaluation, 2012, 40 (4): 553-556.

[330] HE M R, CHEN H E, XIE S J, et al. Nondestructive Evaluation of Plastic Deformation in Reduced Acti-

vation Ferritic/martensitic Steels for Structure of Fusion Reactors ［J］. Electromagnetic Nondestructive E-valuation（XIX）, 2016, 41: 171-178.

［331］ DU Y L, XIE S J, WANG X J, et al. Reconstruction of Multiple Cavity Defects in Metallic Foam from DC Potential Drop Signals ［J］. Electromagnetic Nondestructive Evaluation（XIX）, 2016, 41: 179.

［332］ FENG, F, LIN, S. The Band Gaps of Lamb Waves in a Ribbed Plate : A Semi-analytical Calculation Approach ［J］. Journal of Sound and Vibration, 2014, 333（1）: 124-131.

［333］ CHEN J, CHEN K H, LIN J M, et al. Development and Application of an Updated Eddy Current Tester: 15th World Conference on NDT ［C］. Rome: 2000: 125-129.

［334］ CHEN K H, LIN J M, LIN F B, et al. Development of an Intelligent, Digitized High-speed, On-line Eddy Current nspection Equipment: 15th World Conference on NDT ［C］. Rome: 2000: 76-81.

［335］ DONG Z, TAO Y C, LIN J M. Development and Application of Sound Pulse and Multi-frequency Eddy Current Equipment: 15th World Conference on NDT ［C］. Rome: 2000: 233-238.

［336］ LI H L, LIN J M, CAI Z X. 3D Finite Element Analysis of Marine Steel Plate Magnetic Leakage Testing: CD Proceedings of 17th World Conference on Nondestructive Testing ［C/CD］. Shanghai: 2008: CD-papers-622. pdf.

［337］ CAI Z X, LIN H L, LIN J M. Eddy Current Non-Destructive Testing Application Research of Marine Engines: CD Proceedings of 17th World Conference on Nondestructive Testing ［C/CD］. Shanghai: 2008: CD-papers-415. pdf.

［338］ ROSE J L. A Baseline and Vision of Ultrasonic Guided Wave Inspection Potential ［J］. Journal of Pressure Vessel Technology, 2002, 124（3）: 273-282.

［339］ ZHANG B X, CUI H Y, SHEN J Z, et al. Influence of Flow Speed on Guided Waves in a Liquid Filled Pipe: Proceedings of 2013 Joint UFFC, EFTF, and PFM Symposium ［C］. Prague: 2013: 182-185.

［340］ FENG F L, SHEN J Z, LIN S Y. Scattering Matrices of Lamb Waves at Irregular Surface and Void Defects ［J］. Ultrasonics, 2012, 52（6）: 760-766.

# 后　记

由于 2020 年初的新冠肺炎疫情等原因，导致本书的出版编辑工作延迟，实属无奈之举。这也为本书后记的诞生提供了一个时间窗口。

2020 年 6 月，国家标准化管理委员会正式颁布了 GB/T 38881—2020《无损检测　云检测　总则》、GB/T 38896—2020《无损检测　集成无损检测　总则》、GB/T 38894—2020《无损检测　电化学检测　总则》三项国家标准。上述几个国家标准的颁布，也进一步验证了本书作者一直倡导的"对无损检测领域未来的发展方向之预测"得到了国家层面的认可。

近阶段，由贸易战及今年的新冠疫情发展，令世界处于大的动荡之中。笔者认为，其震度相当于没有硝烟的"第三次世界大战"。它将深刻地改变现有的全球政治、军事、经济的格局，影响到每一个地球人当下和未来的生活。笔者作为普通的科技工作者，虽然在本领域"预见了"未来，但在某大国主导的逆全球化的浪潮中，这种基于人类命运共同体的先进科学技术，将受到很大程度的影响，并由此而滞后，但我们还是要坚定不移地相信，人类的发展大趋势，即全球化，势不可挡。有人说科学没有国界，科学家则有国别，这是无奈的现实。相信前途光明，道路曲折。相信人类向上向善的力量，光明终将战胜黑暗，一切都会好起来的。

最近的国际形势让国人更看清了一个残酷的现实，如同当年邓小平同志所言：发展才是硬道理。危，也是机。前几天，为了应对打压，华为公司率先发布了测试版的鲲鹏云手机。作为一种新型应用，云手机对物理手机起到很好的延伸作用。随着 5G 时代的到来，以及未来可期的无限网速的进一步提高，低延迟、高效率、拥有海量弹性存储、公有云服务器资源、专业级中央处理器加持等事物，一切基于云平台的应用皆有可能。笔者认为，借助于云手机的问世，之前的无损云检测终端之设计理念也将得以实现。从某种意义上讲，云监测的应用对时延要求不高，更有利于在现阶段实施布局，更早地服务于人类社会。

无损云检测/监测技术方兴未艾！让我们携手同行，"为人类享有更安全的物质文明"，为人类社会的发展进步贡献自己的一份力量！

林俊明

2020 年 9 月 3 日
于北京海淀区科技财富中心